U0692987

# 有机化学实验

**主　编**　章鹏飞
**副主编**　强根荣　赵华绒　夏　敏

ZHEJIANG UNIVERSITY PRESS
浙江大学出版社

## 内容提要

本书优化和重组了有机化学实验的教学内容和结构,从"基础实验、综合实验、设计实验、研究性实验"四个层次进行了编写。在设计实验中提供了与此相似的、详细的实验作为参考,同时大部分设计实验编写了参考方案。研究性实验也提供了参考方案,旨在启发和引导学生。本书可作为综合性大学、师范及工科院校化学、应用化学、高分子、材料、生物、环境、医药等相关专业本科生和研究生的实验教材,也可供从事有机化学和相关专业研究人员参考。

**图书在版编目(CIP)数据**

有机化学实验 / 章鹏飞主编. —杭州:浙江大学出版社,2013.7(2025.1重印)

ISBN 978-7-308-11545-2

Ⅰ.①有… Ⅱ.①章… Ⅲ.①有机化学－化学实验－高等学校－教材 Ⅳ.①O62-23

中国版本图书馆 CIP 数据核字(2013)第 107310 号

**有机化学实验**

章鹏飞 主编

责任编辑 徐 霞

封面设计 刘依群

出版发行 浙江大学出版社

　　　　　(杭州市天目山路 148 号　邮政编码 310007)

　　　　　(网址:http://www.zjupress.com)

排　版 杭州青翊图文设计有限公司

印　刷 杭州高腾印务有限公司

开　本 787mm×1092mm　1/16

印　张 17

字　数 414 千

版 印 次 2013 年 7 月第 1 版　2025 年 1 月第 4 次印刷

书　号 ISBN 978-7-308-11545-2

定　价 49.00 元

**版权所有　侵权必究　印装差错　负责调换**

浙江大学出版社市场运营中心联系方式:0571 - 88925591;http://zjdxcbs.tmall.com

# 编写人员

**主　编**　章鹏飞

**副主编**　强根荣　赵华绒　夏　敏

**编　委：**（按姓氏笔画排序）

王小霞　王　民　李万梅　李菊清

余小春　沈　超　张剑锋　黄向红

赵祖金　秦敏锐　蒋华江

# 前　言

为了深化化学实验教学改革,强化大学生综合设计能力、创新能力和初步科研能力的培养,本书优化和重组了有机化学实验教学的内容和结构,从"基础、综合、设计、研究"四个层次进行了编写。全书共分五章:第一章有机化学实验基本操作,第二章基础实验,第三章综合实验,第四章设计性实验和第五章研究性实验。其中,有机化学实验基本操作和基础实验部分面向高等院校相关专业一、二年级学生开设,重在掌握有机化学实验的基本原理和基本实验操作技能,是学生后续进行专业实验和工作的重要基础。本书编写了 18 个主要的有机化学基本操作,以强化基本操作技能训练,夯实基础。第二章基础实验的编写注重与有机化学理论课程的联系与结合,重视基础知识的巩固,以同类结构类型的化合物的合成为主线来贯穿整个章节,将同类化合物的合成放在同一单元。第三章综合实验以经典的、有代表性的有机化学反应类型为主线,在加强合成实验训练、强化分离和纯化操作的指导思想下,注重无毒化、绿色化、实用化和新知识、新技术的应用。这章共 21 个实验,其中大部分实验为多步骤系列反应,供学生在单元实验操作和训练的基础上进行综合训练,而且大部分实验将反应、合成、分离、提纯及物性测定和波谱鉴定等环节串联成一体。同时,本书在编写时为了注重增强学生的综合能力和培养学生的创新意识,特增加了设计性和研究性实验,使学生能在一定实验技能和基本知识的基础上,通过设计性和研究性实验,进一步巩固和加深所学的知识,全面认识科研,培养独立工作能力,学会科学思维。为了增加实验的可控性,在设计性实验编写时,编者先编写了一个与设计实验相类似的、详细的实验作为参考,要求以此为参考来设计实验,同时大部分设计性实验编写了参考方案。

在研究性实验的编写中,提供了参考方案,旨在启发和引导学生。设计性和研究性实验的锻炼包括了查阅文献、设计合成路线、选择原料、实验装置组装、合成条件的控制及简单的分离与表征,以培养和提高学生的基本科研技能和创新能力。

本书在浙江省教育厅、浙江省化学类化工制药类教学指导委员会的指导和支持下,由杭州师范大学章鹏飞教授牵头,浙江大学赵华绒和秦敏锐、浙江工业大学强根荣、浙江工商大学夏敏、宁波大学张剑锋、浙江师范大学王小霞、温州大学余小春、台州学院蒋华江、浙江树人大学黄向红和沈超、浙江科技学院李菊清、杭州师范大学赵祖金、王民和李万梅等共同参与编写的。本书可作为综合性大学、师范院校、工科院校化学、应用化学、高分子、材料、生物、环境、医学和药学等相关专业本科生和研究生的实验教材,也可供从事有机化学和相关专业研究人员参考。

衷心感谢浙江省教育厅 2010 年度省高校重点教材建设项目(浙教高教〔2011〕10 号)对本书编写的立项资助以及浙江大学出版社对本书的编写给予的热情指导和鼓励。

本书参考了兄弟院校某些实验内容,谨表谢意。

限于编者水平,本书疏漏和谬误之处在所难免,恳望读者不吝赐教。

编　者

2013 年 6 月

# 目 录

# 第1章 有机化学实验基本操作

## 1.1 脱 色

在有机化学反应中,常伴随着副反应的发生,产生树脂状的有色杂质,在重结晶操作过程中,常常利用活性炭来吸附有色杂质。

活性炭是一种黑色粉状、粒状或丸状的无定形的、具有多孔的碳,主要成分为碳,还含少量氧、氢、硫、氮、氯,也具有石墨那样的精细结构。但活性炭晶粒较小,层层间不规则堆积。粉末状活性炭内比表面积较颗粒状活性炭大得多,具有更好的脱色效果。活性炭极丰富的微孔和巨大的内比表面积(通常它的比表面积达到 $500\sim1000\,m^2/g$)使得它具有吸附能力强、吸附容量大、表面活性高等特点,且价廉易得,从而成为独特的多功能吸附剂。

### 【活性炭脱色的基本原理】

活性炭脱色是用吸附的方法除去化合物样品中的杂质。但只有将待纯化的固体物质溶解成为分子,才能利用活性炭更有效地将杂质分子吸附。其原因在于活性炭只能以分子吸附的方式吸附杂质。因此,一般是先用适当溶剂将固体样品溶解,加入吸附剂,加热煮沸片刻,杂质即被吸附剂吸附,然后过滤,被吸附的杂质即与吸附剂一起留在滤纸上,与样品分离。

### 【活性炭脱色的影响因素】

活性炭脱色的效果受活性炭自身粒度、被吸附物质的性质、溶剂的极性以及处理液体的pH 值、黏度、温度等的影响。

(1)活性炭吸附剂的性质

活性炭表面积越大,吸附能力就越强。活性炭吸附剂颗粒的大小、微孔的构造和分布情况以及表面化学性质等对吸附也有很大的影响。

(2)被吸附物质的性质

被吸附物质的溶解度、表面自由能、极性、分子的大小和不饱和度、浓度等也影响脱色的效果。活性炭是非极性分子,其吸附作用具有选择性,非极性物质比极性物质更易于被吸附。

(3)溶剂的极性

当溶剂为水、醇等极性液体时,活性炭的吸附效果良好。因为活性炭对于极性的溶剂吸附作用甚弱,而样品和杂质的极性一般都小于水的极性,所以可以受到较强的吸附。至于对样品的吸附虽然是我们所不希望的,但往往是不可避免的。如果活性炭对样品和对杂质的吸附能力不相上下,则脱色过程实质是样品与杂质"拼消耗"。由于杂质含量很低,即使与样品等量消耗,也仍然是可行的。

(4)处理液体的 pH 值

活性炭一般在酸性溶液中比在碱性溶液中有较高的吸附率,这表示在酸性溶液中,活性炭带正电,而被吸附物质带负电。另一方面,在被吸附的物质是两性电介质的场合,在等电点附近的吸附能力最大。

(5)处理液体的黏度与温度

活性炭的吸附一般属于物理吸附,温度越低吸附能力越大。但当被吸附物质中大分子量成分多的时候,处理液体的黏度变大,对被吸附物质在活性炭中的扩散产生比较大的影响。因此,吸附操作往往在 $60\sim80$℃ 的温度下进行。进一步提高处理温度时,会发生处理液的褐变,使表观吸附性能变坏。特别是二次性生成的色素,具有活性炭难以进行脱色的倾向。

(6)吸附时间

应保证活性炭与被吸附物质有一定的接触时间,一般加入活性炭后要煮沸 $5\sim10$min,使吸附接近平衡,充分利用吸附能力。

**【活性炭脱色操作注意事项】**

(1)活性炭的用量根据杂质颜色而定,一般用量为固体量的 $1\%\sim5\%$。一次脱色不好,可再加活性炭,重复操作。

(2)活性炭可吸附有色杂质、树脂状物质以及均匀分散的物质。因为有色杂质虽可溶于沸腾的溶剂中,但当固体物质未完全溶解时,部分杂质会被产品的颗粒吸附,使得产物带色,所以要待固体物质完全溶解后才可加入活性炭。

(3)活性炭不能加入已沸腾的溶液中。活性炭是多孔性物质,加入沸腾的溶液中会引起溶液爆沸,造成危险。

# 1.2 萃 取

萃取是有机化学实验中用来提取或纯化有机化合物的基本操作之一,可以应用萃取从固态或液态混合物中提取出所要的物质(称之为"抽提");也可以应用萃取来洗去混合物中的少量杂质(称之为"洗涤")。

**【萃取的基本原理】**

萃取是指利用化合物在两种互不相溶(或微溶)的溶剂中溶解度或分配系数的不同,使化合物从一种溶剂内转移到另外一种溶剂中从而达到分离、提取或纯化目的的一种操作方法。例如可以用与水不互溶(或微溶)的有机溶剂从水溶液中萃取有机化合物来说明。当将含有机化合物的水溶液用有机溶剂萃取时,有机化合物就会在两种液相间进行分配。温度一定时,此有机化合物在有机相中和在水相中的浓度之比应该为一常数,称为分配系数,它可以近似地看做此物质在两溶剂中的溶解度之比。

一般情况下,有机物质在有机溶剂中的溶解度比在水中的溶解度大,所以可以用适当的有机溶剂将它们从水溶液中萃取出来。当用一定量的有机溶剂从水溶液中萃取有机化合物时,可以利用下列推导来说明该如何选择萃取的次数。利用分配定律的关系,可以算出经过萃取后化合物的剩余量:

设 $V$ 为原溶液的体积,$W_0$ 为萃取前化合物的总量,$W_1$ 为萃取一次后化合物的剩余量,$W_2$ 为萃取二次后化合物的剩余量,$W_n$ 为萃取 $n$ 次后化合物的剩余量,$S$ 为萃取溶液的体积,经一次萃取,原溶液中该化合物的浓度为 $W_1/V$,而萃取溶液中该化合物的浓度为 $(W_0-W_1)/S$;两者之比等于 $K$,即

$$\frac{W_1/V}{(W_0-W_1)/S}=K$$

或

$$W_1=\frac{KV}{KV+S}\cdot W_0$$

同理,第二次萃取后,有

$$\frac{W_2/V}{(W_1-W_2)/S}=K$$

或

$$W_2=\frac{KV}{KV+S}\cdot W_1=\left(\frac{KV}{VK+S}\right)^2\cdot W_0$$

经过 $n$ 次提取后有

$$W_n=\left(\frac{KV}{KV+S}\right)^n\cdot W_0$$

当用一定量溶剂来萃取时,希望在水中的剩余量越少越好。而上式中 $KV/(KV+S)$ 总是小于 1,所以 $n$ 越大,$W_n$ 就越小。也就是说把溶剂分成数次做多次萃取比用全部量的溶剂做一次萃取的效果好。但必须要注意的是,上面的式子只适用于几乎和水不互溶的溶剂,例如苯、四氯化碳或氯仿等。对于与水有少量互溶的溶剂,如乙醚,上面的式子只是近似的,但也可以定性地获得预期的结果。

## 【萃取实验操作】

实验中最常见的是水溶液中有机化合物的萃取,使用的萃取器皿是分液漏斗(如图 1.1 所示)。操作时,应该选择容积比溶液体积大一倍以上的分液漏斗。把活塞擦干后在活塞上薄薄地涂一层润滑脂(注意不要涂得太多或使润滑脂进入活塞孔中,以免污染萃取液),塞好活塞后再旋转几圈,使润滑脂均匀分布在活塞上。一般在使用分液漏斗前应在其中放入少量的水摇振,检查顶塞与活塞是否渗漏,确认不渗漏时才可以使用。然后将漏斗放在固定好的铁圈中,关闭活塞,将要萃取的水溶液和萃取剂(一般为溶液体积的 1/3)依次自上口倒入漏斗中,塞紧上口顶塞。取下分液漏斗,用右手掌心顶住漏斗上口顶塞并握住漏斗,左手握住漏斗活塞处,把漏斗水平放置并前后摇振。开始时摇振要慢,每摇振几次要将漏斗的上口向下倾斜,下部支管斜向上方(朝向无人处),左手仍握在活塞支管处,用拇指和食指旋开活塞,从指向斜上方的支管口处释放出漏斗内的压力。如果不及时放气,塞子有可能被漏斗内

的气体顶开而出现喷液。待漏斗中产生的气体逸出后，将活塞关闭再次摇振。如此重复操作直至漏斗内基本无气体放出后，再剧烈摇振瓶内液体 2～3min，最后将漏斗放回铁圈中。静置一段时间后漏斗内的液体便会分相，待分相完全后，打开上口的顶塞，随之将下口活塞慢慢旋开，下层液体自活塞放出。分液时一定要尽可能分离干净，有时在两相间会出现一些絮状物，也要一同从下口放出。上层液体从分液漏斗的上口倒出，切不可从下口放出，以免被残留在漏斗颈的下层液体所污染。第一次萃取完成后，将水溶液倒回到分液漏斗中，再用新的萃取剂萃取。分液时为了弄清哪一层是水层，可任取其中一层的少量液体置于试管中，滴加自来水。若分为两层，说明该液体来自有机层；若不分层，则说明该液体来自水层。萃取一般要反复操作 3～5 次，将所有的萃取液合并，加入过量的干燥剂干燥。

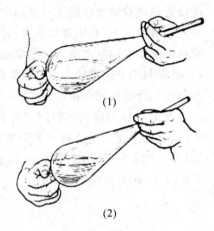

图 1.1　萃取操作示意图

在萃取的过程中，特别是在萃取某些碱性物质时，常会发生乳化现象，若长时间静置也难以分成明显的两层时，可以采用以下方法加快分层：

(1)若因两种溶剂可部分互溶而发生乳化时，加入少量电解质如氯化钠等，利用盐析作用以破坏乳化；

(2)加入几滴醇类溶剂(如乙醇、异丙醇等)以破坏乳化；

(3)通过离心或抽滤以破坏乳化。

# 1.3　干　燥

干燥是常用的除去固体、液体或气体中少量水分或少量有机溶剂的方法。如在进行有机物波谱分析、定性或定量分析以及测物理常数时，往往要求预先干燥，否则测定结果便不准确。液体有机物在蒸馏前也需干燥，否则前馏分增多，造成产物损失，甚至沸点也不准。此外，许多有机反应需要在无水条件下进行，因此，溶剂、原料和仪器等均要干燥。由此可见，在有机化学实验中，试剂和产品的干燥具有重要的意义。

## 【干燥的基本原理】

干燥方法可分为物理方法和化学方法两种。一是物理方法。物理方法有烘干、晾干、吸附、分馏、共沸蒸馏和冷冻等，近年来还常用离子交换树脂和分子筛等方法进行干燥。离子交换树脂是一种不溶于水、酸、碱及有机溶剂的高分子聚合物，分子筛是含水硅铝酸盐的晶体，它们均具有很多孔隙，可以吸附水分子。二是化学方法。化学方法采用干燥剂来除水。根据除水作用原理又可分为两种：

(1)能与水可逆地结合，生成水合物，例如：

$$CaCl_2 + nH_2O \Longleftrightarrow CaCl_2 \cdot nH_2O$$

(2)与水发生不可逆的化学变化，生成新的化合物，例如：

$$2Na + 2H_2O \longrightarrow 2NaOH + H_2\uparrow$$

使用干燥剂时要注意以下几点：

（1）干燥剂与水的反应为可逆反应时，反应达到平衡需要一定时间。因此，加入干燥剂后，一般最少要两个小时或更长一点的时间后才能收到较好的干燥效果。因反应可逆，不能将水完全除尽，故干燥剂的加入量要适当，一般为溶液体积的5%左右。当温度升高时，这种可逆反应的平衡向脱水方向移动，所以在蒸馏前，必须将干燥剂滤除，否则被除去的水将返回液体中。

（2）干燥剂与水发生不可逆反应时，使用这类干燥剂在蒸馏前不必滤除。

（3）干燥剂只适用于干燥少量水分。若水的含量大，则干燥效果不好。为此，萃取时应尽量将水层分离干净，这样干燥效果好，且产物损失少。

## 【液体有机化合物的干燥】

1. 干燥剂的选择

干燥剂应与被干燥的液体有机化合物不发生化学反应，包括溶解、络合、缔合和催化等作用，例如酸性化合物不能用碱性干燥剂等。表1.1列出各类有机物常用干燥剂的性能与应用范围。

表 1.1　常用干燥剂的性能与应用范围

| 干燥剂 | 吸水作用 | 吸水容量 | 干燥效能 | 干燥速度 | 适用范围 | 备注 |
|---|---|---|---|---|---|---|
| 氯化钙 | 形成 $CaCl_2 \cdot nH_2O$ $n=1,2,4,6$ | 0.97 按 $CaCl_2 \cdot 6H_2O$ 计 | 中等 | 较快，但吸水后易在其表面覆盖液体，应放置较长时间 | 烃，烯烃，丙酮，醚和中性气体 | 1）廉价；2）工业品中含有 $Ca(OH)_2$ 或 CaO，故不能干燥酚类；3）$CaCl_2 \cdot 6H_2O$ 在30℃以上易失水；4）$CaCl_2 \cdot 4H_2O$ 在45℃以上失水 |
| 硫酸镁 | 形成 $MgSO_4 \cdot nH_2O$ $n=1,2,4,5,6,7$ | 1.05 按 $MgSO_4 \cdot 7H_2O$ 计 | 较弱 | 较快 | 中性，应用范围广，并可用于干燥酯、醛、酮、腈、酰胺等不能用 $CaCl_2$ 干燥的化合物 | 1）$MgSO_4 \cdot 7H_2O$ 在49℃以上失水；2）$MgSO_4 \cdot 6H_2O$ 在38℃以上失水 |
| 硫酸钠 | $Na_2SO_4 \cdot 10H_2O$ | 1.25 | 弱 | 缓慢 | 中性，一般用于有机液体的初步干燥 | $Na_2SO_4 \cdot 10H_2O$ 在32.4℃以上失水 |
| 硫酸钙 | $CaSO_4 \cdot 2H_2O$ | 0.06 | 强 | 快 | 中性，常与硫酸钠配合，作最后干燥之用 | 1）$CaSO_4 \cdot 2H_2O$ 在38℃以上失水；2）$CaSO_4 \cdot H_2O$ 在80℃以上失水 |

**续表**

| 干燥剂 | 吸水作用 | 吸水容量 | 干燥效能 | 干燥速度 | 适用范围 | 备注 |
|---|---|---|---|---|---|---|
| 氢氧化钠（钾） | 溶于水 | | 中等 | 快 | 强碱性,用于干燥胺、杂环等碱性化合物,不能用于酸、酚及其他酸性化合物 | 吸湿性强 |
| 碳酸钾 | $K_2CO_3 \cdot \frac{1}{2}H_2O$ | 0.2 | 较弱 | 慢 | 弱碱性,用于干燥醇、酮、酯、胺、杂环等碱性化合物,不适用于酸、酚及其他酸性化合物 | 有吸湿性 |
| 金属钠 | $Na+H_2O \longrightarrow \frac{1}{2}H_2 +NaOH$ | | 强 | 快 | 限于干燥醚、烃中痕量水分 | 忌水 |
| 氧化钙、碱石灰 | $CaO+H_2O \longrightarrow Ca(OH)_2$ | | 强 | 较快 | 适用于中性及碱性气体、胺、醇、乙醚 | 对热很稳定,不挥发,干燥后可直接蒸馏 |
| 五氧化二磷 | $P_2O_5+3H_2O \longrightarrow 2H_3PO_4$ | | 强 | 快,但吸水后表面被黏浆覆盖,操作不便 | 适于干燥烃、卤代烃、腈等中的痕量水分;不适用于醇、胺、酮等 | 吸湿性很强 |
| 硫酸 | | | | | 中性及酸性气体（用于干燥器和洗气瓶中） | 不适于高温下的真空干燥 |
| 硅胶 | | | | | 用于干燥器中 | 吸收残余水分 |
| 分子筛 | 物理吸附 | 约0.25 | 强 | 快 | 适用于各类有机化合物的干燥 | |

2.使用干燥剂时要考虑干燥剂的吸水容量和干燥效能

干燥效能是指达到平衡时液体被干燥的程度。对于形成水合物的无机盐干燥剂,常用吸水后结晶水的蒸气压来表示干燥剂效能。如硫酸钠形成10个结晶水,蒸气压为260Pa;氯化钙最多能形成6个水的水合物,其吸水容量为0.97,在25℃时水蒸气压力为39Pa。因此硫酸钠的吸水容量较大,但干燥效能弱;而氯化钙吸水容量较小,但干燥效能强。在干燥含水量较大而又不易干燥的化合物时,常先用吸水容量较大的干燥剂除去大部分水,再用干燥效能强的干燥剂进行干燥。

3.干燥剂的用量

根据水在液体中溶解度和干燥剂的吸水量,可算出干燥剂的最低用量。但是,干燥剂的实际用量是大大超过计算量的。一般干燥剂的用量为每 10mL 液体约 0.5～1g。但在实际操作中,主要是通过现场观察判断:

(1)观察被干燥液体。干燥前,液体呈浑浊状,经干燥后变成澄清,这可简单地作为水分基本除去的标志。例如在环己烯中加入无水氯化钙进行干燥,未加干燥剂之前,由于环己烯中含有水,环己烯不溶于水,溶液处于浑浊状态,当加入干燥剂吸水之后,环己烯呈清澈透明状,这时即表明干燥合格,否则应补加适量干燥剂继续干燥。

(2)观察干燥剂。例如用无水氯化钙干燥乙醚时,无论乙醚中的水除净与否,溶液总是呈清澈透明状,要判断干燥剂用量是否合适,则应看干燥剂的状态。干燥剂被加入后,如果因其吸水变黏,粘在器壁上,摇动不易旋转,表明干燥剂用量不够,应适量补加无水氯化钙,直到新加的干燥剂不结块,不粘壁,干燥剂棱角分明,摇动时旋转并悬浮(尤其是 $MgSO_4$ 等小晶粒干燥剂),才表示所加干燥剂用量合适。

由于干燥剂还能吸收一部分有机液体,影响产品收率,故干燥剂用量应适中。应先加入少量干燥剂,然后静置一段时间,观察用量不足时再补加,补加的用量一般每 100mL 样品约 0.5～1g 干燥剂。

4. 干燥时的温度

对于生成水合物的干燥剂,加热虽可加快干燥速度,但远远不如水合物放出水的速度快,因此,干燥通常在室温下进行。

5. 操作步骤与要点

(1)首先把被干燥液中水分尽可能除净,不应有任何可见的水层或悬浮水珠。

(2)把待干燥的液体放入锥形瓶中,取颗粒大小合适(例如无水氯化钙,应为黄豆粒大小并不夹带粉末)的干燥剂,放入液体中,用塞子盖住瓶口,轻轻振摇,经常观察,判断干燥剂是否足量,静置(半小时,最好过夜)。

(3)把干燥好的液体滤入蒸馏瓶中,然后进行蒸馏。

## 【固体有机化合物的干燥】

干燥固体有机化合物,主要是为了除去残留在固体中的少量低沸点溶剂,如水、乙醚、乙醇、丙酮、苯等。由于固体有机物的挥发性比溶剂小,所以采取蒸发和吸附的方法来达到干燥的目的。常用的干燥方法包括:(1)晾干,即将样品放在空气中自然风干;(2)烘干,即用恒温烘箱烘干或用恒温真空干燥箱烘干,或者用红外灯烘干;(3)若遇到溶剂难以抽干时,可以把固体从布氏漏斗中转移到滤纸上,上下均放 2～3 层滤纸,挤压,使溶剂被滤纸吸干,再进一步进行干燥;(4)干燥器干燥,即将样品置于普通干燥器、真空干燥器或真空恒温干燥器(干燥枪)中进行干燥。

## 【气体的干燥】

在有机实验中常用的气体有 $N_2$、$O_2$、$H_2$、$Cl_2$、$NH_3$、$CO_2$,有时要求气体中含很少或几乎不含 $CO_2$、$H_2O$ 等,因此,就需要对上述气体进行干燥。

干燥气体的常用仪器有干燥管、干燥塔、U 形管、各种洗气瓶(常用来盛液体干燥剂)等。常用气体干燥剂列于表 1.2。

表 1.2　用于气体干燥的常用干燥剂

| 干燥剂 | 可干燥气体 |
| --- | --- |
| CaO、碱石灰、NaOH、KOH | $NH_3$ 类 |
| 无水 $CaCl_2$ | $H_2$、HCl、$CO_2$、CO、$SO_2$、$N_2$、$O_2$、低级烷烃、醚、烯烃、卤代烃 |
| $P_2O_5$ | $H_2$、$N_2$、$O_2$、$CO_2$、$SO_2$、烷烃、乙烯 |
| 浓 $H_2SO_4$ | $H_2$、$N_2$、HCl、$CO_2$、$Cl_2$、烷烃 |
| $CaBr_2$、$ZnBr_2$ | HBr |

# 1.4　盐　析

盐析一般是指溶液中加入无机盐类而使某种物质溶解度降低而析出的过程。盐析可用于挥发油的提取与分离。在含有挥发油的水中或蒸馏液中加入无机盐(常用氯化钠)至一定浓度,或达到饱和状态,使挥发性油在水中的溶解度降低,水油分层明显。

## 【盐析的基本原理】

盐析法对于许多非电解质的分离纯化都是适合的,也是蛋白质和酶提纯工艺中应用得最早、至今仍广泛应用的方法。其原理是蛋白质、酶在低盐浓度下的溶解质随着盐浓度升高而增加(此时称为盐溶);当盐浓度不断上升时,蛋白质和酶的溶解度又不同程度地下降并先后析出(称为蛋白质的盐析)。这一现象是由于蛋白质分子内及分子间电荷的极性基团有静电引力,当水中盐浓度较小时,由于盐类离子与水分子对蛋白质分子上的极性基团的影响,使蛋白质在水中溶解度增大。但盐浓度增加到一定程度时,蛋白质表面的电荷大量被中和,水化膜被破坏,蛋白质就相互聚集而沉淀析出。盐析法就是根据不同蛋白质和酶在一定浓度的盐溶液中溶解度降低程度的不同而达到彼此分离的方法。

## 【盐析的操作方法】

盐析常用的无机盐有氯化钠、硫酸钠、硫酸镁、硫酸铵等。盐析操作时应将无机盐固体粉末在搅拌下缓慢、均匀、少量、多次地加入待处理的液体中。当接近饱和度时,加盐的速度要更慢一些,尽量避免局部盐浓度过大而造成不应有的沉淀。

## 【盐析应用举例】

1.盐析萃取

盐析作用在溶剂萃取过程中的表现为:加入盐析剂使萃取更容易、更完全。如在环己烯的制备中,蒸馏液用精盐饱和使环己烯在水中的溶解度进一步降低,便于分离。

2.盐析结晶

盐析作用在结晶过程中的表现为:加入盐析剂使物质在较低的浓度析出,且析出物在母液体系中剩余的浓度比没有加入盐析剂时小,盐析剂的加入有时会使本来含结晶水的盐以无水形式析出或者以较少结晶水的形式析出。如在联合制碱法中用到盐析结晶,根据氯化铵在常温时溶解度比氯化钠大而在低温下却比氯化钠溶解度小的原理,在低温下,向母液中加入食盐粉末,使氯化铵单独结晶析出。

# 1.5　重结晶

通过有机合成反应得到的固体有机化合物往往是不纯的,其中常夹杂着一些杂质,需要进一步纯化。用适当的溶剂进行重结晶是纯化固体化合物最常用的方法之一。

重结晶是将晶体溶于溶剂以后又重新从溶液中结晶的过程,它通常包括以下几个过程:(1)溶解,即将不纯的固体有机物在溶剂的沸点或接近于沸点的温度下溶解在溶剂中,制成接近饱和的浓溶液;(2)若溶液含有色杂质,可加适量活性炭煮沸脱色;(3)过滤此热溶液以除去其中不溶性杂质及活性炭;(4)将滤液冷却结晶,使可溶性杂质仍留在母液中;(5)抽滤、洗涤、干燥,得到有机化合物结晶。若发现纯度还不符合要求,则重复上述操作,直至达到要求。

## 【重结晶的基本原理】

固体有机化合物在溶剂中的溶解度与温度有密切关系。一般温度升高则溶解度增大。若把待纯化的固体有机化合物溶解在热的溶剂中达到饱和,冷却时,由于溶解度降低,溶液变成过饱和而析出晶体。重结晶就是利用被提纯物质及杂质在溶剂中的溶解度不同,让不溶性杂质通过热过滤除去,而溶解度较大的杂质留在溶液中,从而达到分离纯化的目的。

## 【重结晶操作方法】

1. 溶剂的选择

在进行重结晶时,选择理想的溶剂是关键。理想的溶剂必须具备下列条件:

(1)不与被提纯物质起化学反应。

(2)温度高时,被提纯物质在溶剂中溶解度大,在室温或更低温度下溶解度很小。

(3)杂质在溶剂中的溶解度非常大或非常小(前一种情况是使杂质留在母液中不随被提纯晶体一同析出,后一种情况是使杂质在热过滤时除去)。

(4)溶剂沸点较低,易挥发,易与结晶分离除去。

此外,还要考虑能否得到较好的结晶,以及溶剂的毒性、易燃性和价格等因素。

在重结晶时需要知道用哪一种溶剂最合适和物质在该溶剂中的溶解度情况。若为早已研究过的化合物可查阅手册或从辞典的溶解度一栏中找到适当的溶剂的资料;对于从未研究过的化合物,则须用少量样品进行反复实验。在进行实验时必须应用"相似相溶"原理,即物质往往易溶于结构和极性相似的溶剂中。

若不能选到单一的、合适的溶剂,常可应用混合溶剂。混合溶剂一般由两种能互溶的溶剂组成,其中一种对被提纯的化合物溶解度较大,而另一种溶解度较小。常用的混合溶剂有:乙醇—水、醋酸—水、苯—石油醚、乙醚—甲醇等。

2. 固体的溶解

要使重结晶得到的产品纯且回收率高,溶剂的用量是关键。溶剂用量太大,会使待提纯物过多地留在母液中从而造成损失;但若用量太少,在随后的趁热过滤中又易析出晶体而造成损失,并且还会给操作带来麻烦。因此,一般比理论需要量(刚好形成饱和溶液的量)多加约 10%～20% 的溶剂。

3. 脱色

不纯的有机物常含有有色杂质。若遇这种情况,可向溶液中加入少量活性炭来吸附这些杂质。加入活性炭的方法是:待沸腾的溶液稍冷后加入,然后煮沸 5～10min,并不时搅拌以防爆沸。活性炭用量视杂质多少而定,一般为干燥的粗品重量的 1%～5%。

4. 热过滤

为了除去不溶性杂质和活性炭需要趁热过滤。由于在过滤的过程中溶液的温度下降,往往导致结晶析出,因此常使用保温漏斗(热水漏斗)过滤。保温漏斗要用铁夹固定好,注入热水,并预先烧热。若是易燃的有机溶剂,应在熄灭火焰后再进行热滤;若溶剂是不可燃的,则可煮沸后一边加热一边热滤,热过滤详见 1.6 节。

5. 结晶

让热滤液在室温下慢慢冷却,结晶随之形成。如果冷却时无结晶析出,可用加入一小颗晶种(原来固体的结晶)或用玻璃棒在液面附近的玻壁上稍用力摩擦引发结晶。

所形成的晶体若太细或过大都不利于纯化。太细则表面积大,易吸附杂质;过大则在晶体中央易有杂溶液且干燥困难。让热滤液快速冷却或振摇会使晶体很细,使热滤液极缓慢地冷却则产生的晶体较大。

6. 抽气过滤(减压过滤)

把结晶与母液分离的方法一般采用布氏漏斗抽气过滤的方法(如图 1.2 所示),详见 1.6 节。

图 1.2　减压过滤装置　　　　图 1.3　玻璃钉过滤装置

根据需要选用大小合适的布氏漏斗和刚好覆盖住布氏漏斗底部的滤纸。先用与待滤液相同的溶剂湿润滤纸,然后打开水泵,并慢慢关闭安全瓶上的活塞使吸滤瓶中产生部分真空,使滤纸紧贴漏斗。将待滤液及晶体倒入漏斗中,液体穿过滤纸,晶体收集在滤纸上。关闭水泵前,先将安全瓶上的活塞打开或拆开抽滤瓶与水泵连接的橡皮管,以免水倒吸流入抽滤瓶中。

过滤少量的结晶(1～2g 以下),可用如图 1.3 所示的玻璃钉过滤装置。

7. 干燥

用重结晶法纯化后的晶体,其表面还吸附有少量溶剂,应根据所用溶剂及结晶的性质选择恰当的方法进行干燥。常用的方法有空气中晾干、烘干(红外灯或烘箱)、用滤纸吸干以及置于干燥器中干燥等。

## 【重结晶实验举例】

### 1. 实验步骤

用重结晶法提纯粗制的乙酰苯胺,有关实验步骤如下:

将 2g 粗制的乙酰苯胺及计量的水加入 100mL 的烧杯中,加热至沸腾,直到乙酰苯胺溶解(若不溶解可适量添加少量热水,搅拌并加热至接近沸腾使乙酰苯胺溶解)。取下烧杯稍冷后再加入计量的活性炭于溶液中,煮沸 5~10min。

趁热用热水漏斗和扇形滤纸进行过滤,用一烧杯收集滤液。在过滤过程中,热水漏斗和溶液均应用小火加热保温以免冷却。

滤液放置彻底冷却,待晶体析出,抽滤出晶体,并用少量溶剂(水)洗涤晶体表面,抽干后,取出产品放在表面皿上晾干或烘干,测试熔点。如果熔点数据显示晶体的纯度未达到要求,则需要再进行一次重结晶。

### 2. 注意事项

(1)用活性炭脱色时,不要把活性炭加入正在沸腾的溶液中。

(2)滤纸不应大于布氏漏斗的底面。

(3)停止抽滤时先将抽滤瓶与抽滤泵间连接的橡皮管拆开,或者将安全瓶上的活塞打开与大气相通,再关闭泵,防止水倒流入抽滤瓶内。

## 【思考题】

(1)简述重结晶过程及各步骤的目的。

(2)加活性炭脱色应注意哪些问题?

(3)如何选择重结晶溶剂?

(4)母液浓缩后所得到的晶体为什么比第一次得到的晶体纯度要差?

(5)使用有毒或易燃的溶剂进行重结晶时应注意哪些问题?

(6)样品量分别在多少时用常量法或半微量法进行重结晶?

(7)用水重结晶纯化乙酰苯胺时(常量法),在溶解过程中有无油珠状物出现? 这是什么? 如果有油珠出现应如何处理?

(8)如何鉴定重结晶纯化后产物的纯度?

# 1.6 过 滤

过滤是将固体和液体的混合物进行分离的有效方法。在有机化学实验中,一般用于除掉液体中的固体干燥剂(通常采用常压过滤,又称为普通过滤),或者除掉不溶杂质以及脱色剂(通常进行热过滤),还可以在重结晶中用来分离母液和结晶(此时通常采用减压过滤)。常用的过滤方法分述如下:

## 【常压过滤】

常压过滤即普通过滤,当除去干燥剂时,可采用简单过滤方法,即借助于重力实现过滤的目的。

图 1.4　简单过滤装置

在有机化学试验中,过滤往往涉及有机溶剂。为了提高过滤效率,减少有机溶剂挥发,一般使用折叠滤纸(又叫菊花滤纸,如图 1.4 中漏斗中所示的滤纸形状),因为这种形状的滤纸可增加液体和滤纸的有效接触。

菊花滤纸的折法如图 1.5 所示。

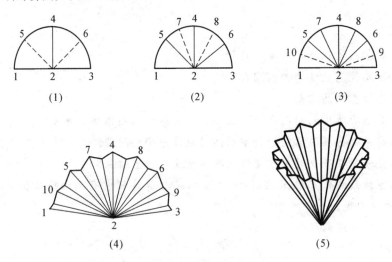

图 1.5　菊花滤纸的折叠步骤

将圆形滤纸对折,然后再对折成四分之一,以边 3 对边 4 叠成边 5、6,以边 4 对边 5 叠成边 7,以边 4 对边 6 叠成边 8,依次以边 1 对 6 叠成 10、3 对 5 叠成 9,这时折得的滤纸外形如图 1.5(5)所示。在折叠时应注意,滤纸中心部位不可用力压得太紧,以免在过滤时滤纸底部由于磨损而破裂。然后将滤纸在 1 和 10、6 和 8、4 和 7 等之间各朝相反方向折叠,做成扇形,打开滤纸呈图状,最后做成如图所示的折叠滤纸,即可放在漏斗中使用。

## 【热过滤】

重结晶操作中,除去不溶性杂质(包括用作脱色的吸附剂),往往需要趁热过滤,否则固体物质就会冷却析出,与杂质或者活性炭混合在一起,大大减少纯净产品的产量。

热过滤与普通过滤相比,需要一个外加的保温装置。通常,使用热水漏斗和折叠滤纸进行常压保温快速过滤。这样的热过滤较快,可有效防止过滤过程中因溶剂的冷却或挥发导致溶质析出而造成损失。热过滤装置如图 1.6 所示,即使用短而粗的玻璃漏斗(热过滤选用的玻璃漏斗颈越短越好),外边装有金属夹套,夹套间充水。金属夹套上面的小孔为装水和水蒸气挥发的进出口用。热水漏斗可用铁夹和铁圈固定,漏斗下用锥形瓶接收滤液。过滤前先在金属夹套支管端加热,使夹套水接近沸腾。为了保持热水漏斗有一定温度,在过滤时可用小火加热。但必须注意,过滤易燃溶剂时应将火焰熄灭!

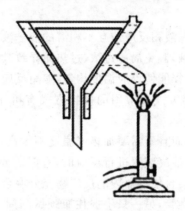

图 1.6　热过滤装置

用折叠滤纸过滤时,应先用少量热溶剂润湿,以免干滤纸吸收溶液中的溶剂使晶体析出而堵塞滤纸孔。过滤时,漏斗上应盖上表面皿(凹面向下),起到保温和减少溶剂挥发的作用。

## 【减压过滤】

在重结晶操作中,当母液冷却后,需要把晶体从母液中分离出来。此时,为了尽量不让母液有残留,需要使用减压过滤(又称为抽气过滤或抽滤)的操作。

减压过滤是采用布氏漏斗和吸滤瓶来进行的,如图 1.7 所示。吸滤瓶的侧管用耐压的橡皮管与安全瓶相连,安全瓶再用耐压的橡皮管和水泵相连。安全瓶的作用在于防止因水压突然改变而使水倒流入吸滤瓶中。

布氏漏斗中铺的圆形滤纸,应较漏斗的内径略小,使紧贴于漏斗的底壁,在抽滤前先用少量溶剂润湿滤纸,然后打开水泵将滤纸吸紧,防止固体在吸滤时自滤纸边沿吸入瓶中。借助玻棒,将待分离物分批倒入漏斗中,并用少量母液将粘附在容器壁上的残留晶体转移至布氏漏斗中。滤完,用玻离塞挤压晶体,以尽量除去母液。

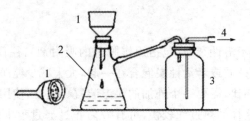

图1.7 减压过滤装置
1.布氏漏斗；2.吸滤瓶；3.缓冲瓶；4.接真空泵

# 1.7 搅 拌

当进行非均相反应(如固—液相反应或互不相溶的液—液反应)或反应物之一逐渐滴加时,为使反应混合物能充分接触、避免局部过浓、过热而导致其他副反应或有机化合物分解,需进行强烈的搅拌或振荡。搅拌能使反应温度均匀,缩短反应时间和提高产率。

根据需要采用不同的搅拌方式。常用的搅拌方式有机械搅拌器、磁力搅拌器和手动搅拌。

在反应量小、反应时间短,而且不需要加热或温度不太高的操作中,用手摇动容器就可达到充分混合的目的。用回流冷凝装置进行反应时,有时需要做间歇的振荡。先固定好回流冷凝装置,通过振荡整个铁架台使容器内的反应物充分混合,或者将固定烧瓶和冷凝管的架子暂时松开,一只手扶住冷凝管,另一只手握住瓶颈做圆周运动。每次振荡后,应把仪器重新夹好。

在那些需要较长时间进行搅拌的实验中,最好用电动搅拌器或者磁力搅拌器,其搅拌效率高,节省人力,还可以缩短反应时间。

**【机械搅拌】**

图1.8所示是适合不同需要的机械搅拌装置。机械搅拌器主要包括电动机、搅拌棒和搅拌密封装置三部分。电动机是动力部分。电动搅拌器固定在支架上,由调速器调节其转动快慢。

在装配机械搅拌装置时,安装顺序如下:

(1)首先根据反应介质选择合适材质和合适形状的搅拌棒。目前搅拌棒材质有聚四氟乙烯、不锈钢、玻璃,形状也有多种,其搅拌效果会有所差异。根据搅拌马达与加热夹套的垂直距离选择一定长度的搅拌棒。

(2)用连接器把已插入塞子的搅拌棒连接到搅拌器的转动轴上。

(3)小心将三口烧瓶从搅拌棒下端套进去,搅拌棒距离瓶底约5mm,然后将三口烧瓶夹紧。

(4)检查安装的仪器是否牢固,搅拌轴、搅拌棒以及烧瓶中心轴应在同一直线上。

(5)用手试验搅拌器转动的灵活性,再以低速开动搅拌器试验运转情况,直至连接部位无摩擦声时方可认为仪器装配合格,否则需重新调整。

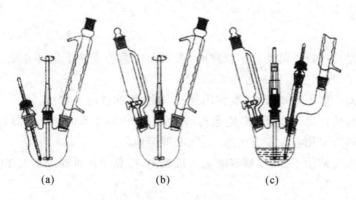

图 1.8　适合不同需要的机械搅拌装置

（6）装上冷凝管及温度计，用冷凝管夹夹紧固定。整套仪器应安装在同一铁架台上。

用橡皮管密封时，在搅拌棒和紧套的橡皮管之间，用少量凡士林或甘油润滑。用液封管时，可在封管中装液体石蜡、甘油或浓硫酸。

## 【磁力搅拌】

磁力搅拌适用于搅拌、加热或加热搅拌同时进行。磁力搅拌的搅拌强度比机械搅拌弱，适用于黏稠度不是很大的液体或者固液混合物。利用磁场和漩涡的原理将反应介质放入容器中后，同时将搅拌子放入介质，当底座产生磁场后，带动搅拌子成圆周循环运动从而达到搅拌反应介质的目的。配合温度控制装置，可以根据具体的实验要求控制并维持反应介质温度，帮助实验者设定实验条件，提高实验重复性的可能。

其工作原理：利用磁性物质同性相斥的特性，通过不断变换基座的两端的极性来推动磁性搅拌子转动，通过磁性搅拌子的转动带动反应介质旋转，使反应体系均匀混合；通过底部温度控制板对反应液加热，配合磁性搅拌子的旋转使反应液均匀受热，达到指定的温度；通过加热功率调节，使升温速度可控。

在图 1.9 所示的反应烧瓶中，选择长度合适的电磁搅拌子，放入烧瓶内，在烧瓶的下面放磁力搅拌机，使烧瓶的位置居于磁力搅拌器的正中。操作步骤如下：

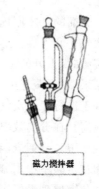

图 1.9　磁力搅拌装置

（1）接通电源；

（2）开电源开关；

（3）调节调速旋钮，由慢至快调节到所需速度，不允许高速档启动，以免搅拌子因不同步而跳子；

（4）需加热时，开加热开关，调节加热温度；

（5）需控温时，将温度传感器插头插入仪器后板插座内，传感器探头插入试验溶液中，调准温控仪的设定温度即进入温度自动控制工作状态。

在有机合成实验中，经常在反应烧瓶与磁力搅拌之间，采用油浴、沙浴、水浴加热反应烧瓶。

磁力搅拌的搅拌强度比机械搅拌弱，适用于反应介质黏度不大的反应体系。

## 【注意事项】

(1)搅拌时发现搅拌子跳动或不搅拌时,请切断电源检查一下烧杯底是否平,位置是否正,同时请测一下,现用的电压是否在 $220\pm10V$ 之间。

(2)加热时间一般不宜过长,间歇使用延长寿命,不搅拌时不加热。

(3)中速运转可连续工作 8h,高速运转可连续工作 4h,工作时防止剧烈震动。

(4)电源插座应采用三孔安全插座,必须妥善接地。

(5)仪器应保持清洁干燥,严禁溶液流入机器内,以免损坏机器。不工作时应切断电源。

# 1.8 分 馏

简单分馏操作与蒸馏大致相同。将待分馏的液体混合物加入圆底烧瓶中,加入沸石,装上分馏柱,插上温度计。温度计水银球上限应与分馏柱支管的下限在同一水平线上,以保证水银球完全被蒸气所包围。分馏支管和冷凝管相连,馏出液收集在锥形瓶中。

### 【分馏的基本原理】

蒸馏和分馏都是分离提纯液体有机化合物的重要方法,普通蒸馏可以将沸点相差 30℃以上的混合物各组分较好地分离。对沸点相近的混合物,用普通蒸馏法难以精确分离,虽然从理论上可用多次蒸馏的方法实现分离,但因费时且繁琐而很少采用。此时可采用分馏方法。精密的分馏设备能将沸点相差 1~2℃的混合物分开,在实验室和化学工业中广泛应用。

分馏的基本原理与蒸馏相类似,利用分馏柱进行分馏,相当于在分馏柱内使混合物进行多次气化和冷凝。柱内上升蒸气和回流液体呈逆流状态,当上升的蒸气与下降的冷凝液相互接触时,上升的蒸气部分冷凝放出热量使下降的冷凝液气化,两者之间发生了能量交换。其结果,上升蒸气中易挥发组分增加,而下降的冷凝液中高沸点组分增加。如果继续多次,就等于进行了多次气液平衡,即达到多次蒸馏的效果。这样,距柱顶愈近,易挥发组分的比率愈高。在分离效率足够高时,从柱顶可得到纯度足够高的低沸点组分,而高沸点组分则留在烧瓶中。分馏既能克服多次普通蒸馏的缺点,又可有效地分离沸点相近的混合物。通常分馏在实验室中用分馏柱来实现,而工业中采用精馏塔实现。

分馏原理最好用恒压下的沸点—组成曲线图(即相图,表示两组分体系中相的变化情况)解释。图 1.10 中下面一条曲线是 A、B 两个化合物不同组分时的液体混合物沸点,上面一条曲线是指在同一温度下与沸腾液体相平衡时蒸气的组成。沸点为 112℃的 A 与沸点为 80℃的 B 混合,由 58%的 A 和 42%的 B 组成的液体($C_1$)在 90℃沸腾,和此液相平衡的蒸气($V_1$)组成约为 78%的 A 和 22%的 B,该蒸气冷凝成同组成的液体($C_2$),则与此溶液呈平衡的蒸气($V_2$)组成约为 90%的 A 和 10%的 B。如此继续重复,即可将 A 和 B 分开。但是必须指出:凡能形成共沸组分的混合物都具有固定沸点,这样的混合物不能用分馏方法分离。

在分馏过程中,分馏柱内保持一定的温度梯度是很重要的,温度梯度的保持是通过调节馏出液的速度来实现的,若加热速度快,馏出速度也快,使柱内温度梯度变小,影响分馏效果。若加热速度慢,馏出速度也慢,回流液在柱内聚集,会减少液体和上升的气体接触,或者

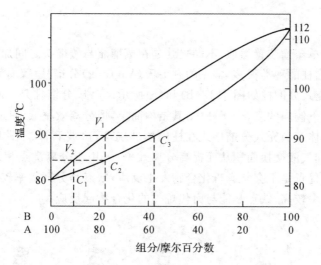

图 1.10　A-B 体系的沸点—组成曲线图

上升蒸气把液体冲入冷凝管中造成"液泛",达不到分馏的目的。为了避免上述情况的发生,通常在分馏柱外包扎石棉绳、石棉布等绝缘物品以保持柱内温度,提高分馏效率。另外,可以通过控制回流比来保持柱内温度梯度和提高分馏效率。

所谓回流比是指单位时间内由柱顶冷凝返回柱中的液体数量与蒸出物量之比,回流比大使分馏效果好,但所耗时间增加且样品损失也增加。因此,在分馏过程中,特别是在工业中进行精馏设计时,回流比是一个需要认真选定的参数。

## 【分馏操作方法】

简单的分馏操作是把待分馏的液体倒入烧瓶中,投入几粒沸石,液体体积以不超过烧瓶容积的 1/2 为宜。安装好分馏装置,分馏柱外可用石棉绳包裹,以减少柱内热量的散发。经过检查合格后,选择合适的热浴加热。

操作时应注意下列几点:

(1)根据待分馏液体的沸点范围,选用合适的加热方式加热,用小火加热热浴,使浴温缓慢而均匀地上升。不要在石棉网上用火直接加热。

(2)待液体开始沸腾,蒸气进入分馏柱中时,要注意调节浴温,使蒸气缓慢而均匀地沿分馏柱壁上升。若由于室温低或液体沸点较高,为减少柱内热量的散发,可将分馏柱用石棉绳和玻璃布包裹起来。

(3)当蒸气上升到分馏柱顶部,开始有液体馏出时,更应密切注意调节油浴温度,控制馏出速度为 2～3 滴/秒。如果分馏速度太快,馏出物纯度将下降;但是速度也不宜太慢,以致上升的蒸气时断时续,馏出温度有所波动。

(4)选择合适的回流比。回流比越大,分离效果越好。回流比的大小根据物系和操作情况而定,一般回流比应控制在 4∶1,即每秒内冷凝液流回蒸馏瓶为 4 滴,柱顶馏出液为 1 滴。

(5)根据实验规定的要求,分段收集馏分。实验完毕后,称量各段馏分重量。

**【分馏装置】**

    分馏装置与简单蒸馏装置类似,不同之处是在蒸馏瓶与蒸馏头之间加了一根分馏柱,如图 1.11 所示。分馏柱的种类很多,常见的有韦氏(Vigreux)分馏柱(又称刺型分馏柱)如图 1.12(a)所示和填充式分馏柱如图 1.12(b)和(c)所示。韦氏分馏柱是一根管子,中间每隔一定距离有三根向下倾斜的刺,交于柱中,其结构简单,但分离效率低,只适合于分离少量的沸点相距较大的液体。填充式分馏柱式在柱内填玻璃珠、短玻璃管、不锈钢棉、金属丝等惰性填料,这样可增加气液交换面积从而提高分离效率,可用于分离沸点相距较小的混合物。玻璃填料的分馏柱优点是不会与有机化合物发生反应,缺点是分馏效率较低;金属填料的分馏柱优点是分馏效率较高,缺点是能与卤代烷类的化合物起反应。

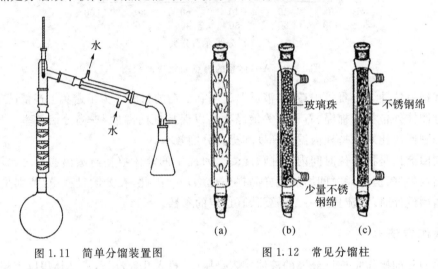

图 1.11 简单分馏装置图      图 1.12 常见分馏柱

# 1.9 回流冷凝

    很多有机反应需在温度接近反应体系中的溶剂或液体反应物的沸点时进行,这时就要采用回流冷凝操作。回流冷凝是有机化学实脸中最基本的操作之一,大多数有机化学反应都是在回流条件下完成的。

**【回流冷凝的基本原理】**

    将液体加热汽化,同时将热气冷凝液化,并使之流回到原来的容器中重新受热汽化,这样循环往复的汽化液化过程称之为回流冷凝。回流液本身可以是反应物,也可以是溶剂。当回流液为溶剂时,其作用在于将非均相反应变为均相反应,为反应提供必要而稳定的温度,此温度为回流液的沸点温度。此外,回流也可应用于某些分离纯化操作中,如重结晶的溶样过程、连续萃取与分馏及某些干燥过程等。

**【回流冷凝实验操作】**

    根据回流体系的不同,回流冷凝装置可以由圆底烧瓶、球形冷凝管、干燥管、气体吸收装置等组成。根据需要选择相应的回流装置:图 1.13(1)所示是可以隔绝潮气的回流装置,若不需要防潮,可以去掉球形冷凝管顶端的干燥管;若回流中没有不易冷却物放出,还可以把气球直接套在冷凝管上口以隔绝潮气的渗入。图 1.13(2)所示为带有吸收反应中生成气体的回流装置,适用于回流过程中有水溶性气体(如 HCl、$SO_2$ 等)产生的反应。图 1.13(3)所示为回流时可以同时滴加液体试剂的装置。

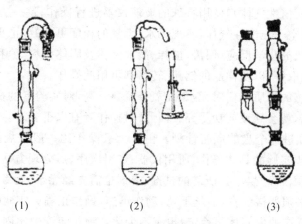

(1)　　　　　　(2)　　　　　　(3)

图 1.13　回流冷凝装置示意图

安装回流冷凝装置时首先要用烧瓶夹将烧瓶垂直夹好,不应夹得太紧或太松,以夹住后稍微用力能转动为宜,以免夹破烧瓶。用水浴或油浴加热时,烧瓶底应该距离水浴或油浴锅锅底 1~2cm。安装冷凝管时要先调好冷凝管夹的位置,一般冷凝管夹的位置在冷凝管的中部偏上一些,并与烧瓶的瓶口同轴,然后将球形冷凝管下端正对烧瓶口,用冷凝管夹垂直固定于烧瓶上方,同时要保证磨口连接紧密。

搭好回流装置后,将待回流液加入圆底烧瓶,并放入几粒沸石。根据瓶内液体的沸腾程度,可选用水浴、油浴、加热套等方式进行加热。一般瓶内液体的沸点在 80℃ 以下时,选择水浴加热;其沸点在 100℃ 以上时,选择油浴加热;沸点温度在 200℃ 以上时选择砂浴或电热套加热等。加热前先在冷凝管中通入冷凝水。水流应从冷凝管的下口流入,从上口流出,以保证冷凝管夹套中始终充满水,从而提高冷凝效果。一般情况下不采用明火直接加热的方式,以免易挥发和易燃溶剂逸出后着火引发火灾。开始加热时的升温速度要慢,回流时的液体回滴速度应控制在液体蒸汽浸润不超过冷凝管中的两个球为宜。回流冷凝完成后,先撤去热源停止加热,待回流反应液冷至室温后再关闭冷凝水。

## 1.10　无水无氧操作

其实无水无氧反应系统对我们并不陌生。有些对湿气敏感的反应,我们采用干燥管来连接反应瓶和大气,使得进入反应瓶内的空气得到一定程度的干燥。在制备乙基溴 Grignard 试剂时,我们利用乙醚的易挥发性,造成一个主要是乙醚气氛(尽量排除空气接触反应)的环境来完成 Grignard 试剂的制备及后继与酮的反应。上述措施在一定程度上减少了和空气的接触(进而也减少了与空气中的水汽和氧气的影响),可以满足要求不高的无水无氧需要。然而如果实验中涉及的化合物对水和氧气特别敏感时,必须采用非常严格的无水无氧装置及操作,才能实现目标化合物的合成、分离、纯化和分析鉴定工作。

严格意义上的无水无氧操作分三种:(1)高真空线操作(Vacuum-line);(2)Schlenk 操作;(3)手套箱操作(Glove-box)。

这里重点介绍双排管 Schlenk 操作技术。Schlenk 操作的特点是在惰性气体气氛下(将体系反复抽真空—充惰性气体),使用特殊的玻璃仪器进行操作;这一方法排除空气比手套箱好,由于反复抽真空—充惰性气体,实现无水、无氧的程度更有效,也更可靠。其操作量从几克到几百克。一般的化学反应(回流、搅拌、滴加液体及固体投料等)和分离纯化(蒸馏、过滤、重结晶、升华、提取等)以及样品的储藏、转移都可用此操作。

对空气非常敏感的物质不仅对无水、无氧装置要求高,对实验者的操作技术要求也特别严格,往往稍有疏忽,就会导致前功尽弃。因此,对操作者有以下要求:

(1)实验前必须进行全盘的周密计划。由于无氧操作比一般常规操作机动灵活性小,因此实验前对每一步实验的具体操作、所用仪器、加料次序、后处理方法等都必须考虑周全。所用的仪器事先必须洗净、烘干。所需的试剂、溶剂也需先经无水、无氧处理。

(2)在操作中必须严格认真,一丝不苟,动作迅速,操作正确。实验时要先动脑后动手。

(3)由于许多反应的中间体不稳定,也有不少化合物在溶液中比固态时更不稳定,因此无氧操作往往需要连续进行,直到拿到较稳定的产物或把不稳定的产物贮存好为止。

## 【双排管操作的实验原理】

双排管进行无水、无氧反应操作的工作原理:两根分别具有 5～8 个支管口的平行玻璃管,通过控制它们连接处的双斜三通活塞(图 1.14),对体系进行抽真空和充惰性气体两种互不影响的实验操作,从而使体系得到我们实验所需的无水、无氧的环境要求。

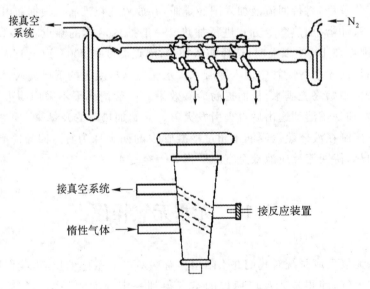

图 1.14　抽真空惰性气体分配管

## 【双排管实验操作步骤】

(1)实验所需的仪器、药品、溶剂必须根据实验的要求事先进行无水、无氧处理。

(2)安装反应装置并与双排管连接好,然后小火加热烘烤反应用玻璃仪器的器壁,并进行抽真空—惰性气体置换的操作(至少重复三次以上),把吸附在器壁上的微量水和氧移走。一般用酒精灯火焰来回烘烤器壁除去吸附的微量水分。惰性气体一般用氮气或氩气。

(3)加料。固体药品可以在抽真空前先加,也可以后加,但一定要在惰性气体保护下进行;液体试剂一般在对反应容器抽真空—充惰气,反复三次后,用注射器加入。

(4)在反应过程中,注意观察记泡器,保持双排管内始终要有一定的正压(但要注意起泡速度,避免惰性气体的浪费),直到反应结束。

(5)实验完成后应及时关闭惰性气体钢瓶的阀门(先按顺时针方向关闭总阀,指针归零;再按反时针方向松开减压阀,同样让指针归零,关闭节制阀)。清洗双排管,填写双排管的使用情况是否正常,维护好实验仪器。

## 【玻璃仪器的洗涤干燥及橡皮材质的处理】

(1)玻璃仪器的洗涤干燥

不论是使用干燥箱技术、注射器针管技术,还是使用双排管技术来处理对空气敏感化合物,仪器的洗涤和干燥都是十分重要的。大多数空气敏感化合物遇水和氧都会发生激烈反应,甚至酿成爆炸、着火等事故。器壁上吸附的微量氧、水可能会导致实验失败。所以,仪器的洗涤非常重要。必要时应用稀酸、稀碱洗涤,甚至用铬酸洗液浸泡,再用水和无离子水冲洗到仪器透亮、器壁上不挂水珠为止。新的仪器也要经过严格洗涤后才能使用。洗涤过的仪器放到空气中晾干,再放到干燥箱中烘烤。干燥箱的温度为 125℃ 时,需要干燥过夜;为140℃时至少干燥 4h。干燥时,磨口接头或活塞要互相脱离,分开放置,防止"粘结"到一起,干燥后放到一起保存。从干燥箱中取出的仪器在惰性气流下趁热组装,所有的接头要涂硅脂或烃润滑脂,在惰性气流下冷却待用,或把仪器从干燥箱中取出趁热放到干燥器中冷却存放,干燥器中最好充满惰性气体保护。像双排管这种有活塞的仪器,在洗涤前一定要用蘸有溶剂的棉花球将活塞内的润滑脂轻轻擦洗干净,否则润滑脂很难用水洗掉。

(2)橡皮材质的处理

在处理空气敏感化合物的操作中,通常用橡皮管作为连接物,用橡皮塞、橡皮隔膜作为密封物。这些物品在使用前必须经过严格清洗和干燥,因为这类物质的表面很粗糙,吸附着大量氧和水等杂质,也容易粘上油污,使用前又不能用加热抽空等方法除去这些杂质,因此它们的洗涤、干燥和保存更显得重要。

## 【惰性气体的净化】

实验室中常用的惰性气体是氮气、氩气和氦气。其中氮气最易得到,且价格便宜,因而使用最为普遍。以氮气为保护气体的另一个优点是它的相对密度与空气很接近,在氮气保护下称量物质的质量不需要加以校正。但是,由于氮分子在室温下与锂反应,在较高温度下和别的物质(如金属镁)也能发生反应,氮气还能与某些过渡金属形成配合物,从而限制了它的应用。因此在这种情况下必须用氩气作保护气体。氩气较氮气难得,价格昂贵,只有在特殊条件下才使用。氮气、氩气、氦气的净化方法基本相同。惰性气体净化,主要是指将惰性气体中所含的氧和水的量降到要求值以下。下面以氮气为例说明惰性气体的净化方法和过程。国内气体纯度一般分为普通级与高纯级,普通氮含量 99.9%,用前必须纯化;高纯氮含量 99.999% 或 99.99%。高纯氮的含氧和含水总量 $0.01\sim0.05\mu g/mL$,这已可满足一般的无氧操作。但对于特别敏感的化合物,例如含 f 电子的金属有机化合物,要求氧的含量小于 $0.005\mu g/mL$,这时所用的惰性气体必须再纯化处理,即脱水、脱氧。

1. 脱水方法

(1)低温凝结

降低温度,水蒸气要冷凝结冰。降低温度能使惰性气体中的水含量大幅度地降低。针对气体中含水量要求的不同,可以选择不同的冷冻剂。液氮、液态空气、干冰—丙酮混合物、干冰等,它们能达到的最低温度相差很大。

(2)使用干燥剂干燥惰性气体

常用干燥剂有氯化钙、氢化钙、五氧化二磷、浓硫酸以及分子筛等。

2. 脱氧方法

(1)干法脱氧

干法脱氧是让气体通过脱氧剂而脱氧。脱氧剂通常是金属或金属氧化物,如活性铜、钠—钾合金、"401"脱氧剂等。

(2)湿法脱氧

湿法脱氧是让气体通过具有还原性物质的溶液而脱氧(由于会带入水或其他溶剂,所以较少采用)。

## 【注射器针管技术】

反应装置安装好后,用真空泵抽真空,同时以小火烘烤,去除仪器内的空气及表面吸附的水汽,然后通惰气。如此反复三次。将反应物加入反应瓶或调换仪器需开启反应瓶时,都应在连续通惰气情况下进行。对空气敏感的固体试剂,在连续通惰气下与固体加料口对接,然后加入反应瓶中。对空气不敏感的固体试剂,如果需要在反应前加入,可先放在反应瓶中,与体系一起抽真空—充惰气;如果需要在反应过程中加入,可在加大惰气流量的同时,直接开启反应容器的塞子,从固体加料口迅速加入;也可将固体试剂溶解在相应的溶剂中,通过注射器从橡皮塞注入反应容器。

1. 橡皮隔膜塞

在实验室中,多使用注射器针管计量和转移对空气敏感的液体化合物。利用针管技术处理空气敏感化合物,需要的主要器械有橡皮隔膜塞(俗称橡皮翻口塞)密封的玻璃仪器、注射针管、细金属管及双针头管。带有橡皮隔膜塞密封的玻璃器皿是在一些普通的玻璃器皿的接口插入橡皮隔膜塞。橡皮塞有一定的弹性,能和适当直径的接口管紧密配合,使器皿内物料与空气隔绝达到密封的目的。

橡皮隔膜塞经过几次针刺后,气密性会下降。用针刺隔膜塞时最好刺其边缘,因为边缘的橡皮厚实易密封。刺过几次的塞子要换掉,不宜继续使用。空气可通过橡皮隔膜塞的隔膜、针孔等扩散、渗透进入容器内,所以这种密封装置不宜较长时间地贮存空气敏感化合物。

2. 注射器及其使用

注射器是注射针管技术中关键的器械,能否正确使用将决定操作成败。实验室使用的注射器有塑料的(一次性使用)和玻璃的两种,最常用的是医用玻璃的。应根据计量的液体多少合理选择注射器的容量。

针头是由不锈钢管制成的,其长度和内径大小各异,根据用途进行选择针尖的形状也不相同。使用注射器时,容量小的注射器可用一只手操作,以中指、无名指与大拇指捏住套筒,食指顶夹着内塞棒侧外端,靠食指与中指的分或合来拉出或推进内塞柱。不能用手直接接触内塞柱的磨面。使用过程中应尽量减少内塞柱曝露在空气中的时间,以减少氧与水在其磨面上吸附的机会,以及磨面上微量的空气敏感化合物会与空气中氧、水反应生成固体物质附于磨面上,致使内塞柱推不进套筒中。用针头刺破橡皮隔膜塞时,应使针尖的缺门面朝上,用向针管的推、压合力使针尖刺入橡皮膜内,不可垂直刺入橡皮膜,以防止针尖把橡皮膜切割下来堵塞针孔,且影响密封。

在转移计量液体时,当进入的液体稍多于需要的量时,将针头拔离液面按图 1.15 所示的方法排出筒内的气泡和多余的液体。要注意,针筒上容量刻度是按内塞柱推到顶头计量的。

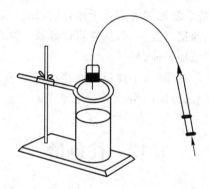

图 1.15　将气泡与过量试剂压回密封的瓶内

# 1.11　低温反应

常温、加热是最常见的有机化学反应条件。但是有些有机反应过于剧烈,反应速率太快,往往会导致反应难以控制、副产物多等负面影响,必须要通过外加手段来降低反应速率,使反应平稳进行。降低反应体系的温度就是一个常用的、有效的方法。另一方面,有机反应可能涉及某些只有在低温条件下才能稳定存在的药品、试剂等,这也要求反应必须在低温条件下进行。所以,学习低温反应操作是系统掌握有机化学实验条件,提高有机化学实验技能必不可少的一个环节。低温反应操作可以通过两种方式来进行:一种是通过低温反应仪来实现;另一种是通过低温液体来实现,常见的有冰水浴、冰盐浴、低温干冰浴、液氮等,这里主要介绍利用干冰/丙酮浴来进行的低温反应。

## 【低温反应的基本原理】

低温干冰浴通常是由一种挥发性液体如乙醚、丙酮、氯仿等与干冰以一定比例混合而成。挥发性液体的加入可以加快干冰的挥发,热量被迅速带走,充分发挥干冰的制冷作用,温度快速下降,创造持续稳定的超低温环境,最低可以达到－77℃左右的低温。

## 【低温反应操作要点】

在杜瓦瓶中加入适量干冰,慢慢加入丙酮至一半高度,这时干冰开始挥发,会产生白色的烟雾,伴随"哧哧"声,温度开始下降,再慢慢加入干冰,边加边缓慢搅拌,至成糊状混合物,混合物的量可根据实际反应容器的大小来定。

## 【低温反应的注意事项】

(1)如果对温度要求比较严格的话,可用低温温度计监测,不可用水银温度计,否则容易冻裂。

(2)一般丙酮少量,干冰需要过量,根据具体的低温范围,可适当增加。

(3)边加边搅拌,可以交替重复地加丙酮或干冰,这样做可以防止结块。

(4)浴做好后可以拿个东西把口盖一下,这样可以延长干冰/丙酮浴的使用时间,当混合物中干冰快挥发完时,要适当添加干冰。

(5)块状干冰比粉末状干冰效果好,干冰最好储存在保温的小桶或杜瓦瓶内。

(6)实验过程中要带棉手套,以防冻伤。

# 1.12　柱色谱

常用的柱色谱有吸附柱色谱和分配柱色谱两类,有机化学实验室里常见的是吸附柱色谱。柱色谱是在一根玻璃管或金属管中进行的色谱技术,将吸附剂填充到管中使之成为柱状,这样的管状柱称为吸附色谱柱。使用吸附色谱柱分离混合物的方法,称为吸附柱色谱。这种方法可以用来分离大多数有机化合物,尤其适合于复杂的天然产物的分离,分离容量从几毫克到百毫克级,因此,适用于分离和精制较大量的样品。

## 【柱色谱原理】

在吸附柱色谱中,吸附剂是固定相,洗脱剂是流动相,相当于薄层色谱中的展开剂。柱色谱的基本原理与薄层色谱相同,也是基于各组分与吸附剂间存在的吸附能力的差异,使之在色谱柱上反复进行吸附、解吸、再吸附、再解吸的过程而完成的。所不同的是,在进行柱色谱的过程中,混合样品一般是加在色谱柱的顶端,流动相从色谱柱顶端流经色谱柱,并不断地从柱中流出。由于混合样中的各组分与吸附剂的吸附作用强弱不同,各组分随流动相在柱中的移动速度也不同,一般与吸附剂作用较弱的成分先流出,与吸附剂作用较强的成分后流出,最终导致各组分按顺序从色谱柱中流出。如果分步接收流出的洗脱液,蒸掉洗脱剂即可分别得到各组分,达到混合物分离的目的。对于柱上不显色的化合物分离时,可通过紫外光照射来检查,也可通过薄层色谱检测的方法逐个加以确定。

## 【吸附剂与洗脱剂】

根据待分离组分的结构和性质,选择合适的吸附剂和洗脱剂是柱色谱分离成败的关键。

1. 吸附剂的要求

一种合适的吸附剂,一般应满足下列几个基本要求:

(1)对样品组分和洗脱剂都不会发生任何化学反应,在洗脱剂中也不会溶解。

(2)对待分离组分能够进行可逆的吸附,同时具有足够的吸附力,使组分在固定相与流动相之间能最快地达到平衡。

(3)颗粒形状均匀且大小适当,以保证洗脱剂能够以一定的流速(一般为 1.5mL/min)通过色谱柱。

(3)材料易得,价格便宜,而且是无色的,以便于观察。

2. 几种常见吸附剂

可用于吸附剂的物质有氧化铝、硅胶、聚酰胺、硅酸镁、滑石粉、氧化钙(镁)、淀粉、纤维素、蔗糖和活性炭等。其中有些对几类物质分离效果较好,而对其他大多数化合物不适用。

(1)氧化铝

市售的层析用氧化铝有碱性、中性和酸性三种类型,粒度规格大多为 100~150 目。

碱性氧化铝(pH 9~10)适用于碱性物质(如胺、生物碱)和对酸敏感的样品(如缩醛、糖苷等),也适用于烃类、甾体化合物等中性物质的分离。但这种吸附剂能引起被吸附的醛、酮的缩合、酯和内酯的水解、醇羟基的脱水、乙酰糖的去乙酰化、维生素 A 和 K 等的破坏等不良副反应。因此,这些化合物不宜用碱性氧化铝分离。

酸性氧化铝(pH 3.5~4.5)适用于酸性物质如有机酸、氨基酸等的分离。

中性氧化铝(pH 7~7.5)适用于醛、酮、醌、苷、硝基化合物以及在碱性介质中不稳定的物质如酯、内酯等的分离,也可以用来分离弱的有机酸和碱等。

(2)硅胶

硅胶是硅酸的部分脱水后的产物,其成分是 $SiO_2 \cdot xH_2O$,又叫缩水硅酸。柱色谱用硅胶一般不含粘合剂。

(3)聚酰胺

聚酰胺是聚己内酰胺的简称,商业上叫做锦纶、尼龙 6 或卡普纶。色谱用聚酰胺是一种白色多孔性非晶形粉末,是用锦纶丝溶于浓盐酸中制成的。它不溶于水和一般有机溶剂,易溶于浓无机酸、酚、甲酸及热的乙酸、甲酰胺和二甲基甲酰胺中。聚酰胺分子表面的酰氨基和末端胺基可以和酚类、酸类、醌类、硝基化合物等形成强度不等的氢键,因此可以分离上述化合物,也可以分离含羟基、氨基、亚氨基的化合物及腈和醛类等化合物。

(4)硅酸镁

中性硅酸镁的吸附特性介于氧化铝和硅胶之间,主要用于分离甾体化合物和某些糖类衍生物。为了得到中性硅酸镁,用前先用稀盐酸,然后用醋酸洗涤,最后用甲醇和蒸馏水彻底洗涤至中性。

3. 吸附剂的活度及其调节

吸附剂的吸附能力常称为活度或活性。吸附剂的活性取决于它们含水量的多少,活性最强的吸附剂含有最少的水。吸附剂的活性一般分为五级,分别用Ⅰ、Ⅱ、Ⅲ、Ⅳ和Ⅴ表示。数字越大,表示活性越小,一般常用Ⅱ级和Ⅲ级。向吸附剂中添加一定的水,可以降低其活性;反之,如果用加热处理的方法除去吸附剂中的部分水,则可以增加其活性,后者称为吸附剂的活化。

4.吸附剂和洗脱剂的选择

样品在色谱柱中的移动速度和分离效果取决于吸附剂对样品各组分吸附能力的大小和洗脱剂对各组分解吸能力的大小,因此,吸附剂的选择和洗脱剂的选择常常是结合起来进行的。首先,根据待分离物质的分子结构和性质,结合各种吸附剂的特性,初步选择一种吸附剂。然后根据吸附剂和待分离物质之间的吸附力大小,选择出适宜的洗脱剂。最后,采用薄层色谱法进行试验。先将待分离的样品溶解于一定量的溶剂中,选用的溶剂极性应当尽可能低,体积要小。如果样品在低极性溶剂中的溶解度很小,则可加入少量极性较大的溶剂,使体积不至于太大。色层的展开首先使用极性稍小的溶剂,使各组分在色谱柱中形成若干谱带,再用与薄层色谱展开剂极性大小一致的洗脱剂洗脱。所用洗脱剂必须纯粹和干燥,否则会影响分离效果。

物质与吸附剂之间的吸附能力大小既与吸附剂的活性有关,又与物质的分子极性有关。分子极性越强,吸附能力越大,分子中所含极性基团越多,极性基团越大,其吸附能力也就越强。具有下列极性基团的化合物,其吸附能力按下列次序递增:

$-Cl,-Br,-I<-C=C-<-OCH_3<-CO_2R<-CO-<-CHO<-SH<$
$-NH_2<-OH<-COOH$

## 【柱色谱操作方法】

柱色谱法(见图1.16)具体操作如下:

1.装柱

色谱柱的大小规格由待分离样品的量和吸附难易程度来决定。一般柱管的直径为0.5~10cm,长度为直径的10~40倍。填充吸附剂的量约为样品重量的20~50倍,柱体高度应占柱管高度的3/4,柱子过于细长或过于粗短都不好。装柱前,柱子应洗干净,干燥,并垂直固定在铁架台上,将少量洗脱剂注入柱内,取一小团玻璃毛或脱脂棉,用溶剂润湿后塞入管中,用一长玻璃棒轻轻送到底部,适当捣压,赶出棉团中的气泡,但不能压得太紧,以免阻碍溶剂畅流(如果管子带有筛板,则可省略该步操作)。再在上面加入一层约0.5cm厚的洁净细砂,从对称方向轻轻叩击柱管,使砂面平整。

常用的装柱方法有干装法和湿装法两种。

(1)干法装柱法

在柱内装入2/3溶剂,在管口上放一漏斗,打开活塞,让溶剂慢慢地滴入锥形瓶中,接着把干吸附剂经漏斗以细流状倾泻到管柱内,同时用套在玻璃棒(或铅笔等)上的橡皮塞轻轻敲击管柱,使吸附剂均匀地向下沉降到底部。填充完毕后,用滴管吸取少量溶剂把粘附在管壁上的吸附剂颗粒冲入柱内,继续敲击管子直到柱体不再下沉为止。柱面上再加盖一薄层洁净细砂,把柱面上液层高度降至0.1~1cm,再把收集的溶剂反复循环通过柱体几次,便可得到沉降得较紧密的柱体。

（2）湿法装柱法

该方法与干法装柱法类似，所不同的是，装柱前吸附剂需要预先用溶剂调成淤浆状。在倒入淤浆时，应尽可能连续均匀地一次完成。如果柱子较大，应事先将吸附剂泡在一定量的溶剂中，并充分搅拌后过夜（排除气泡），然后再装。

无论是干装法，还是湿装法，装好的色谱柱应是充填均匀，松紧适宜一致，没有气泡和裂缝，否则会造成洗脱剂流动不规则而形成"沟流"，引起色谱带变形，影响分离效果。

2. 加样

将干燥待分离固体样品称重后，溶解于极性尽可能小的溶剂中使之成为浓溶液。将柱内液面降到与柱面相齐时，关闭柱子。用滴管小心地沿色谱柱管壁均匀地将样品溶液加到柱顶上。加完后，用少量溶剂把容器和滴管冲洗干净并全部加到柱内，再用溶剂把粘附在管壁上的样品溶液淋洗下去。慢慢打开活塞，调整液面使其和柱面相平，关好活塞。如果样品是液体，可直接加样。

3. 洗脱与检测

将选好的洗脱剂沿柱管内壁缓慢地加入柱内，直到充满为止（任何时候都不要冲起柱面覆盖物）。打开活塞，让洗脱剂慢

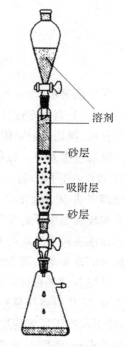

溶剂

砂层

吸附层

砂层

图 1.16　柱色谱装置图

慢流经柱体，洗脱开始。在洗脱过程中，注意随时添加洗脱剂，以保持液面的高度恒定，特别应注意不可使柱面暴露于空气中。在进行大柱洗脱时，可在柱顶上架一个装有洗脱剂的带盖塞的分液漏斗或倒置的长颈烧瓶，让漏斗颈口浸入柱内液面下，这样便可以自动加液。如果采用梯度溶剂分段洗脱，则应从极性最小的洗脱剂开始，依次增加极性，并记录每种溶剂的体积和柱子内滞留的溶剂体积，直到最后一个成分流出为止。洗脱的速度也是影响柱色谱分离效果的一个重要因素。大柱一般调节在每小时流出的毫升数等于柱内吸附剂的克数。中小型柱一般以 1～5 滴/秒的速度为宜。

洗脱液收集时，有色物质按色带分段收集，两色带之间要另收集，可能两个组分有重叠。对无色物质的接收，一般采用分等份连续收集，每份流出液的体积毫升数等于吸附剂的克数。若洗脱剂的极性较强，或者各成分结构很相似，每份收集量就要少一些。具体数额的确定，要通过薄层色谱检测，视分离情况而定。现在，多数用分步接受器自动控制接收。

洗脱完毕，采用薄层色谱法对各收集液进行鉴定，把含相同组分的收集液合并，除去溶剂，便得到各组分的较纯样品。

【注意事项】

（1）色谱柱装填必须均匀紧密，若有断层，分离效果将受到影响。为此，填装吸附剂时敲击柱身较为重要。此外，在分离操作进行完毕以前，必须保证色谱柱被溶剂所浸泡，否则会使柱身干裂，从而影响分离效果。

（2）加样时可使用滴管或移液管将分离液转移到柱子中。

（3）如果不使用滴液漏斗加洗脱剂，也可用每次 10mL 洗脱剂的方法进行洗脱。

# 1.13  薄层色谱层析

薄层色谱法(thin layer chromatography,简称 TLC),又名薄板层析,是色谱法中的一种,是快速分离和定性分析少量物质的一种很重要的实验分离技术,常用于有机化合物的分离与分析,属固—液吸附色谱。

薄层色谱兼备了柱色谱和纸色谱的优点,一方面适用于少量样品(几到几微克,甚至0.01 微克)的分离;另一方面在制作薄层板时,把吸附层加厚、加大,将样品点成一条线,则可分离多达 500mg 的样品。因此,薄层色谱又可用来精制样品。此法特别适用于挥发性较小或在较高温度下易发生变化而不能用气相色谱分析的物质。此外,在进行化学反应时,薄层色谱法还可用来跟踪有机反应及进行柱色谱之前的一种"预试"。常利用薄层色谱观察原料斑点的逐步消失来判断反应是否完成。

薄层色谱是在被洗涤干净的玻板(10cm×3cm 左右)上均匀地涂一层吸附剂或支持剂,待干燥、活化后将样品溶液用管口平整的毛细管滴加于离薄层板一端约 1cm 处的起点线上,凉干或吹干后置薄层板于盛有展开剂的展开槽内,浸入深度为 0.5cm。待展开剂前沿离顶端约 1cm 附近时,将色谱板取出,干燥后喷以显色剂或在紫外灯下显色。

## 【薄层色谱原理】

色谱法的基本原理是利用混合物中各组分在某一物质中的吸附或溶解性能的不同,利用各成分对同一吸附剂吸附能力不同,使在移动相(溶剂)流过固定相(吸附剂)的过程中,连续地产生吸附、解吸附、再吸附、再解吸附,从而达到各成分的互相分离的目的。因此,薄层色谱是一种微量、快速和简便的色谱方法。由于各种化合物的极性不同,吸附能力不相同,在展开剂上移动时,进行不同程度的解析。根据原点至主斑点中心及展开剂前沿的距离,计算比移值 $R_f$,表示物质移动的相对距离。计算公式如下:

$$R_f = \frac{溶质的最高浓度中心至原点中心的距离}{溶剂前沿至原点中心的距离}$$

图 1.17 所示为二组分混合物的薄层色谱。

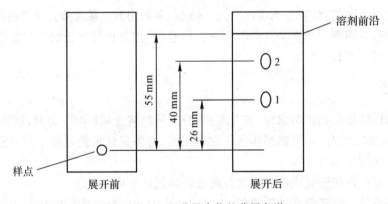

图 1.17  二组分混合物的薄层色谱

化合物的吸附能力与它们的极性成正比，具有较大极性的化合物吸附较强，因此 $R_f$ 值较小。一般对于良好的分离，$R_f$ 值应在 0.15～0.75 之间，否则应更换展开剂重新展开。在给定的条件下（吸附剂、展开剂、板层厚度等），化合物移动的距离和展开剂移动的距离之比是一定的，即 $R_f$ 值是化合物的物理常数，其大小只与化合物本身的结构有关，因此可以根据 $R_f$ 值鉴别化合物。

## 【薄层色谱层析操作方法】

### 1. 薄层色谱的吸附剂

最常用的薄层吸附色谱的吸附剂是氧化铝和硅胶。吸附剂颗粒的大小与分离效果相关，太大洗脱剂流速快分离效果不好，太细溶液流速太慢。吸附性强的颗粒稍大，吸附性弱的颗粒稍小。氧化铝一般在 100～150 目。氧化铝分为碱性氧化铝、中性氧化铝和酸性氧化铝。碱性氧化铝适用于碳氢化合物、生物碱及碱性化合物的分离，一般适用于 pH 为 9～10 的环境。中性氧化铝适用于醛、酮、醌、酯等 pH 约为 7.5 的中性物质的分离。酸性氧化铝适用于 pH 为 4～4.5 的酸性有机酸类的分离。氧化铝、硅胶根据活性分为五个级，一级活性最高，五级最低。

图 1.18  商品化的层析板

层析板可以商品的形式直接买来用（见图 1.18），也可以自己制备。在制备薄层板时，一般需在吸附剂中加入适量粘合剂，其目的是使吸附剂颗粒之间相互粘附并使吸附剂薄层紧密地附着在载板上。常用的粘合剂可分为无机粘合剂和有机粘合剂两类。常用的无机粘合剂为煅石膏，有机粘合剂为淀粉及羧甲基纤维素钠（CMC）等，其中以羧甲基纤维素钠的效果较好。一般先将羧甲基纤维素钠按一定比例放在水中浸泡，配成 0.5%～2% 溶液。一般把加粘合剂的薄层板称为硬板，不加粘合剂的薄层板称为软板。

因此，硅胶分为"硅胶 H"——不含黏合剂，"硅胶 G"——含煅石膏黏合剂，"硅胶 HF$_{254}$"——含荧光物质，可于波长 254 nm 的紫外灯下观察荧光（加入荧光指示剂后，可以使这些化合物斑点在激发光波照射下显出清晰的荧光，便于检测）。"硅胶 GF$_{254}$"——既含煅石膏有含荧光剂等类型。与硅胶相似，氧化铝也因含有粘合剂或荧光剂而分为氧化铝 G、氧化铝 GF$_{254}$ 以及氧化铝 HF$_{254}$。

2.薄层板的制备

(1)铺板

取 7.5cm×2.5cm 左右的载玻片 5 片,洗净晾干。在 50mL 烧杯中,放置 3g 硅胶 G,逐渐加入 0.5%羧甲基纤维素钠水溶液(CMC)8mL,调成均匀的糊状,涂于上述洁净的载玻片上,用手将带浆的玻片在水平的桌面上做上下轻微的颠动,制成薄厚均匀、表面光洁平整的薄层板。

铺板用的匀浆不宜过稠或过稀:过稠,板容易出现拖动或停顿造成的层纹;过稀,水蒸发后,板表面较粗糙匀浆配比一般是硅胶 G:水=1:2～3,硅胶 G:羧甲基纤维素钠水溶液=1:2。研磨匀浆的时间,根据经验来定,与空气湿度有关,一般通过拿起研棒时匀浆下滴的情况来判断,越稠越难下滴。匀浆的稀稠除影响板的平滑外,也影响板涂层的厚度,进一步影响上样量。涂层薄,点样易过载;涂层厚,显色不那么明显。

(2)薄层板的活化

薄层板的活度与吸附剂中的水分含量有关,水分含量高,则活度减弱。因此,为达到某一规定的吸附活度,就应加温除去薄层中的水分,这一过程称为薄层板的活化。一般将涂好的硅胶 G 的薄层板置于水平的玻璃板上,在室温下晾干后,放入烘箱中加热活化,活化条件根据需要而定。硅胶板一般在烘箱中缓慢升温,维持在 105～110℃,恒温 0.5h 后取出,稍冷后置于干燥器中备用。氧化铝板在 200℃烘 4h 可得活性 Ⅱ 级的薄层,150～160℃烘 4h 可得活性 Ⅲ～Ⅳ 级的薄层。

薄层板的活度级可用标准色素测定。硅胶薄层板的活度测定方法如下:称取标准色素奶油黄、苏丹红及靛酚蓝各 40mg,溶于 100mL 苯中,将此混合溶液点于已活化的薄层板上,用正已烷或石油醚展开 10cm,所有色素均应停留在原点;而用苯展开 10cm 时,则应分离成三个清晰的斑点,其 $R_f$ 值应分别为奶油黄 0.58、苏丹红 0.19、靛酚蓝 0.08,而且展开溶剂前沿的上升速度应在 30min 移动 10cm。

氧化铝板活度的测定方法如下:称取偶氮苯 30mg,对甲氧基偶氮苯、苏丹黄、苏丹红及对氨基偶苯各 20 毫克,分别溶于 50mL 四氯化碳中,并各取 10μL 点于已活化的氧化铝板上,用四氯化碳为展开溶剂,根据标准色素的 $R_f$ 值,从表 1.3 中查出其活度级。

表 1.3  氧化铝板活度级拜克曼分类法

| 染料名称 | $R_f$ 值 | | | |
| --- | --- | --- | --- | --- |
| | 活动级 Ⅱ | 活动级 Ⅲ | 活动级 Ⅳ | 活动级 Ⅴ |
| 偶氮苯 | 0.59 | 0.74 | 0.65 | 0.95 |
| 对甲氧基偶氮苯 | 0.16 | 0.49 | 0.69 | 0.86 |
| 苏丹黄 | 0.01 | 0.25 | 0.57 | 0.78 |
| 苏丹红 | 0.00 | 0.10 | 0.33 | 0.56 |
| 对氨基偶氮苯 | 0.00 | 0.03 | 0.08 | 0.19 |

(3)点样

点样用的毛细管为内径小于 1mm 的管口平整的毛细管。将样品溶于低沸点的溶剂(乙醚、丙酮、乙醇、四氢呋喃等)配成溶液。点样前,可先用铅笔在小板上距一端 5mm 处轻轻划一横线,作为起始线,然后用毛细管吸取样品在起始线上小心点样。若需重复点样,则应待前次点样的溶剂挥发后方可重点,以防样点过大,造成拖尾、扩散等现象,影响分离效果。若在同一块板上点几个样,样品点间距离为 5mm 以上(如图 1.19 所示)。点好样的薄层板用电吹风的热风吹干或晾干后,方可进行展开。点样时应注意不使针尖将薄层板戳成小孔,以免形成非圆形的不规则色斑。因为如果原点有小孔,在展开时通过原点中心轴的溶剂,将比小孔周围的溶剂慢一些,这样 $R_f$ 值较高的化合物色斑就呈三角形,而 $R_f$ 值较低的化合物色斑就呈新月形。

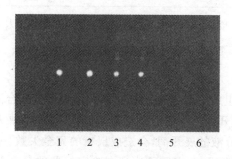

图 1.19　点样的大小与样点的间距

样品的浓度对展开效果影响较大,通常以 $1\%\sim2\%$ 为宜,不同的浓度在展开时,会呈现不同的效果。低浓度时,样品所有部分以相同速率扩散,为圆形分布;高浓度时,由于扩散速率比低浓度快,往往出现拖尾现象,展开点为钟状,影响分离效果。

在薄层色谱中,样品的用量对物质的分离效果影响很大,所需样品的量与显色剂的灵敏度、吸附剂的种类、薄层厚度都有关系。样品太少时,斑点不清楚,难以观察,但是样品量太多时,往往出现斑点太大或拖尾现象,以至于不容易分开。

3. 展开

(1)展开剂的选择

展开剂的选择主要根据样品的极性、溶解度和吸附剂的活性等因素来考虑。一般说来,中等极性的被分离物质,需用中等活性的吸附剂及中等极性的展开溶剂;非极性的被分离物质,需要用高度活性的吸附剂及非极性展开溶剂;极性的被分离物质,用低活性的吸附剂及强极性的展开溶剂。展开溶剂的选择要考虑到被分离物质极性的强弱,而这种极性与化合物结构有相当密切的关系。

各种官能团的极性,按下列顺序递增:

—$CH_2$—$CH_2$—<CH＝CH—<—$OCH_3$<—$COOR$<＝C＝O<—$CHO$<—$SH$<—$NH_2$<—$OH$<—$COOH$

单一溶剂的极性大小顺序为:石油醚(极性小)→环己烷→四氯化碳→三氯乙烯→苯→甲苯→二氯甲烷→氯仿→乙醚→乙酸乙酯→乙酸甲酯→丙酮→正丙醇→甲醇→吡啶→乙酸(极性大)。为了选择最佳的展开溶剂,通常多采用两种或两种以上的混合溶液剂系统。这种溶剂由“基础溶剂”及“洗脱溶剂”两部分组成。基础溶液剂常用极性小的溶剂,如正己烷、石油醚、苯、四氯化碳、氯仿等;洗脱溶液剂多用极性强的溶液剂,如丙酮、乙醇、甲醇、乙酸乙脂等。

展开剂的选择有时需经过反复试验,简易的方法是在薄层板上每间隔 1cm 点几个样品点,如图1.20所示,然后用吸有溶剂的毛细管轻轻接触一个样品点的中心,此时溶剂扩散成一个圆点,在溶剂前沿用铅笔作记号。再用不同极性的溶剂试验其余各点。样品原点将扩展成如图1.20所示的同心环,再根据扩散的图像来确定适宜的溶剂做展开剂。

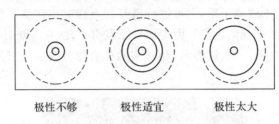

极性不够　　　　　极性适宜　　　　　极性太大

图1.20　选择展开剂的同心环方法

(2)展开剂配制

选择合适的量器把各组成溶剂移入分液漏斗,强烈振摇使混合液充分混匀,放置。如果分层,取用体积大的一层作展开剂。绝对不应该把各组成溶液倒入展开缸,振摇展开缸来配制展开剂。混合不均匀和没有分液的展开剂,会造成层析的完全失败。各组成溶剂的比例准确度对不同的分析任务有不同的要求,应尽量达到实验室仪器的最高精确度,比如:取1mL的溶剂,应使用1mL的单标移液管,移液管应符合计量认证要求,尽管多数时候这不是必须的。

(3)展开操作

薄层的展开在密闭的容器中进行(如图1.21所示)。先将选择的展开剂放入广口瓶中,使广口瓶内空气饱和5~10min,再将点好试样的薄层板放入广口瓶中进行展开,点样的位置必须在展开剂液面之上,展开剂不能没过样点,展开剂浸入薄层下端的高度不宜超过0.5cm。当展开剂上升到薄层的前沿(离前端5~10mm)或多组分已明显分开时,取出薄层板放平晾干,用铅笔划溶剂前沿的位置后,即可显色。当$R_f$值很大或很小时,应适当改变流动相的比例。

另外,为达到广口瓶内的饱和效果,可在室中加入足够量的展开剂;或者在壁上贴两条与室一样高、宽的滤纸条,一端浸入展开剂中,密封室顶的盖。展开剂一般为两种以上互溶的有机溶剂,并且临用时新配为宜,展开剂每次展开后,都需要更换,不能重复使用。而且薄层板点样后,应待溶剂挥发完,再放入展开室中展开。

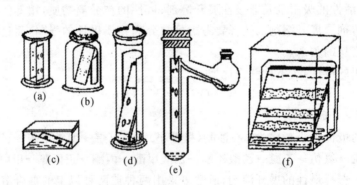

图1.21　展开示意图

4.显色

显色是薄层色谱法的一项重要步骤,在薄层展开后,通过显色技术,观察被分离化合物

的 $R_f$ 值及其分离状况,是薄层定性及定量工作的基础。

如果化合物本身有颜色,就可直接观察它的斑点。如果本身无色,就存在着一个显色问题。常用的显色方法有以下几种:

(1)紫外灯显色

除了有色化合物(如色素等)在可见光照射下直接进行鉴定外,在薄层色谱的显色中,紫外光波是一种主要的检定光源,常用的有短波紫外线(波长 254nm)及长波紫外线(波长 365nm)两种。应用紫外线检定的方法可分为两大类,一类是对那些能在紫外线激发下显示荧光的物质进行显色,方法是将展开后的薄层板直接在长波紫外线下照射,此时,被分离的化合物即在黑色背景下,显示出荧光斑点,用铅笔在斑点周围加上标记,即可进行观察;第二类是对那些对短波紫外线有一定吸收能力的被分离的化合物进行显色,由于这类化合物对紫外线有吸收作用,而形成色斑使部分荧光猝灭,斑点呈黑色,同时色斑以外部分则因紫外线的激发而显示出荧光。

(2)化学显色法

化学显色法是借助被分离的化合物,在薄层板上与化学显色试剂进行化学反应,从而产生有色化合物,显示出色斑的位置。化学显色的方法通常是用喷雾法,即将显色试剂喷洒在薄层板上,使之产生化学反应。目前,各实验室常用的喷雾仪器喷雾时,喷雾器距薄层板的距离要适当,压力大小要合适,使喷出的雾滴均匀分布在薄层板上。若距离薄层板太近、压力过大或液滴不均匀,均能破坏薄层板的板面,使实验失败。化学显色法是薄层显色中最常用的一种方法。

5.计算 $R_f$ 值

准确地找出原点,溶剂前沿以及样品展开后斑点的中心,分别测量溶剂前沿和样点在薄层板上移动的距离,求出其 $R_f$ 值。

$R_f$ 值作为定性的基础,首先必须注明色谱条件,否则 $R_f$ 值将失去作为定性基础的意义。色谱条件主要有吸附剂、展开溶剂及展开方式等。薄层色谱中影响 $R_f$ 值的因素很多,造成 $R_f$ 值重现性较差,误差可达 $\pm 0.05$ 或更大。因此依据色谱手册用 $R_f$ 值直接定性,准确性往往较差,故在实际工作中多采用标准对照法。这种方法是在同一张薄层板上,同时分别点加样品溶液及待测化合物的标准溶液。展开后若待测化合物的 $R_f$ 值与标准物质的 $R_f$ 值相同,即可认为待测化合物与标准物质相同。由于这种方法是在同一张薄层板上进行色谱分离,其条件相同,故结果准确可靠。当然,最好是用两种展开溶剂系统,在两张薄层板上分别用标准对照法展开,以免造成偶然误差。

# 1.14　常压蒸馏

常压蒸馏是分离提纯有机化合物的常用方法之一。采用蒸馏的方法,可以进行液体化合物的纯化和分离、溶剂的回收或浓缩溶液以及进行化合物沸点的测定。因此,常压蒸馏是有机制备中常用的重要操作。

## 【常压蒸馏的基本原理】

将液体加热至沸腾,使液体变成蒸气,然后使蒸汽冷却再凝结为液体,两个过程的联合操作称为蒸馏。当液态物质受热时,由于分子运动使其从液体表面逃逸出来,形成蒸气压。随着温度升高,蒸气压增大,当蒸气压与大气压相等时,液体沸腾,这时的温度称为该液态化合物在当时的大气压下的沸点,通常以 101.325kPa(1atm)作为外压的标准。例如水的蒸气压等于 101.325kPa 时的温度(100℃)即为水的沸点。由于大气压往往不是恰好为 0.1MPa,因而严格说来,应对观察到的沸点加上校正值,但由于偏差一般都很小,即使大气压相差 2.7 kPa,这项校正值也不过±1℃左右,因此可以忽略不计。

纯液态有机化合物在一定压力下具有固定沸点,其从第一滴馏出液开始至蒸发完全时的温度范围叫沸点距也叫沸程。纯液态有机化合物沸点距很小,一般为 0.5～1.0℃。混合物则没有固定沸点,沸点距也较长,故可通过蒸馏来测定液体的沸点和鉴别有机物纯度。但是,具有固定沸点的液体不一定都是纯净物,共沸混合物也具有固定沸点。例如95.6％乙醇和4.4％水的混合物的沸点是 78.2℃。

若有两种互溶的液体混合在一起,由于它们的蒸气压不同,所以蒸气中两个成分的比例与液体混合物中两个成分的比例不同。蒸气压大(即沸点低)的成分在气相中的比例较大,若将这部分蒸气冷凝下来,那么所得的冷凝液中低沸点的成分就比原来混合物的多。重复把这部分冷凝液进行蒸馏,便有可能将液体混合物中具有不同沸点的成分逐渐分开。当混合物中各组分的沸点相差大于 30℃以上,可用蒸馏的方法将它们分开;若混合物沸点比较接近或小于 30℃时,用常压蒸馏则不能有效地进行分离和提纯,应改用分馏。

## 【常压蒸馏操作方法】

### 1.蒸馏装置及安装

最简单的蒸馏装置如图 1.22 所示。常压蒸馏装置主要由蒸馏烧瓶、蒸馏头、温度计套管、温度计、冷凝管、接液管和接受瓶等组成。蒸馏液体沸点在 140℃以下时,用直形冷凝管;蒸馏液体沸点在 140℃以上时,由于用水冷凝管温差大,冷凝管容易爆裂,故应改用空气冷凝管——高沸点化合物用空气冷凝管已可达到冷却目的。接液管的支管的位置是使大气相通,一定不能造成密闭体系(常压或加热系统都应与大气相通)。在蒸馏易吸潮的液体时,在支管处应连一干燥管;在蒸馏易燃的液体时,在接液管的支管处接一胶管通入水槽,该支管出口应远离火源,最好通向室外,并将接受瓶在冰水浴中冷却。

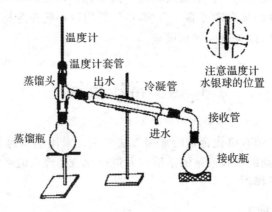

图 1.22　蒸馏装置图

安装仪器的顺序一般是自下而上,从左到右,全套仪器装置的轴线要在同一平面内,稳妥、端正。

安装步骤:先从热源开始,在铁架台上放好煤气灯,再根据煤气灯的高低依次安装铁圈、石棉网(或水浴、油浴等),然后安装蒸馏瓶(即烧瓶)、蒸馏头、温度计。注意瓶底应距石棉网1~2mm,不要触及石棉网;用水浴或油浴时,瓶底应距水浴(或油浴)锅底1~2cm。蒸馏瓶用铁夹垂直夹好。普通温度计是借助于温度计套管或橡皮塞固定在蒸馏头处的。温度计插入时,应注意在管口涂抹甘油润滑,手拿温度计靠近塞子,慢慢往里转动,否则会折断温度计导致扎手或污染环境。温度计的位置应使其水银球上线与蒸馏头侧管下线直平。安装冷凝管时,用合适的橡皮管连接冷凝管,调整它的位置使与已装好的蒸馏瓶高度相适应并与蒸馏头的侧管同轴,然后松开固定冷凝管的铁夹,使冷凝管沿此轴移动与蒸馏瓶连接。铁夹不应夹得太紧或太松,以夹住后稍用力尚能转动为宜(完好的铁夹内通常垫以橡皮等软性物质,以免夹破仪器)。在冷凝管尾部通过接液管连接接受瓶(用锥形瓶或圆底烧瓶)。正式接受馏液的接受瓶应事先称重并做记录。(注意:夹铁夹的十字头的螺口要向上,夹子上的旋把也要向上,以便于操作。)

蒸馏高沸点物质时,由于易被冷凝,往往蒸气未到达蒸馏烧瓶的侧管处即已经被冷凝而滴回蒸馏瓶中。因此,应选用短颈蒸馏瓶或者采取其他保温措施等,保证蒸馏顺利进行。

安装时,烧瓶夹与冷凝管夹应分别夹在烧瓶的瓶颈口以及冷凝管的中部。温度计水银球的上限应和蒸馏头的侧管的下限在同一水平线上。蒸馏头与冷凝管连接成卧式,冷凝管的下口与接液管连接。冷凝水应从冷凝管的下口流入,上口流出,以保证冷凝管中始终充满水。

2.蒸馏操作

(1)加料

根据蒸馏物的量,选择大小合适的蒸馏瓶,蒸馏液体一般不要超过蒸馏瓶容积的2/3,也不要少于1/3。将液体小心倒入蒸馏瓶(或用玻璃漏斗),加入1~2粒沸石。安好装置。为了使蒸馏顺利进行,在液体装入烧瓶后和加热之前,必须在烧瓶内加入1~2粒沸石。因为烧瓶的内表面很光滑,容易发生过热而突然沸腾,致使蒸馏不能顺利进行,当添加新的沸石时,必须等烧瓶内的液体冷却到室温以后才可加入,否则有发生急剧沸腾的危险。沸石只能使用一次,当液体冷却之后,原来加入的沸石即失去效果,所以在继续蒸馏时,须加入新的沸石。在常压蒸馏中,具有多孔、不易碎、与蒸馏物质不发生化学反应的物质,均可用作沸石。常用的沸石是切成1~2mm的素烧陶土或碎的瓷片。

(2)加热

根据被蒸馏的液体的沸点选择加热装置,被蒸馏液体的沸点在 80℃ 以下时,用热水浴加热;液体沸点在 100℃ 以上时,在石棉网上用简易空气浴或者用油浴加热;液体温度在 200℃ 以上时,用砂浴、空气浴及电热套等加热。如果采用加热浴,加热浴的温度应当比蒸馏液体的沸点高出若干度,否则难以将被蒸馏物蒸馏出来。加热浴温度比蒸馏液体沸点高出的越多,蒸馏速度越快。但是,加热浴的温度也不能过高,否则会导致蒸馏瓶和冷凝器上部的蒸气压超过大气压,有可能产生事故,特别是在蒸馏低沸点物质时尤其需注意。一般加热浴的温度不能比蒸馏物质的沸点高出 20℃。整个蒸馏过程要随时添加浴液,以保持浴液液面超过瓶中的液面至少 1cm。

用水冷凝管时,先由冷凝管下口缓缓通入冷水,自上口流出引至水槽中,然后就可以开始加热了。当蒸馏瓶中的物质开始沸腾时,温度急剧上升。当温度上升到被蒸馏物质沸点上下 1℃时,将加热强度调节到每秒钟流出 1～2 滴的速度。在整个蒸馏过程中,应使温度计水银球上常有被冷凝的液滴。此时的温度即为液体与蒸气平衡时的温度。温度计的读数就是液体(馏出液)的沸点。蒸馏时加热的火焰不能太大,否则会在蒸馏瓶的颈部造成过热现象,使一部分液体的蒸气直接受到火焰的热量,这样由温度计读得的沸点会偏高;另一方面,蒸馏也不能进行得太慢,否则由于温度计的水银球不能被馏出液蒸气充分浸润而使温度计上所读得的沸点偏低或不规则。

温度在沸点附近的液体,其沸腾首先是从一些小的气泡开始的,这样的小气泡可作为大的蒸气气泡的核心,称为气化中心。当液体继续受热,液体就会释放大量蒸气至气化中心,使气泡持续变大,最后蒸气的气泡就上升并逸出液面。气化中心的存在是液体平稳沸腾的必要条件,如果液体中几乎不存在空气,瓶壁又非常洁净和光滑,形成气泡就非常困难。加热时,液体的温度可能上升到超过沸点很多而不沸腾,形成过热液体,一旦有一个气泡形成,上升的气泡增大得非常快,引起液体的扰动,进而引起更多的气化中心,产生更多的气泡,甚至将液体冲溢出瓶外,这种现象称为爆沸。

爆沸现象对蒸馏操作是非常不利的,为了避免爆沸,就应该在加热前加入助沸物来保证沸腾平稳。助沸物一般是表面疏松多孔,吸附有空气的物体,如素瓷片、沸石等,对液体有效的搅拌也可以提供持续而稳定的气化中心,甚至在减压蒸馏时,也可以由搅拌来提供气化中心。在任何情况下,切忌将助沸物加至接近沸点的液体中,否则容易形成爆沸。如果加热前忘了加入助沸物,补加时必须先移去热源,待加热液体冷至沸点以下后方可加入。如果沸腾中途停止一段时间,则在重新加热前应加入新的助沸物。因为起初加入的助沸物在加热时逐出了部分空气,在冷却时吸附了液体,因而可能已经失效。如果采用浴液间接加热,要保持浴温不要超过蒸馏液沸点 20℃,这种加热方式可有效减少过热的可能。

(3)收集馏分

进行蒸馏前,至少要准备两个接受瓶。因为在达到预期物质的沸点之前,带有沸点较低的液体先蒸出。这部分馏液称为"前馏分"或"馏头"。前馏分蒸完,温度趋于稳定后,蒸出的就是较纯的物质,这时应更换一个洁净干燥的接受瓶接受,记下这部分液体开始馏出时和馏出最后一滴时温度计的读数,即是该馏分的沸程(沸点范围)。一般液体中或多或少含有一些高沸点杂质,在所需要的馏分蒸完后,若再继续升高加热温度,温度计的读数会显著升高,若维持原来的加热强度,就不会有馏液蒸出,温度会下降,这时就应停止蒸馏。切记不要蒸干,以免蒸馏瓶破裂及发生其他意外事故。

(4)拆除装置

蒸馏完毕,先应关闭热源,然后停止通水,拆下仪器。拆除仪器的顺序和装配的顺序相反,先取下接受瓶,然后拆下接液管、冷凝管、蒸馏头和蒸馏瓶等。

# 1.15　水蒸气蒸馏

## 【水蒸气蒸馏基本原理】

如果两种液体物质彼此互相溶解的程度很小以至于可以忽略不计，就可以视为是不互溶混合物。在含有几种不互溶的挥发性物质混合物中，每一组分 $i$ 在一定温度下的分压 $p_i$ 等于在同一温度下的该化合物单独存在时的蒸气压 $p_{i0}$，即 $p_i = p_{i0}$，而不是取决于混合物中各化合物的摩尔分数。这就是说该混合物的每一组分是独立地蒸发的。根据道尔顿(Dalton)分压定律，与一种不互溶混合物液体对应的气相总压力 $p$ 总等于各组成气体分压的总和，所以不互溶的挥发性物质的混合物总蒸气压 $p_{总} = p_1 + p_2 + \cdots + p_i$，从上式可知任何温度下混合物的总蒸气压总是大于任一组分的蒸气压。由此可见，在相同外压下，不互溶物质的混合物的沸点要比其中沸点最低组分的沸腾温度还要低。

当难溶有机物与水一起共热时，根据道尔顿分压定律，整个系统的蒸气压应为各组分蒸气压之和，即 $p = p_{H_2O} + p_A$，其中 p 代表总的蒸气压，$p_{H_2O}$ 为水的蒸气压，$p_A$ 为与水不相溶物或难溶物质的蒸气压。当总蒸气压 $p$ 与大气压相等时，则液体沸腾。此时的温度即为它们的沸点，这时的沸点必定较任一组分的沸点低。因此在常压下用水蒸气蒸馏，就能在低于 100℃ 的情况下将高沸点组分与水一起蒸出来。例如水与苯甲醛混合物的沸点为 97.9℃。此时：$p = 760\text{mmHg}$，$p_{H_2O} = 703.5\text{mmHg}$，$p_{苯甲醛} = 56.5\text{mmHg}$。

在馏出物中，随水蒸气一起蒸出的有机物同水的重量($G_A$ 和 $G_{H_2O}$)之比，等于两者的分压($p_A$ 和 $p_{H_2O}$)分别和两者的分子量($M_A$ 和 18)的乘积之比，所以馏出液中有机物质同水的重量之比可按下式计算：$G_A / G_{H_2O} = M_A \times p_A / (18 \times p_{H_2O})$。

水蒸气蒸馏法的优点是可使所需的有机物在较低的温度下从混合物中蒸馏出来，可以避免在常压下蒸馏时所造成的损失，提高分离提纯的效率。同时在操作和装置方面也较减压蒸馏简便一些，所以水蒸气蒸馏可以应用于分离和提纯有机物。

水蒸气蒸馏常适用于下列情况：

(1)混合物中含有大量的固体，通常的蒸馏、过滤、萃取等分离方法都不适用。

(2)混合物中含有焦油状物质，采用通常的蒸馏、萃取等方法非常困难。

(3)在常压下蒸馏高沸点有机物质会发生分解。

被提纯物质必须具备以下条件：

(1)不溶或难溶于水。

(2)在沸腾下与水不发生化学反应。

(3)在 100℃ 左右必须具备有一定的蒸气压(一般不小于 10mmHg)。

## 【水蒸气蒸馏基本操作】

水蒸气蒸馏装置如图 1.23 所示，250mL 圆底烧瓶(视需要，可以选择更大的烧瓶)作为水蒸气发生器，内盛水约占其容器的 1/2～2/3，以长玻璃管作为安全管，管的下端接近瓶底，根据管中水柱的高低，可以估计水蒸气压力大小。水蒸气导管末端应接近烧瓶底部，以使水蒸气和被蒸馏物质充分接触并起搅拌作用。发生器的水蒸气导出管与一个 T 形管相连,T 形管的支管套一个短橡皮管,橡皮管上用螺旋夹夹住,T 形管的另一端与蒸馏部分的导管相连。若反应是在单口圆底烧瓶中进行,可在圆底烧瓶上装配蒸馏头(或克氏蒸馏头)代替蒸馏部分的三口烧瓶。T 形管用来除去水蒸气中冷凝下来的水分。在操作中,如果发生不正常现象,应立刻打开螺旋夹,使之与大气相通。

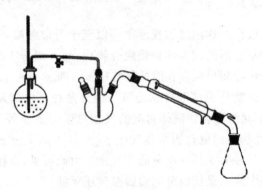

图 1.23　水蒸气蒸馏装置

　　将反应装置按图 1.23 连接好,打开 T 形管上的螺旋夹,用电炉把发生器里的水加热到沸腾,当有水蒸气从 T 形管的支管冲出时,再旋紧螺旋夹,让水蒸气通入烧瓶中,这时可以看到烧瓶中的混合物翻腾不息,不久有机物和水的混合物就被蒸出。调节加热温度,使瓶内的混合物不至于沸腾得太厉害,并控制馏出液的速度约为每秒 2～3 滴。为了使水蒸气不至于在烧瓶内过多地冷凝,在蒸馏时通常也可用小火加热烧瓶。在操作时,要随时注意安全管中的水柱是否发生不正常的上升现象,以及烧瓶中的液体是否发生倒吸现象,一旦发生这种现象,应立刻打开螺旋夹,移去热源,找出发生故障的原因。必须排除故障后,方可继续蒸馏。当馏出液澄清透明、不再含有油滴时,一般即可停止蒸馏。这时应首先打开螺旋夹,然后移去热源,以免发生倒吸现象。

# 1.16　减压蒸馏

　　液体的沸点是指它的蒸气压等于外界压力时的温度,因此液体的沸点是随外界压力的变化而变化的,如果借助于真空泵降低系统内压力,就可以降低液体的沸点,这便是减压蒸馏操作的理论依据。减压蒸馏是分离可提纯有机化合物的常用方法之一。它特别适用于那些在常压蒸馏时未达沸点即已受热分解、氧化或聚合的物质。

## 【减压蒸馏基本原理】

　　液体的沸腾温度指的是液体的蒸气压与外压相等时的温度。外压降低时,其沸腾温度随之降低。

　　在蒸馏操作中,一些有机物加热到其正常沸点附近时,会由于温度过高而发生氧化、分解或聚合等反应,使其无法在常压下蒸馏。若将蒸馏装置连接在一套减压系统上,在蒸馏开始前先使整个系统压力降低到只有常压的十几分之一至几十分之一,那么这类有机物就可以在较其正常沸点低得多的温度下进行蒸馏。液体的沸点是指它的蒸气压等于外界压力时的温度,因此液体的沸点是随外界压力的变化而变化的;从另一个角度来看,由于液体表面分子逸出所需的能量随外界压力的降低而减少。因此,降低蒸馏体系的压力,则液体的沸点下降,这种在减压下的蒸馏操作称为减压蒸馏或真空蒸馏。一般的高沸点有机化合物,当压力降低到 20mmHg 时,沸点比常压沸点要低 100～120℃。可利用图 1.24 的沸点—压力的经验计算图,近似地找出高沸点物质在不同压力下的沸点。例如,水杨酸乙酯常压下的沸点为 234℃,现欲找其在 20mmHg 的沸点为多少度,可在图 1.24 的(b)线上找出相当于 234℃的点,将此点与(c)线上 20mmHg 处的点联成一直线,把此线延长与(a)线相交,其交点所示的温度就是水杨酸乙酯在 20mmHg 时的沸点,约为 118℃。

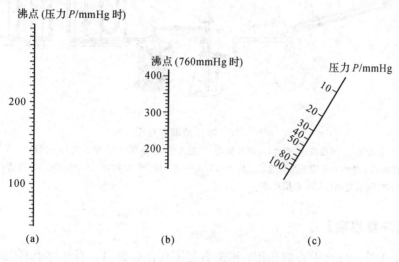

图 1.24　沸点—压力的经验计算图

## 【减压蒸馏操作方法】

为了使系统密闭性好,磨口仪器的所有接口部分都必须用真空油脂润涂好。在检查仪器不漏气后,加入待蒸的液体。加入的液体量不要超过蒸馏瓶的一半。仪器安装好后,先检查装置的气密性及装置能减压到何种程度。方法是:关闭毛细管,减压至压力稳定后,观察系统真空度是否能达到要求。然后夹住连接系统的橡皮管,观察压力计水银柱有否变化。无变化说明不漏气,有变化即表示漏气。

若整套系统符合要求,则关好安全瓶上的活塞,开动油泵,调节毛细管导入的空气量,以能冒出一连串小气泡为宜。小气泡作为液体沸腾气化中心,同时又起一定的搅拌作用,可防止液体爆沸,使沸腾保持平稳。当压力稳定后,开始加热。液体沸腾后,应注意控制温度,并观察沸点变化情况。待沸点稳定时,转动多尾接液管接受馏分,蒸馏速度以每秒 0.5～1 滴为宜。

在蒸馏过程中,应注意水银压力计的读数,记录时间、压力、液体沸点、油浴温度和馏出液流出速度等数据。蒸馏完毕,除去热源,慢慢旋开夹在毛细管上的橡皮管的螺旋夹,待蒸馏瓶稍冷后再慢慢开启安全瓶上的活塞,平衡内外压力(注意:这一操作必须特别小心,一定要慢慢地旋开旋塞,使压力计中的水银柱慢慢地恢复到原状。如果引入空气太快,水银柱会很快上升,有冲破 U 型管压力计的可能),然后才关闭抽气泵。

## 【减压蒸馏装置】

减压蒸馏装置如图 1.25 所示。

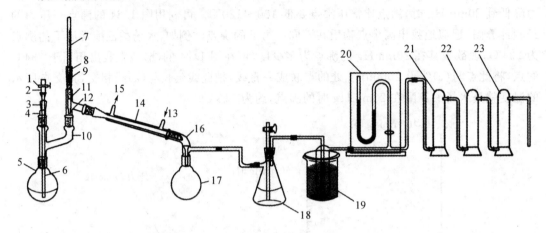

图 1.25　减压蒸馏装置图

1. 旋夹;2. 乳胶管;3. 单孔塞;4. 套管;5. 圆底烧瓶;6. 毛细管;7. 温度计;8. 单孔塞;9. 套管;10. Y 型管;11. 蒸馏头;12. 水银球;13. 进水;14. 直型冷凝管;15. 出水;16. 真空接引管;17. 接收瓶;18. 安全瓶;19. 冷阱;20. 压力计;21. 氯化钙塔;22. 氢氧化钠塔;23. 石蜡块塔

## 【减压蒸馏注意事项】

(1)用毛细管起气化中心的作用,用沸石起不到什么作用。当然对于那些易氧化的物质,毛细管也可以通氮气、二氧化碳起保护作用。

(2)也可以用磁力搅拌油浴锅,很方便,加热稳定,搅拌还可以控制速度。

(3)简单的减压蒸馏直接在后面加一个液氮冷阱就行,复杂的就如上所说,需要加氯化钙塔、氢氧化钠碱塔、石蜡塔以保护抽滤泵。

(4)减压蒸馏提纯过程中碰到蒸馏过程中馏分温度持续上升,无法提纯,可以采用加分馏柱,如果不行的话换精馏柱;要控制升温的速度,梯度升温;蒸馏前先拉真空,真空稳定后再慢慢升温。

# 1.17　熔点测定

物质的熔点(melting point)即在一定压力下纯物质的固态和液态呈平衡时的温度,也就是说在该压力和熔点温度下,纯物质呈固态的化学势和呈液态的化学势相等,而对于分散度极大的纯物质固态体系(纳米体系)来说,表面部分不能忽视,其化学势则不仅是温度和压力的函数,而且还与固体颗粒的粒径有关。

## 【熔点的基本原理】

熔点是固体将其物态由固态转变(熔化)为液态的温度,一般可用 $T_m$ 表示。进行相反动作(即由液态转为固态)的温度,称之为凝固点。与沸点不同的是,熔点受压力的影响很小。而大多数情况下一个物体的熔点就等于凝固点。晶体物质有晶体和非晶体,晶体有熔点,而非晶体则没有熔点。晶体又因类型不同而熔点也不同,一般来说晶体熔点从高到低为,原子晶体的熔点>离子晶体的熔点>金属晶体的熔点>分子晶体的熔点。在分子晶体中又有比较特殊的,如水、氨气等,它们的分子间因为含有氢键而不符合"同主族元素的氢化物熔点规律性变化"的规律。

熔点是一种物质的一个物理性质。物质的熔点并不是固定不变的,有两个因素对熔点影响很大。一是压强,平时所说的物质的熔点,通常是指一个大气压时的情况,如果压强变化,熔点也要发生变化。熔点随压强的变化有两种不同的情况。对于大多数物质,熔化过程是体积变大的过程,当压强增大时,这些物质的熔点要升高;对于像水这样的物质,与大多数物质不同,冰熔化成水的过程体积要缩小(金属铋、锑等也是如此),当压强增大时冰的熔点要降低。另一个就是物质中的杂质,我们平时所说的物质的熔点,通常是指纯净的物质。熔点实质上是该物质固、液两相可以共存并处于平衡的温度。以冰熔化成水为例,在一个大气压下冰的熔点是 0℃,而温度为 0℃时,冰和水可以共存。如果与外界没有热交换,冰和水共存的状态可以长期保持稳定。在各种晶体中粒子之间相互作用力不同,因而熔点各不相同。同一种晶体,熔点与压强有关,一般取在 1 大气压下物质的熔点为正常熔点。在一定压强下,晶体物质的熔点和凝固点都相同。熔解时体积膨胀的物质,在压强增加时熔点就要升高。

在有机化学领域中,对于纯粹的有机化合物,一般都有固定熔点。即在一定压力下,固—液两相之间的变化都是非常敏锐的,初熔至全熔的温度不超过 $0.5 \sim 1$℃(熔点范围或称熔距、熔程)。但如果混有杂质则其熔点下降,且熔距也较长。因此熔点测定是辨认物质本性的基本手段,也是纯度测定的重要方法之一。

## 【熔点测定操作方法】

熔点测定的方法一般用毛细管法和微量熔点测定法。

1. 毛细管法测熔点

(1)样品的装入

将少许样品放于干净的表面皿上,用玻璃棒将其研细并集成一堆。把毛细管开口一端垂直插入堆集的样品中,使一些样品进入管内,然后,把该毛细管垂直于桌面轻轻上下振动,使样品进入管底,再用力在桌面上下振动,尽量使样品装得紧密。或将装有样品、管口向上的毛细管,放入长约 60cm 垂直桌面的玻璃管中,管下可垫一表面皿,使之从高处落于表面皿上,如此反复几次后,可把样品装实,样品高度 $2 \sim 3$mm。熔点管外的样品粉末要擦干净以免污染热浴液体。装入的样品一定要研细、夯实,否则影响测定结果。

(2)熔点浴

熔点浴的设计最重要的一点是要使受热均匀,提勒管(Thiele)(又称 b 形管),如图 1.26所示,管口装有开口橡皮塞,温度计插入其中,刻度应面向木塞开口,其水银球位于 b 形管上下两叉管口之间,装好样品的熔点管,借少许浴液沾附于温度计下端,使样品的部分置于水银球侧面中部。b 形管中装入加热液体(浴液),高度达上叉管处即可。在图 1.26 所示的部位加热,受热的浴液作沿管上升运动。从而促成了整个 b 形管内浴液呈对流循环,使得温度较均匀。

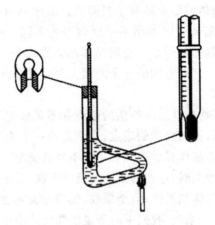

图 1.26　毛细管法测熔点装置

(3)熔点的测定

按图 1.26 搭好装置,放入加热液(液体石蜡),用温度计水银球蘸取少量加热液,小心地将熔点管粘附于水银球壁上,或剪取一小段橡皮圈套在温度计和熔点管的上部。将粘附有熔点管的温度计小心地插入加热浴中,以小火在图示部位加热。开始时升温速度可以快些,当传热液温度距离该化合物熔点约 10～15℃时,调整火焰使每分钟上升约 1～2℃,愈接近熔点,升温速度应愈缓慢,每分钟约 0.2～0.3℃。为了保证有充分时间让热量由管外传至毛细管内使固体熔化,升温速度是准确测定熔点的关键。另一方面,观察者不可能同时观察温度计所示读数和试样的变化情况,只有缓慢加热才可使此项误差减小。记下试样开始塌落并有液相产生时(初熔)和固体完全消失时(全熔)的温度读数,即为该化合物的熔距。要注意在加热过程中试样是否有萎缩、变色、发泡、升华、碳化等现象,均应如实记录。

熔点测定至少要有两次的重复数据。每一次测定必须用新的熔点管另装试样,不得将已测过熔点的熔点管冷却,使其中试样固化后再做第二次测定。因为有时某些化合物部分分解,有些经加热会转变为具有不同熔点的其他结晶形式。

如果测定未知物的熔点,应先对试样粗测一次,加热可以稍快,知道大致的熔距。待浴温冷至熔点以下 30℃左右,再另取一根装好试样的熔点管做准确的测定。一定要等熔点浴冷却后,方可将液体石蜡倒回瓶中。温度计冷却后,用纸擦去液体石蜡并用冲洗干净。

2.显微熔点测定法测定熔点

(1)显微熔点测定仪

用毛细管法测定熔点,操作简便,但样品用量较大,测定时间长,同时不能观察出样品在加热过程中晶形的转化及其变化过程。为了克服这些缺点,实验室常采用显微熔点测定仪。显微熔点测定仪的主要组成可分为两大部分:显微镜和微量加热台。显微熔点测定仪的优点:1)可测微量样品的熔点;2)可测高熔点(熔点可达 350℃)的样品;3)通过放大镜可以观察样品在加热过程中变化的全过程,如失去结晶水,多晶体的变化及分解等。

（2）实验操作

先将玻璃载片洗净擦干，放在一个载片支持器内，将微量样品放在载片上，使其位于加热器的中心位置，用盖玻璃将样品盖住，调节镜头，使显微镜焦点对准样品，开启加热器，用可变电阻调节加热速度，自显微镜的目镜中仔细观察样品晶形的变化和温度计的上升情况。当温度接近样品的熔点时，控制温度上升的速度为 $1\sim2℃/min$，当样品晶体的菱角开始变圆时，即晶体开始熔化，结晶形完全消失即熔化完毕。重复 2 次读数。

测定完毕，停止加热，稍冷，用镊子去掉圆玻璃盖，拿走载片支持器及载玻片，待仪器完全冷却后小心拆卸和整理部件，装入仪器箱内。

## 【毛细管法测熔点装置图】

毛细管法测熔点装置如图 1.26 所示。

## 【熔点测定注意事项】

（1）熔点管必须洁净。如果含有灰尘等，能产生 $4\sim10℃$ 的误差。

（2）熔点管底未封好会产生漏管。

（3）样品要研细、装实，使热量传导迅速均匀。

（4）控制升温速度，开始稍快，接近熔点时渐慢。

（5）注意观察温度计的温度。

（6）油浴温度下降 $30℃$ 以下时更换另一根管。

（7）用熔点测定仪测熔点时，取放盖玻片时，一定要用镊子夹持，严禁用手触摸，以免烫伤（因熔点热台属高温部件）。

# 1.18　旋光度测定

旋光度是指光学活性物质使偏振光的振动平面旋转的角度。有机化合物的结构中含有手性碳原子，具有旋光现象。利用测定药物旋光度进行定性、杂质检查和定量的分析方法称为旋光度测定法。旋光度的测定对于研究具有光学活性的分子的构型及确定某些反应机理具有重要作用。在给定的实验条件下，将测定的旋光度通过换算，可以得到物理常数比旋光度，后者对鉴定旋光性化合物必不可少，同时可计算得到旋光性化合物的光学纯度。

## 【旋光度测定的基本原理】

定量测定溶液或者液体旋光程度的仪器称为旋光仪。常见的旋光仪主要由光源、起偏镜、样品管和检偏镜几部分组成，如图 1.27 所示。

光源为炽热的钠光灯，从钠光源发出的光，通过一个固定的 Nikol 棱镜——起偏镜变成平面偏振光。平面偏振光通过装有旋光物质的盛液管时，偏振光的振动平面会向左或向右旋转一定的角度。只有将检偏棱镜向左或向右旋转同样的角度才能使偏振光通过从而到达目镜。向左或向右旋转的角度可以从旋光仪刻度盘上读出，该角度即为该物质的旋光度。溶液的比旋光度与旋光度的关系为

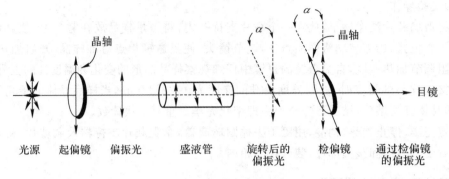

图 1.27　旋光度测定原理图

$$[\alpha]_D^t = \frac{100\alpha}{L \times C}$$

式中:$[\alpha]$ 为比旋光度;$D$ 为钠光谱的 $D$ 线;$t$ 为测定时的温度;$L$ 为测定管长度,dm;$\alpha$ 为测得的旋光度;$C$ 为每 100mL 溶液中含有被测物质的重量,g(按干燥品或无水物计算)。

图 1.28 所示为圆盘旋光仪外形图。

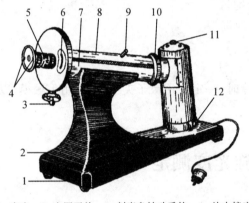

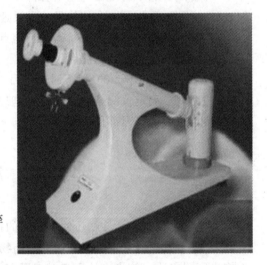

1.底座　2.电源开关　3.刻度盘转动手轮　4.放大镜座
5.视度调节螺旋　6.度盘游标　7.镜筒　8.镜筒盖
9.镜盖手柄　10.镜盖连接圈　11.灯罩　12.灯座

图 1.28　圆盘旋光仪外形图

## 【旋光度测定的操作方法】

(1)接通电源,5min 后钠光灯发光正常,即可开始测定。

(2)校正仪器零点。在旋光管未放进样品时和充满蒸馏水或待测样品的溶剂时,观察零度视场是否一致,若不一致说明零点有误差,应在测量中减去或者加上偏差值。

(3)测试。根据需要选择长度适宜的样品管,充满待测液,选好螺丝盖帽使其不漏水。将旋光管擦拭干净,放入旋光仪内。旋转粗调和微调旋钮,所得读数与零点之间的差值即为试样的旋光度。一般应测定几次,取平均值为测定结果。

(4)计算比旋光度。测定旋光度并换算为比旋光度后,按照公式求出样品的光学纯度。光学纯度的计算公式为:旋光性产物的比旋光度除以光学纯试样在相同条件下的比旋光度。

## 【旋光测定的影响因素】

(1)物质的化学结构不同,旋光性也不同。在相同条件下,有的旋转角度大,有的旋转角度小;有的呈左旋(－表示),有的呈右旋(＋表示);物质无手性原子,无旋光性。

(2)溶液的浓度越大,其旋光度也越大。在一定的浓度范围内,药物溶液的浓度和旋光度呈线性关系。测比旋度时,要求在一定浓度的溶液中进行。

(3)溶剂对旋光度的影响比较复杂,随溶剂与药物不同而有所不同。有些溶剂对药物无影响,有的溶剂影响旋光的方向及旋光度的大小。在测定药物的旋光度和比旋光度时,应注明溶剂的名称。

(4)光线通过液层的厚度越厚,旋光度越大。

(5)波长越短,旋光度越大。

(6)一般情况下,温度的影响不是很大,对于大多数的物质,在黄色钠光的情况下,温度每升高 1℃,比旋光度约减少千分之一。

## 【旋光度测定的注意事项】

(1)测定前以溶剂作空白校正,测定后,再校正一次,以确定测定时零点有变动;如果第二次校正时发现零点有无变动,应重新测定旋光度。

(2)配制溶液及测定时,应调节温度为 20±0.5℃

(3)提供的液体或者固体药物的溶液不能浑浊或含有混悬的小颗粒,如果有上述现象,应预先过滤,并弃去初滤液。

# 第 2 章　基础实验

## 2.1　卤代烃

### 实验一　正溴丁烷的制备

正溴丁烷为无色液体,相对分子量为 137.03,熔点为 $-112.4℃$,沸点为 $101.6℃$,相对密度为 $1.2758(20/4℃)$,折射率为 $1.4398(20℃)$。微溶于水($30℃$时 0.061),溶于氯仿,与乙醇、乙醚和丙酮混溶。其主要用途有:(1)可用作溶剂及有机合成时的烷基化剂及中间体;(2)可用作塑料紫外线吸收剂及增塑剂的原料,可用作医药原料(如"丁溴东莨菪碱"可用于肠、胃溃疡、胃炎、十二指肠炎、胆石症等);(3)染料原料、可制备功能性色素的原料(如压敏色素、热敏色素、液晶用双色性色素);(4)半导体中间原料;(5)有机合成原料。

### 【实验预习要求】

1. 了解以溴化钠、浓硫酸和正丁醇制备正溴丁烷的原理与方法。
2. 了解带有吸收有害气体装置的回流加热操作。
3. 了解分液漏斗的使用、液体有机化合物的干燥、蒸馏等基本操作。

### 【实验原理】

本实验中正溴丁烷是由正丁醇与溴化钠、浓硫酸共热反应而制得。
主反应:

$$NaBr + H_2SO_4 \longrightarrow HBr + NaHSO_4$$

$$n\text{-}C_4H_9OH + HBr \xrightarrow{H_2SO_4} n\text{-}C_4H_9Br + H_2O$$

副反应:

$$CH_3CH_2CH_2CH_2OH \xrightarrow{H_2SO_4} CH_2CH_2CH{=}CH_2 + H_2O$$

$$2CH_3CH_2CH_2CH_2OH \xrightarrow{H_2SO_4} (CH_3CH_2CH_2CH_2)_2O + H_2O$$

### 【实验装置】

制备正溴丁烷的装置如图 2.1 所示。

### 【主要试剂与仪器】

1. 试剂:正丁醇 7.4g(9.2mL,0.065mol),溴化钠 13g(0.13mol),浓硫酸,饱和碳酸氢

图 2.1　制备正溴丁烷的装置

钠溶液,无水氯化钙。

2.仪器:圆底烧瓶,球形冷凝管,直形冷凝管,蒸馏头,接液管,分液漏斗,量筒,温度计,锥形瓶。

## 【实验步骤】

在圆底烧瓶中加入 10mL 水,再慢慢加入 14.5mL 浓硫酸,混合均匀并冷至室温后,再依次加入 9.2mL 正丁醇和 12.5g 溴化钠,充分振荡后加入 2~3 粒沸石。安装回流装置(含气体吸收部分),注意圆底烧瓶底部与石棉网间的距离和防止碱液被倒吸。

在石棉网上用小火加热至沸腾,通过调整圆底烧瓶底部与石棉网的距离或调整加热热源的火力,使反应保持沸腾而又平稳回流,并时常加以摇动烧瓶促使反应完成。反应约 30~40min。待反应液冷却后,改回流装置为蒸馏装置(用直形冷凝管冷凝),蒸出粗产物。

将馏出液移至分液漏斗中,加入等体积的水洗涤(产物在下层),静置分层后,将产物转入另一干燥的分液漏斗中,用等体积的浓硫酸洗涤,尽量分去硫酸层(下层)。有机相依次用等体积的水、饱和碳酸氢钠溶液和水洗涤后,转入干燥的锥形瓶中,加入 1~2g 无水氯化钙干燥,间歇摇动锥形瓶,直到液体清亮为止。

将干燥好的产物用塞有棉花的小漏斗滤掉干燥剂,转入蒸馏瓶中,在石棉网上加热蒸馏,收集 99~103℃馏分,称量 7~8g,产率 51%~58%。

正溴丁烷的红外光谱、质谱、核磁共振谱见附图 1 至附图 3。

## 【实验指导】

1.投料时应严格按教材上的顺序;投料后,一定要混合均匀。

2.反应时,保持回流平稳进行,防止导气管发生倒吸。

3.洗涤粗产物时,注意正确判断产物的上下层关系。

4.干燥剂用量合理。

5.硫酸在反应中与溴化钠作用生成氢溴酸,氢溴酸与正丁醇作用发生取代反应生成正溴丁烷。若硫酸用量和浓度过大,会加大副反应进行;若硫酸用量和浓度过小,不利于主反应的发生,即不利于氢溴酸和正溴丁烷的生成。

6.正溴丁烷必须蒸完,否则会影响产率,这可以从以下几个方面判断:

(1)馏出液是否由浑浊变为澄清。

(2)反应瓶上层油层是否消失。

(3)取一试管收集几滴溜出液,加水振摇,观察有无油珠出现。

## 【思考题】

1.反应后的粗产物中含有哪些杂质?各步洗涤的目的何在?

2.用分液漏斗洗涤产物时,正溴丁烷时而在上层,时而在下层,若不知道产物的密度,可用什么简便的方法加以判断?

# 实验二　溴苯的制备

溴苯为无色油状液体,具有苯的气味,相对分子量为 157.02,熔点为 $-30.7℃$,沸点为 $156.2℃$,相对密度为 $1.50(15/4℃)$,折光率为 $1.5597(20℃)$。不溶于水,溶于甲醇、乙醚、丙酮等多数有机溶剂,易燃,遇高热、明火及强氧化剂易引起燃烧。有毒,严重可致人死亡。化工上主要用于溶剂、分析试剂和有机合成等,可用于合成压敏和热敏染料、二苯醚系列香料、农药、生产杀虫剂溴螨酯的原料,在医药原料方面,可用于生产镇痛解热药、止咳药。

## 【实验预习要求】

1.了解制备溴苯的原理和实验方法。

2.了解带有吸收有害气体装置的回流加热操作。

3.了解分液漏斗的使用、液体有机化合物的干燥、蒸馏等基本操作。

## 【实验原理】

主反应:

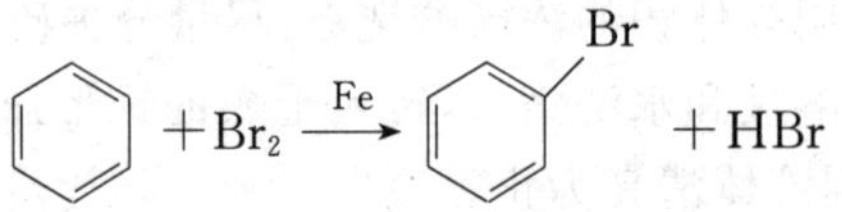

副反应:

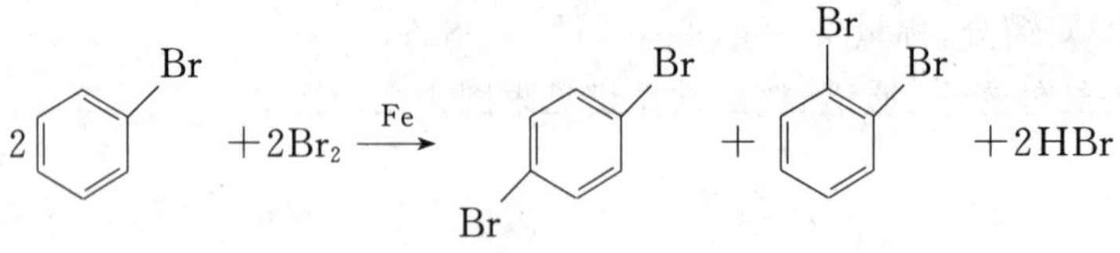

## 【实验装置】

制备溴苯的装置如图 2.2 所示。

## 【主要试剂与仪器】

1.试剂:溴 $31.2g(10mL,0.2mol)$,铁屑 $0.5g$,苯(无水) $19.4g(22mL,0.25mol)$,10%

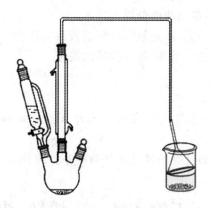

图 2.2　制备溴苯的装置

氢氧化钠溶液,95％乙醇,无水氯化钙。

2.仪器:250mL 三颈烧瓶,恒压滴液漏斗,直形冷凝管,蒸馏头,接液管,布氏漏斗,空气冷凝管,气体吸收装置,分液漏斗。

## 【实验步骤】

在 250mL 三颈烧瓶上,分别安装冷凝管和恒压滴液漏斗,另一口用塞子塞紧,在冷凝管上端连接溴化氢吸收装置。

在三颈烧瓶中分别加入 22mL 无水苯和 0.5g 铁屑,滴液漏斗中加入 10mL 溴。向三颈烧瓶中先滴入 1mL 溴。片刻后,反应即开始(必要时可用水浴温热),可观察到有溴化氢气体逸出。慢慢滴加其余的溴,加入速度以维持反应物微沸为宜,约 45min 加完。加完溴后,再在 70～80℃的水浴上加热 15min,直到无溴化氢气体逸出为止。

向反应瓶中加入 30mL 水,振摇后抽滤除去少量铁屑。粗产物依次用 20mL 水、10mL10％氢氧化钠溶液、20mL 水洗涤。经无水氯化钙干燥后,用水浴先蒸去苯,然后在石棉网上用小火加热,当温度上升至 135℃时,换成空气冷凝管进行蒸馏,收集 140～170℃之间的馏分。将此馏分再蒸一次,收集 150～160℃的馏分。

产量 18～20g(产率:59％～65％)。

纯粹溴苯的沸点为 156℃,其红外光谱、质谱、核磁共振谱见附图 4 至附图 6。

## 【实验指导】

1.溴为剧毒、强腐蚀性药品,在取用时应特别小心!取溴操作必须在通风橱中进行,带防护眼镜及橡皮手套,并注意不要吸入溴的蒸气。如果不慎被溴灼伤皮肤,应立即用稀乙醇揉摩,然后涂上凡士林。量取溴的一个简便方法是:先将溴加到放在铁圈上的分液漏斗中,然后根据需要的量滴到量筒中。

2.实验仪器必须干燥,否则反应会开始得很慢,甚至不起反应。实验开始前应检查仪器装置是否严密,滴液漏斗必须重新涂好凡士林。

3.溴应是纯溴,而不是溴水。加入铁粉起催化作用,实际上起催化作用的是 $FeBr_3$。

4.溴加入速度过快则反应剧烈,副产物二溴苯的产量增加,从而降低溴苯的产量。

5.水洗涤主要是除去三溴化铁、溴化氢及部分溴,若未洗涤完全,则用氢氧化钠洗涤时,会产生胶状的氢氧化铁沉淀,难以清晰分层。

6.由于溴在水中溶解度不大,需用氢氧化钠溶液将其除去。

7.二次蒸馏可除去夹杂的少量苯,得到较纯的溴苯。

## 【思考题】

1.在制备溴苯时,哪种试剂应是过量的?为什么?应采取哪些措施减少二溴化物的生成?

2.氯、溴、碘与苯反应时的速度快慢是怎样的顺序?为什么?

# 2.2 不饱和烃——烯烃、炔烃

## 实验三 环己烯的制备

环己烯为无色透明液体,相对分子量为 82.15,熔点为 $-103.7℃$,沸点为 83.0℃,折光率 $n_D^{20}$ 为 1.4665,相对密度为 0.81,有特殊刺激性气味,对眼和皮肤有刺激性,不溶于水,溶于乙醇、醚。环己烯能发生加成反应,易燃,其蒸气与空气形成爆炸性混合物,与明火、高热极易燃烧爆炸,与氧化剂能发生强烈反应,引起燃烧或爆炸。环己烯的主要用途有:(1)可用作有机合成的原料;(2)可作催化剂溶剂和石油萃取剂,高辛烷值汽油稳定剂。

## 【实验预习要求】

1.学习以浓硫酸催化环己醇脱水制备环己烯的原理及方法。

2.学习分馏原理及分馏柱的使用方法。

3.掌握蒸馏、分液、干燥等实验操作方法。

## 【实验原理】

烯烃是重要的化工原料,工业上可由石油裂解或在氧化铝等催化剂存在下由醇进行高温裂解制取。而在实验室中则常用醇在酸性条件下脱水或卤代烃在碱作用下脱卤化氢制取。本实验用环己醇在浓 $H_2SO_4$ 催化下经分子内脱水制备得到环己烯,反应方程式为

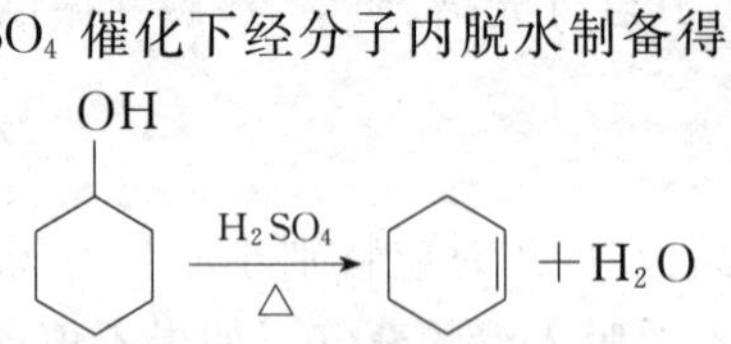

一般认为,该反应历程为 E1 历程,整个反应是可逆的:

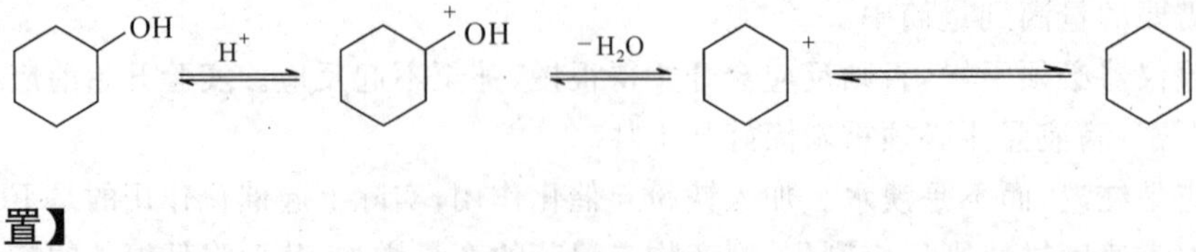

## 【实验装置】

制备环己烯的反应装置如图 2.3 所示。

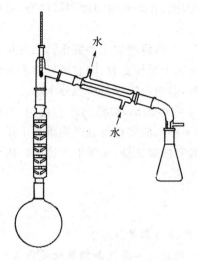

图 2.3 制备环己烯反应装置

## 【主要试剂与仪器】

1. 试剂：环己醇 9.6 g(10mL，0.096mol)，浓硫酸，精盐，5％碳酸钠溶液，无水氯化钙。

2. 仪器：分馏柱，直型冷凝管，温度计及温度计套管，蒸馏头，接引管，分液漏斗(250mL 1 个)，锥形瓶(50mL 1 个)，圆底烧瓶(50mL 1 个，25mL 2 个)。

## 【实验步骤】

将 9.6g 环己醇 0.5～1mL 浓硫酸依次加入 50mL 干燥的圆底烧瓶中，充分振摇使其混合均匀。在圆底烧瓶上装一根分馏柱，安装分馏装置。接受瓶用冷水冷却，慢慢加热反应瓶，控制加热速度，缓慢蒸出生成的环己烯及水(每 2～3s 1 滴)，并使分馏柱上端的温度不超过 90℃。当烧瓶中只剩下很少量的残渣并出现阵阵白雾、温度计度数明显波动时，停止蒸馏。全部蒸馏时间需 30min 左右。

蒸馏液用精盐饱和，然后加入 1～2mL 5％碳酸钠溶液中和微量的酸，将此液体倒入分液漏斗中，振摇后静置分层。待分层清晰后将下层水溶放出；上层的粗产物倒入干燥的锥形瓶中，用 2～3g 无水氯化钙干燥。溶液清亮后，直接倒入干燥的 25mL 蒸馏瓶中(注意：不要倒入干燥剂!)进行蒸馏，收集 80～85℃的馏分于一已称量的干燥小锥形瓶中。产量有 4～5g(产率 61％～73％)。

纯环己烯为无色液体，沸点为 83.0℃，折光率 $n_D^{20}$ 为 1.4665，相对密度为 0.81，其红外光谱、质谱、核磁共振谱见附图 7 至附图 9。

## 【实验指导】

1. 脱水剂也可以用 85％的磷酸(5mL)。

2. 环己醇在常温下是黏稠状液体(熔点 24℃)，因而在用量筒量取时应注意过程中的损失。环己醇与硫酸应充分混合，否则在加热过程中可能会局部炭化。

3. 由于反应中环己烯与水形成共沸物(沸点 70.8℃，含水 10％)，环己醇与水形成共沸物(沸点 97.8℃,含水 80%),因此,在加热时温度不可过高,蒸馏速度不可太快,以减少未作用的环己醇蒸出。

4.水层应尽可能分离完全,否则将增加无水氯化钙的用量,使产物更多地被干燥剂吸附而造成损失。这里用无水氯化钙干燥较适宜,因它还可除去少量环己醇。

5.在蒸馏已干燥的产物时,蒸馏所用仪器应充分干燥。

6.若在 80℃ 以下已有较多液体馏出,或蒸出产物混浊,可能是由于干燥不够完全所致(氯化钙用量过少或防止时间不够),应将这部分产物重新干燥蒸馏。

7.实验中使用的浓硫酸具有强腐蚀性,在量取浓硫酸时应戴手套做好防护措施,若滴在皮肤上要用抹布擦去后用水冲洗。

## 【思考题】

1.在蒸馏终止前,出现的阵阵白雾是什么?

2.在粗制的环己烯中加入精盐使水层饱和的目的是什么?

3.写出无水氯化钙吸水后的化学变化方程式,为什么蒸馏前一定要将它过滤掉?

4.写出环己烯与溴水、碱性高锰酸钾溶液以及浓硫酸作用的反应式。

# 实验四　橙皮中精油的提取

精油是植物组织经水蒸气得到的挥发性成分的总称。大部分具有令人愉快的香味,主要组成为单萜类化合物。在工业上经常用水蒸气蒸馏的方法来收集精油。柠檬、橙子和柚子等水果果皮通过水蒸气蒸馏可得到一种精油,其主要成分(90% 以上)是柠檬烯。

## 【实验预习要求】

1.了解橙皮中提取柠檬烯的原理及方法。

2.掌握水蒸气蒸馏原理及应用。

3.了解精油的纯化过程。

## 【实验原理】

橙皮提取的挥发油——橙油,主要成分为柠檬烯,含量在 95% 左右。

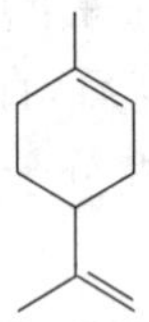

α-柠檬烯

挥发油具有挥发性、能溶于有机溶剂、温度高易分解的特点,所以可以采用水蒸气蒸馏法提取,用有机溶剂分离提纯。

本实验将橙皮进行水蒸气蒸馏提取香精油,然后对精油的沸点、折光率、旋光度和红外光谱等进行测定。

## 【实验装置】

水蒸气蒸馏提取香精油实验装置如图 2.4 所示。

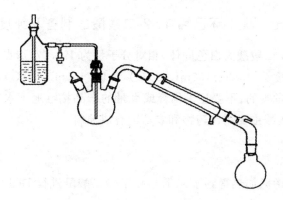

图 2.4　水蒸气蒸馏装置

## 【主要试剂与仪器】

1.试剂:橙皮,石油醚,乙醇。

2.仪器:水蒸气蒸馏装置,三口烧瓶(250mL 1 个),分液漏斗(250mL 1 个),锥形瓶(250mL 1 个),量筒(50mL 1 个),阿贝折光仪。

## 【实验步骤】

取 60g 新鲜橙皮,剪碎后放入 250mL 三口烧瓶中,加入 100mL 水,安装水蒸气蒸馏装置。水蒸气蒸馏,收集馏出液观察到无油滴产生为止。馏出液用 30mL 石油醚(60～90℃)萃取 3 次,合并萃取液于锥形瓶中,用无水硫酸钠干燥。旋转蒸发除去溶剂得橙油。称量,计算提取率。

测定橙皮中提取物的沸点、折光率、旋光度等,并与主成分的相对性质进行比较。条件允许时还可对提取物进行气相色谱(可以用 DB-1 等毛细管柱,配以氢火焰离子化检测器,校正归一化法定量)、红外光谱及核磁共振谱分析,将所得结果与标准图谱对照。

柠檬烯为橙红(黄)色液体,沸点为 178℃,折光率 $n_D^{20}$ 为 1.471～1.480,相对密度为 0.838 ～0.880,其核磁共振谱见附图 10。

## 【实验指导】

1. 新鲜橙子皮的效果较好,要剪成小碎片。

2. 旋转蒸发除去溶剂时加热温度和真空度不要太高,以免影响产品质量。

3. 水蒸气蒸馏过程中,要经常检查安全管中的水位,如果发现水位突然升高,意味着有堵塞现象,应立即打开止水夹,移去热源,使水蒸气发生器与大气相通,避免发生事故(如倒吸)。

## 【思考题】

1.除了实验中的方法外,还可以用什么方法确定精油的主要成分和含量?

2.保持柠檬烯的骨架不变,写出其他同分异构体。

3.能进行水蒸气蒸馏的物质必须具备哪几种条件?

## 实验五　顺-4-环己烯-1，2-二羧酸的制备及纯度分析

顺-4-环己烯-1，2-二羧酸为白色固体，相对分子量为 170.17，熔点为 163.5～164.5℃，有刺激性，水中溶解度为 45.9g/100mL(80℃)，5.5g/100mL(30℃)，1.6g/100mL(5℃)。该物质对水是稍微有危害的，不要让未稀释或大量的产品接触地下水、水道或者污水系统。顺-4-环己烯-1，2-二羧酸主要用作药物和农药的合成原料。

### 【实验预习要求】

1. 了解利用环丁烯砜加热得到丁二烯与顺丁烯二酸酐进行 Diels-Alder 反应合成产物的原理。

2. 掌握有毒气体吸收、处理方法以及固体样品的纯化方法。

### 【实验原理】

Diels-Alder 反应是形成六元环的重要反应之一。在该反应中，共轭双烯与亲双烯体作用生成六元环产物。这一反应是德国化学家 Diels 和 Alder 在研究 1,3-丁二烯与顺丁烯二酸酐反应时发现的，并因此获得了诺贝尔化学奖。Diels-Alder 反应具有 100％原子经济性，符合绿色化学原则。

丁二烯是 Diels-Alder 反应最简单的原料，常温下为气体(沸点为－4.5℃)，因此以丁二烯为原料的反应需要使用带有气体吸收操作的装置。环丁烯砜在常温下为稳定的固体，将其加热到 140℃时分解脱去二氧化硫得到的丁二烯是实验室常用的丁二烯来源。

本实验采用环丁烯砜加热分解释放出的丁二烯与顺丁烯二酸酐进行 Diels-Alder 反应来制备六元环化合物顺-4-环己烯-1，2-二酸酐，再经水解得到顺-4-环己烯-1，2-二羧酸。顺-4-环己烯-1，2-二酸酐和顺-4-环己烯-1，2-二羧酸都是重要的药物和农药合成原料。反应式如下：

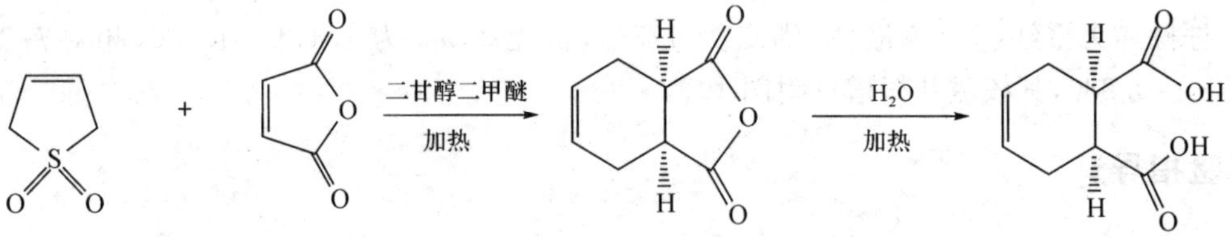

### 【实验装置】

制备顺-4-环己烯-1，2-二羧酸的反应装置如图 2.5 所示。

### 【主要试剂与仪器】

1. 试剂：顺丁烯二酸酐 1.96g(0.02mol)，环丁烯砜 2.84g(0.024mol)，二甘醇二甲醚(二乙二醇二甲醚)2mL，活性炭。

2. 仪器：圆底烧瓶(50mL1 个；100mL2 个)，球形冷凝管，温度计，玻璃弯管，玻璃漏斗，真空水泵，布氏漏斗，抽滤瓶，表面皿，锥形瓶(100mL 磨口 1 个；250mL1 个)，滴定管(50mL

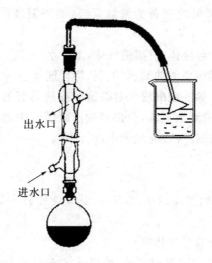

出水口

进水口

图 2.5 反应装置

聚四氟乙烯 1 支),真空干燥箱。

## 【实验步骤】

1. 顺-4-环己烯-1,2-二酸酐的制备

搭好带气体吸收的回流装置,在干燥的 50mL 圆底烧瓶中加入 2.84g(0.024mol)环丁烯砜、1.96g(0.02mol)顺丁烯二酸酐和 2mL 二甘醇二甲醚,用油浴加热并搅拌,在油浴温度 150～160℃下反应 30min。

停止反应,稍冷后,将反应瓶置于冰水浴中冷却,使产物析出。向反应液中加入 25mL 水,减压过滤,用冷水洗涤 2 次,每次 25mL,并抽滤至尽干,收集产品顺-4-环己烯-1,2-二酸酐。

2. 顺-4-环己烯-1,2-二羧酸的制备与纯化

向顺-4-环己烯-1,2-二酸酐中加入适量水,搅拌下加热至沸,使固体全溶。稍冷后,加约 0.5g(视顺-4-环己烯-1,2-二酸酐的量而定)活性炭脱色,趁热过滤。在冰水中冷却滤液,使产物顺-4-环己烯-1,2-二羧酸析出。减压抽滤至干,将产品于 80℃下真空干燥,恒重。

3. 酸碱滴定法分析产品纯度

称取约 0.20g 顺-4-环己烯-1,2-二羧酸产品于 250mL 锥形瓶中,加 25mL 蒸馏水,微热溶解,加 3～4 滴酚酞指示剂,用 0.1mol·L$^{-1}$ NaOH 标准溶液滴定至溶液呈微红色,30 秒内不褪色为终点,记录所消耗的 NaOH 标准溶液体积。根据所消耗 NaOH 标准溶液的体积,计算产品的百分含量。平行滴定 3 次。

纯顺-4-环己烯-1,2-二羧酸为白色固体,可以通过对产品进行熔点测定分析产品纯度,也可以通过红外光谱、质谱、核磁共振谱进行纯度分析,具体谱图见附图 11 至附图 13。

## 【实验指导】

1. 顺丁烯二酸酐易水解成相应二元酸,故所用相关仪器需干燥。

2. 顺-4-环己烯-1,2-二酸酐的制备为放热反应,油浴温度须用温度计测量,防止过热! 小心烫伤!

3. 二乙二醇二甲醚为无色液体,有醚的气味,溶于水、乙醇、乙醚和氯仿。其化学性质稳定,可用反应溶剂,也用作无污染清洗剂、萃取剂、稀释剂等。

4. 该实验中使用的顺丁烯二酸酐粉尘对眼睛和皮肤具有明显的刺激作用,并会引起灼伤;实验中使用的环丁烯砜有刺激气味,会强烈刺激眼睛。因此,在使用这两种药品时应戴防护手套和防护眼镜,实验操作应在通风橱中进行。

## 【思考题】

1. 根据哪些主要因素确定"顺-4-环己烯-1,2-二羧酸的制备与纯化"步骤中加入水的总量。

2. 本实验为什么用过量的环丁烯砜?

3. 称取顺-4-环己烯-1,2-二羧酸试样 0.2000 g,以酚酞作指示剂,用 NaOH 标准溶液滴定至终点的情况下(假设溶液的体积为 60mL,pH 为 9.0),估算顺-4-环己烯-1,2-二羧酸的 $K_{a2}$。

## 实验六 苯乙炔的制备

苯乙烯为无色、有特殊香气的油状液体,熔点为 $-30.6℃$,沸点为 $145.2℃$,闪点为 $34.4℃$,相对密度为 $0.9060(20/4℃)$,折光率为 $1.5469$,黏度为 $0.762$ cP at 68 °F,不溶于水($<1\%$),能与乙醇、乙醚等有机溶剂混溶。

苯乙炔为无色液体,熔点为 $-44.8℃$,沸点为 $142.4℃$,闪点为 $31℃$,折光率为 $1.5489$,相对密度为 $(20/4℃)0.9300$,与醇、醚混溶,不溶于水。苯乙炔是制备对称芳炔基线性稠环类化学发光剂所必需的中间体,其聚合物聚苯乙炔具有光导、电导、顺磁、能量迁移和转换等特性,且可溶可熔,性能稳定,是一种新型导电高分子材料。

## 【实验预习要求】

1. 学习苯乙烯加溴后用氢氧化钾的醇溶液脱溴化氢制备的原理和方法。
2. 掌握萃取、蒸馏、减压蒸馏的原理、操作及注意事项。

## 【实验原理】

苯乙炔是制备含对称芳炔基线性稠环化合物等一系列化学发光染料所必需的中间体。本实验采用苯乙烯加溴后用氢氧化钾的醇溶液脱溴化氢的合成路线来制备苯乙炔。反应方程式为

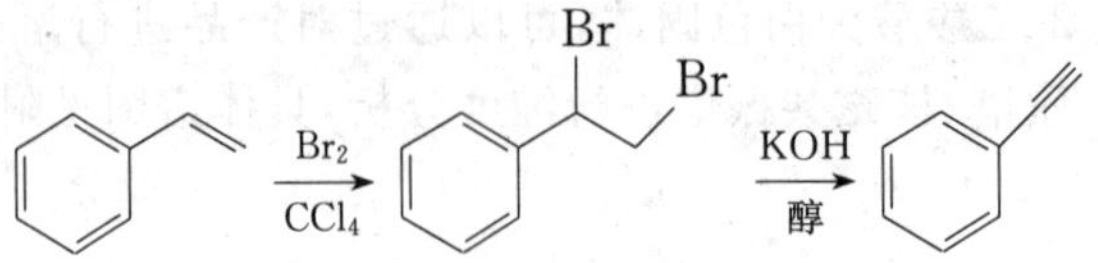

## 【实验装置】

制备苯乙炔涉及的主要反应装置如图 2.6 所示。

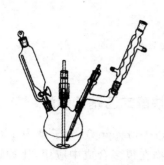 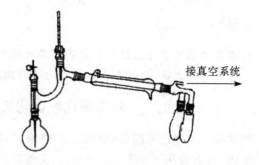

<table>
<tr><td>(a) 控温—滴液搅拌回流装置</td><td>(b) 减压蒸馏装置图</td></tr>
</table>

图 2.6  反应装置

## 【主要试剂与仪器】

1.试剂:苯乙烯(化学纯),溴,四氯化碳,甲醇,乙醚,氢氧化钾 。

2.仪器:电动搅拌器,旋转蒸发仪,气相色谱仪。

## 【实验步骤】

1.α,β-二溴苯乙烷的制备

将 16g 苯乙烯和 100mLCCl4 加入装有搅拌器、滴液漏斗的 250mL 三口烧瓶中,在剧烈搅拌下搅拌均匀,冷却至 5℃ 以下缓缓滴加 40mL 四氯化碳和 30g 溴的混合液,滴加完毕后,继续搅拌反应 1h,用旋转蒸发仪回收溶剂四氯化碳,得到白色片状晶体,干燥,测定熔点 70～72℃。

2.苯乙炔的制备

取 30g 上述固体 α,β-二溴苯乙烷和 25g 氢氧化钾加入到 100mL 三口瓶中,再滴加 30mL 甲醇,滴加完毕后,加热回流反应 1.5h,放置冷却,过滤,滤液用乙醚萃取,收集上层溶液,安装常压蒸馏装置,蒸出甲醇后收集 140℃ 左右馏分,再将其进行减压蒸馏提纯,收集约 10g 苦杏仁味液体,沸点 142～143℃,质谱、核磁谱图见附图 14～16。

## 【实验指导】

1.苯乙烯加溴后用氢氧化钾的醇溶液脱溴化氢制备苯乙炔时,实验中由于大量溶剂甲醇存在,而脱溴化氢反应剧烈放热,导致甲醇冷却不下来,易造成喷料发生。因此应缓慢滴加甲醇,控制甲醇的滴速而防止喷料的发生。在此过程中,无需搅拌,直至滴加完毕后再开动搅拌,加热,回流,进行反应。

2.为了有效解决产品的纯度不高的问题,可先采用常压蒸馏取得粗品,再将粗品减压蒸馏提纯。

3.反应时间以 1.5～2h 为最佳,若延长反应时间收率反而降低,原因在于三键在高温下易发生副反应。

4.第一步溴加成反应,反应温度约 12℃ 左右为最佳温度,若温度过低,反应瓶中反应液黏稠,不易搅拌。

**【思考题】**

1. 本实验采用了什么措施来提高产品纯度？

2. 查阅有关文献,比较合成苯乙炔的各种路线的优缺点。

# 实验七　相转移催化脱卤化氢制备丙炔醛二乙基乙缩醛

丙炔醛二乙基乙缩醛(丙炔醛二乙缩醛,3,3-diethoxy-1-propyne),分子量为 128.169,无色液体,熔点为 95～96℃(170mm)。文献报道该化合物在很多合成中应用,比如通过金属衍生物的烷基化、与卤代炔的 Cadiot-Chodkiewicz 偶联和有机酮酸盐的作用等方法,用来合成未饱和和多元未饱和的缩醛和醛,包括吡唑、异恶唑、三唑和吡啶的合成。丙炔醛二乙基乙缩醛也被用来合成天然的多炔和甾类。

**【实验预习要求】**

1. 查阅文献,了解四丁基硫酸氢铵相转移催化剂的使用原理及进展。

2. 复习机械搅拌、分馏、液—液萃取和干燥的原理、操作及注意事项。

3. 了解制备丙炔醛二乙基乙缩醛的原理和实验方法。

**【实验原理】**

本实验采用相转移催化脱卤化氢制备丙炔醛二乙基乙缩醛,具体先从丙烯醛制得 2,3-二溴丙醛二乙基乙缩醛,再在相转移催化剂作用下制得产品,反应如下:

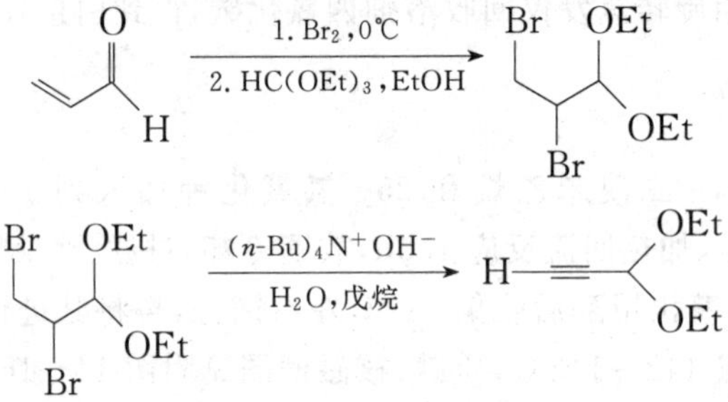

**【主要试剂与仪器】**

1. 试剂:丙烯醛,氯化钙,溴,原甲酸三乙酯,无水乙醇,四丁基硫酸氢铵,50%的氢氧化钠水溶液,25%的硫酸,戊烷。

2. 仪器:机械搅拌器,双壁冷凝器,恒压滴液漏斗,250mL 三口圆底烧瓶,分液漏斗,旋转蒸发仪。

**【实验步骤】**

1. 2,3-二溴丙醛二乙基乙缩醛的制备

在装有机械搅拌、配备氯化钙干燥管的恒压滴液漏斗和温度计的 250mL 三口圆底烧瓶中加入 14g(0.25mol)新蒸馏的丙烯醛,并在恒压滴液漏斗中加入 40g(0.25mol)的溴,将丙烯醛快速搅拌并在冰浴中冷却至 0℃,然后以一定的速率滴加溴使得反应液温度保持在 0～

5℃,直到反应液出现永久的红色,表明溴稍过量。在超过 1h 的时间里加溴约 39～40g。向以上反应所得 2,3-二溴丙醛粗品边搅拌边加入 40g(0.27mol)的新蒸馏的原甲酸三乙酯和 40mL 的无水乙醇的混合液,大概 15min 滴加完后将反应加热到 45℃,并搅拌反应 3h,然后通过旋转蒸发仪除去甲酸乙酯、乙醇和原甲酸三乙酯,再将残余液在 15cm 韦氏分馏柱分馏得到浅灰色的 2,3-二溴丙醛二乙基乙缩醛液体 53.65～55.85g(74%～77%),沸点为 113～115℃。

### 2.丙炔醛二乙基乙缩醛的制备

在装有机械搅拌、双壁冷凝器和恒压滴液漏斗的 250mL 三口圆底烧瓶中加入 50 g(0.148mol)四丁基硫酸氢铵和 10mL 的水,将其搅拌混合形成稠膏物,再滴加 14.5g(0.05mol)的 2,3-二溴丙醛二乙基乙缩醛溶于 45mL 戊烷的溶液,并在快速搅拌下约用 5min 滴加 30g 50%的氢氧化钠水溶液,冷却到 10～15℃。大约 5min 后戊烷开始沸腾并回流约 10～20min。然后将混合物在室温下搅拌 1h 后冷却至 5℃,再加入 60mL25%的硫酸使其呈微酸性,停止搅拌,倒入分液漏斗中分约 30min 层,将上层有机层仔细移出。将下层水层过滤除去硫酸钠,再用 50mL 的戊烷萃取,将戊烷溶液合并、用无水硫酸钠干燥浓缩,形成无色浓缩液后蒸馏,产生 4～4.3g 的无色液体丙炔醛二乙基乙缩醛,熔点 95～96℃(170mm)。质谱、核磁谱图见附图 17～19。

## 【实验指导】

1.实验所用的无水乙醇直接用购买的分析纯的无水乙醇。

2.在丙炔醛二乙基乙缩醛的制备这一步中,四丁基硫酸氢铵的量一定要有 50g,如果用 0.1mol 的量,产物的收率降低 50%。

3.在第二步丙炔醛二乙基乙缩醛的制备中,在酸化的过程中必须非常仔细操作,因为过量的硫酸可能通过水解缩醛而降低产率。

## 【思考题】

1.该反应中加入四丁基硫酸氢铵的作用是什么?

2.解释用 25%的硫酸酸化的原理。

# 2.3　醇、酚、醚

## 实验八　二苯甲醇的制备

二苯甲醇为白色至浅米色结晶固体,熔点为 69℃,沸点为 297～298℃,闪点为 160℃。易溶于乙醇、醚、氯仿和二硫化碳等有机溶剂,在 20℃ 水中的溶解度为 0.5g·$L^{-1}$,在 $H_2SO_4$ 中呈深红色,氧化可生成二苯(甲)酮,与 HBr 反应生成二苯溴甲烷,与酸作用可以生成酯。二苯甲醇主要用于有机合成,也是农药、医药和其他产品的重要中间体,其用途不断扩大。在医药工业中,二苯甲醇作为苯甲托品和苯海拉明的中间体。

二苯甲酮为白色片状结晶,有微玫瑰香味,有甜味,熔点为 48.5℃,沸点为 305.4℃,闪点为 138℃,不溶于水,能溶于乙醇、醚和氯仿,又名二苯酮、苯甲酮、苯酮、苯酰苯、苯甲酰苯、苯甲酰基苯。二苯酮是紫外线的吸收剂和引发剂,用以制造抗组胺药、催眠药和杀虫剂及有机合成,是有机颜料、医药、香料、杀虫剂的中间体,医药工业中用于生产双环乙哌啶、苯甲托品氢溴酸盐、苯海拉明盐等,也是苯乙烯聚合抑制剂和香料定香剂,能赋予香料以甜的气息,用在许多香水和皂用香精中。本品应密封储存于密闭、干燥、阴暗处,避免阳光照射。

## 【实验预习要求】

1. 查阅文献,了解酮的还原原理、方法、还原剂的种类及特点。
2. 了解制备二苯甲醇的原理和实验方法。
3. 复习水浴蒸馏、萃取、洗涤、重结晶、干燥和熔点测定的原理、操作及注意事项。
4. 了解硼氢化钠等有关负氢试剂的类型、还原反应的操作条件差异和还原选择性差异。

## 【实验原理】

由醛或酮还原生成相应的醇是研究得最多的一类还原反应。二苯甲酮可以通过多种还原剂得到二苯甲醇。如锌—碱、硼氢化钠、氢化铝锂等。在碱性醇溶液中用锌粉还原,是制备二苯甲醇的常用方法,适用于在中等规模的实验室中制备。对于小量合成,硼氢化钠是更理想的试剂。硼氢化钠是一个负氢试剂,能选择性地将醛(酮)还原成醇。使用硼氢化钠还原操作方便,反应可以在含水的醇中进行。1mol 硼氢化钠理论上能还原 4mol 醛(酮),但是硼氢化钠的实际用量远比理论值多。本实验采用硼氢化钠在 95％乙醇中还原二苯甲酮制备二苯甲醇。

反应式:

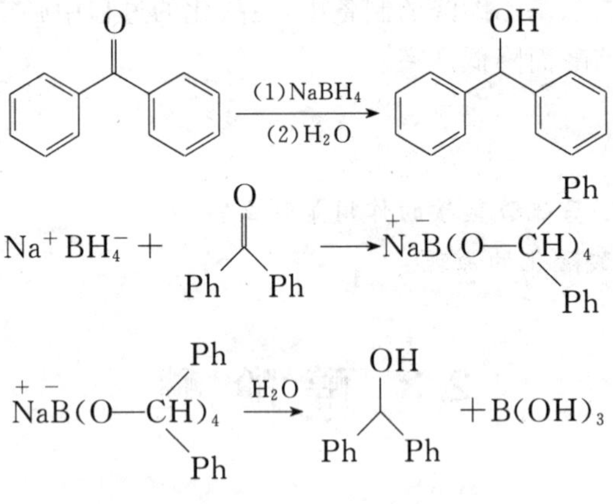

## 【实验装置】

硼氢化钠加料装置如图 2.7 所示。

## 【主要试剂与仪器】

1. 试剂:二苯甲酮 1.5g(8.2mmol),硼氢化钠 0.6g(15.9mmol),95％乙醇 30mL,乙醚 30mL,石油醚(60～90℃)15mL,无水硫酸镁。
2. 仪器:三口圆底烧瓶(50mL 2 个),球形冷凝管 1 支,烧杯(250mL 2 只),布氏漏斗,

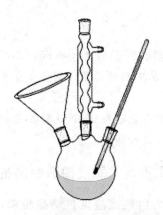

图 2.7　硼氢化钠加料装置图

抽滤瓶,锥形瓶,分液漏斗,水浴锅,直形冷凝管,蒸馏头,接引管,量筒,温度计,真空水泵,真空干燥箱,熔点测定仪。

## 【实验步骤】

在装有球形冷凝管和磁力搅拌器的 100mL 圆底烧瓶中,加入 1.5g(8.2mmol)二苯甲酮、5mL 水和 30mL 95％乙醇,搅拌使之溶解。小心分批加入 0.6g(15.9mmol)硼氢化钠(如图 2.7 所示),此过程有大量气泡放出。在整个加料过程中,体系温度应始终维持在低于50℃。加料结束后,塞住瓶口,小心搅拌混匀。然后在室温下搅拌,反应 20min 左右,直到有沉淀物出现为止。

然后搭建蒸馏装置,在水浴上蒸去大部分乙醇,冷却后向残液中加入 60mL 水,滴加1mL 10％盐酸并搅拌使充分混合,水解硼酸酯的配合物。每次用 10mL 乙醚分三次萃取水层,合并醚萃取液,用无水硫酸镁干燥。过滤除去硫酸镁,水浴上蒸除乙醚,再用水泵减压抽去残余的乙醚。残渣用 15mL 石油醚(60～90℃)重结晶,得约 1.5g 二苯甲醇的针状结晶,熔点为 68～69℃。

纯二苯甲醇为无色晶体,熔点为 69℃,相对密度为 1.102。

## 【实验指导】

1. 硼氢化钠是强碱性物质,易吸潮,具腐蚀性。称量及加料时要小心操作,勿与皮肤接触。

2. 溶剂可用 95％乙醇和甲醇。甲醇溶解性好,且反应速度快,但与 95％乙醇相比,甲醇的毒性较大,价格也较贵。

3. 理论上硼氢化钠:二苯甲酮＝1:2(mol/mol),但实际上硼氢化钠的用量要多得多,一般而言约需硼氢化钠:二苯甲酮＝1.25:1(mol/mol)。

4. 在水解硼酸酯的配合物时,水的用量不宜过多。盐酸的作用主要有两点:(1)分解过量的硼氢化钠。此时滴加速度不宜过快,有大量气泡放出,严禁明火。(2)水解硼酸酯的配合物。

5. 重结晶提纯产物二苯乙醇时,也可用正己烷代替石油醚作为重结晶溶剂。

**【思考题】**

1. 可否用甲醇代替 95％乙醇？可否用水代替 95％乙醇？

2. 本实验中,硼氢化钠与二苯甲酮的用量比例是多少？为什么硼氢化钠的实际用量比理论用量要多得多？

3. 硼氢化钠和氢化铝锂都是负氢还原试剂,比较二者的还原活性和操作条件的差异。

4. 试举出二苯甲醇的其他合成方法。

## 实验九　季戊四醇的制备

季戊四醇(pentaerythritol)为白色或淡黄色结晶粉末,分子式为 $C_5H_{12}O_4$,分子量为 136.15,熔点为 262℃,溶于水,稍溶于乙醇,不溶于苯、乙醚和石油醚等。季戊四醇分子中含有四个等同的羟甲基,具有高度的对称性,因此常被用作多官能团化合物的制取原料。由它硝化可以制得季戊四醇四硝酸酯(太安,PETN),是一种烈性炸药;酯化可得季戊四醇三丙烯酸酯(PETA),用作涂料。

季戊四醇主要用在涂料工业中,可用以制造醇酸树脂涂料,能使涂料膜的硬度、光泽和耐久性得以改善。它也用作色漆、清漆和印刷油墨等所需的松香脂的原料,并可制干性油、阻燃性涂料和舫空润滑油等。季戊四醇的脂肪酸酯是高效的润滑剂和聚氯乙烯增塑剂,其环氧衍生物则是生产非离生表面活性剂的原料。季戊四醇易与金属形成络合物,也在洗涤剂配方中作为硬水软化剂使用。此外,还用于医药、农药等生产。

**【实验预习要求】**

1. 了解制备季戊四醇的原理和实验方法。

2. 了解羟醛缩合反应和 Cannizzaro 反应的原理和操作。

3. 复习控温滴液、水浴加热、抽滤、减压蒸馏的原理、操作及注意事项。

**【实验原理】**

乙醛和甲醛在碱性条件下发生羟醛缩合反应,生成 β-羟基丙醛,并在 α-碳原子上继续与甲醛发生羟醛缩合反应得到三羟甲基乙醛,最后与甲醛再进一步发生交叉 Cannizzaro 反应得到季戊四醇。整个合成反应称作 Tollens 缩合反应,反应如下:

$$CH_3CHO \xrightarrow[OH^-]{HCHO} \underset{OH}{H_2C}-CH_2CHO \xrightarrow[OH^-]{2HCHO} HOCH_2-\underset{CH_2OH}{\overset{CH_2OH}{C}}-CHO$$

$$\xrightarrow[OH^-]{HCHO} HOCH_2-\underset{CH_2OH}{\overset{CH_2OH}{C}}-CH_2OH$$

反应的副产物有双季戊四醇和三季戊四醇等。双季戊四醇和三季戊四醇也都是重要的精细化工原料,广泛应用于航空航天、高分子、印刷纺织、涂料等行业。

## 【主要试剂与仪器】

1. 试剂：37％甲醛溶液 11mL（约 0.14mol），15％～20％乙醛溶液 8.4mL（约 0.03mol），氧化钙 5.2g，70％硫酸，20％草酸溶液 1mL，pH 试纸。

2. 仪器：温度计(200℃)，球形冷凝管，滴液漏斗，烧杯，锥形瓶，布氏漏斗，吸滤瓶，表面皿，水浴锅，磁力搅拌器，真空泵，红外灯，红外光谱仪，熔点测定仪。

## 【实验步骤】

向配有搅拌器、温度计、恒压滴液漏斗的 100mL 三口烧瓶中加入 11mL（约 0.14mol）37％甲醛溶液和 25mL 水，搅拌均匀。在搅拌下加入 5.2g 氧化钙，然后自滴液漏斗滴加 8.4mL（约 0.03mol）15％～20％乙醛，保持温度在 60℃左右。约需 20min 滴加完毕后，水浴加热 2h，始终保持温度在 60℃左右。

停止反应，当反应混合物的温度下降至 45℃左右时，逐滴加入 70％硫酸。用 pH 试纸检测，当 pH 在 2～2.5 时，停止酸化。在整个过程中溶液的颜色由黄色经灰白色转变为白色。

将上述溶液进行减压抽滤，滤去沉淀不溶物。在滤液中加入 1mL 20％草酸溶液，充分搅拌后，经较长时间静置，再次进行减压抽滤，滤去沉淀物。减压蒸馏（也可用旋转蒸发仪）浓缩滤液，直至蒸馏瓶中出现大量结晶时为止。冷却，待晶体完全析出后，减压抽滤，得到季戊四醇产品。

纯季戊四醇为白色或淡黄色结晶粉末，熔点 262℃。其红外光谱见附图 20。

## 【实验指导】

1. 该反应是放热反应，当反应体系升温至 40℃时，应控制加热速度，必要时暂时撤去加热源，否则瓶内反应温度难以控制在 60℃以下。若发现反应现象仍不明显，则仍需用水浴徐徐升温，以加速反应的进行。

2. 水浴加热反应约两小时，反应混合物的颜色由乳白色变成淡黄色，即可视为反应达到终点。

3. 70％硫酸中和后，出现的沉淀主要是硫酸钙。

## 【思考题】

1. 能否把甲醛滴加到乙醛中进行反应？为什么？
2. 氧化钙的作用是什么？
3. 缩合反应完成后，为什么要进行酸化？
4. 酸化后的滤液，为什么还要加草酸溶液？

## 实验十　邻叔丁基对苯二酚的制备

邻叔丁基对苯二酚简称 TBHQ，为白色或微红褐色结晶粉末，有一种极淡的特殊香味，相对密度为 1.109，熔点为 126.5～128.5℃，闪点为 171℃，溶于甲醇、乙醇、丙酮、乙酸乙酯、乙醚等有机溶剂，微溶于甲苯等，几乎不溶于水（约为 5％），可燃，是一种低毒、高效的抗氧剂,也可用作阻聚剂。TBHQ 是国家规定允许添加的食用抗氧剂,抗氧化性能优越,因为添加量少,相比其他抗氧剂拥有更安全的无毒性能。其对大多数油脂均有防腐败作用,耐高温,最高承受温度可达 230℃ 以上,适用于动植物脂肪和富脂食品、糕点及其他油炸食品,是色拉油、调和油、高烹油首选的抗氧化剂。TBHQ 遇铁、铜不变色,但如有碱存在可转为粉红色。其被广泛用于干鱼制品、饼干、方便面、速煮米、干果罐头、腌制肉制品中作抗氧化剂,亦可用于化妆品中。在添加应用范围内,TBHQ 能有效抑制几乎所有细菌和酵母菌生长,对黄曲霉等危害人体健康的霉菌有很好的抑制作用。

## 【实验预习要求】

1. 查阅文献,了解抗氧化剂的种类、抗氧化的原理、适用范围以及抗氧化剂的使用现状。

2. 了解制备邻叔丁基对苯二酚的原理和实验方法。

3. 复习控温滴加、抽滤、活性炭脱色、重结晶、熔点的测定的原理、操作及注意事项。

## 【实验原理】

TBHQ 的制备一般以对苯二酚为原料,在酸性催化剂作用下与异丁烯、叔丁醇或甲基叔丁基醚进行烷基化反应,反应混合物经进一步处理得到纯的 TBHQ。反应常用的催化剂有液体催化剂及固体催化剂。常用的液体催化剂有浓硫酸、磷酸、苯磺酸等,反应一般在水与有机溶剂组成的混合溶剂中进行。常用的固体催化剂有强酸型离子交换树脂(如 Amberlyst-15、拜耳 K-1481)、沸石和活性白土,反应需在环烷烃、芳香烃、脂肪酮等溶剂中进行。

本实验以对苯二酚、叔丁醇为原料,以磷酸作催化剂反应制得 TBHQ,其反应式为

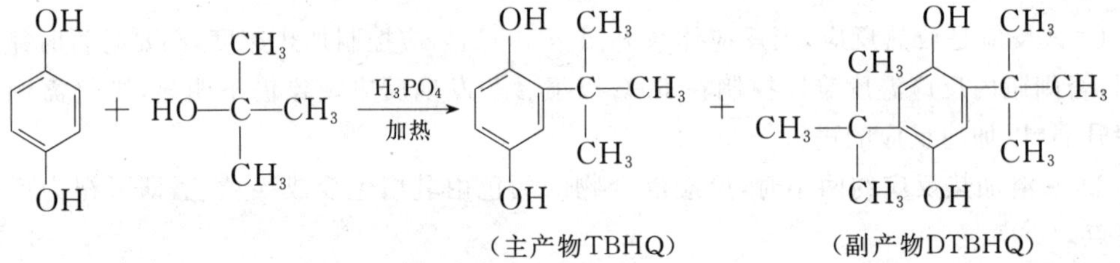

(主产物 TBHQ)　(副产物 DTBHQ)

对苯二酚烷基化是芳环上的亲电取代反应,叔丁基是推电子基团,上一个叔丁基后,芳环进一步活化,很容易再上另一个叔丁基。本反应的主要副产物是 2,5-二叔丁基对苯二酚(简称 DTBHQ),2,6-位与 2,3-位的二叔丁基对苯二酚很少。

反应实际上是分两步进行的,第一步是生成溶于水的中间产物——醚类,反应很快。第二步是中间产物进行重排,生成邻叔丁基对苯二酚。这步反应则比较困难,需在高温下反应较长时间才能使中间产物充分转化,是整个合成反应的控制步骤。过程如下所示:

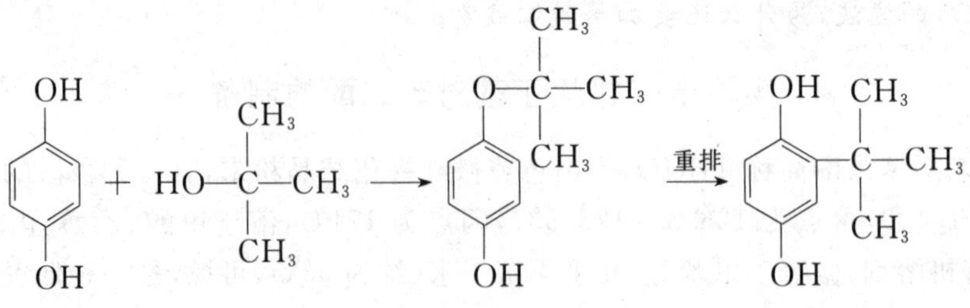

## 【实验装置】

邻叔丁基对苯二酚制备装置如图 2.8 所示。

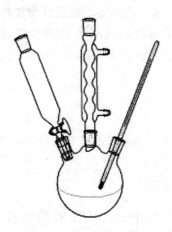

图 2.8　控温—滴液装置图

## 【主要试剂与仪器】

1. 试剂：叔丁醇 5mL(0.05mol)，对苯二酚 5.6g(0.05mol)，85％磷酸 40mL(0.6mol)，活性炭，90℃以上热水。

2. 仪器：100mL 三口烧瓶，温度计(200℃)，球形冷凝管，滴液漏斗，烧杯，锥形瓶，布氏漏斗，吸滤瓶，表面皿，水浴锅，磁力搅拌器，红外灯，红外光谱仪，熔点测定仪。

## 【实验步骤】

在 100mL 三口烧瓶上，安装好滴液漏斗、回流冷凝管、温度计和磁力搅拌器，在反应瓶中加入 5.6 g(0.05 moL)对苯二酚、40mL 质量分数 85％磷酸。

搅拌下水浴(或油浴)加热反应瓶，待瓶内混合物温度升至 90℃时，开始从滴液漏斗缓慢滴加 5mL(约 0.05 moL)叔丁醇，并控制反应温度在 90～95℃之间，在约 30～45min 内滴完叔丁醇，并继续保温反应 30min。

撤去热浴，停止搅拌，趁热抽滤反应混合物，滤液磷酸回收可用于下次反应。抽滤所得的固体加入约 30mL 水，加热至 90℃以上几分钟，趁热抽滤，并用少量 90℃以上热水洗涤固体。

将此滤液转移到烧杯中重新加热到 90℃以上，并加入活性炭脱色，趁热抽滤除去活性炭后，充分冷却滤液，出现白色晶体。抽滤，用少量冷水洗涤晶体，烘干后得邻叔丁基对苯二酚(TBHQ )纯品 2.4 g，产率为 28.4％，熔点为 126～128℃。

纯 TBHQ 熔点为 126.5～128.5℃，为白色或微红褐色结晶粉末，相对密度为 1.109，有一种极淡的特殊香味。

## 【实验指导】

1. 如果用电热套加热，则需小心控温，防止超温。反应中，叔丁醇要慢慢滴加，以使对苯二酚保持相对过量,减少副反应。

2. 副产物 2,5-二叔丁基对苯二酚(DTBHQ)可通过下法回收并纯化:在 100mL 圆底烧瓶中加入 DTBHQ 粗品(第二次抽滤所得固体)、20mL 质量分数 95% 乙醇、0.1g 锌粉和 0.5mL 磷酸,装上回流冷凝管,在水浴或油浴上将混合物加热回流 0.5h,趁热抽滤。滤液可以冷却结晶,也可以加入约 20mL 水进行沉淀,将固体抽滤,并用少量质量分数 50% 的乙醇洗涤,然后用少量冷水洗涤。烘干后得 DTBHQ 产品 3.5g,产率为 31.0%,熔点为 217～219℃。

## 【思考题】

1. 本反应的主要副产物是 2,5-二叔丁基对苯二酚,2,6-位与 2,3-位的二叔丁基对苯二酚很少。为什么?

2. 傅氏反应常用的催化剂有哪些?

## 实验十一　正丁醚的制备

正丁醚为无色透明液体,具有类似水果的气味,微有刺激性。其相对分子质量为 130.2,性较稳定,能形成爆炸性过氧化物,无水状态时更易,能与乙醇和乙醚混溶,易溶于丙酮,几乎不溶于水,水中溶解度为 0.03%(20℃),易燃,密度为 0.767,熔点为 −95℃,沸点为 141℃,折光率为 1.3992,闪点为 25℃。可用作溶剂、电子级清洗剂、有机合成上游原料。

## 【实验预习要求】

1. 掌握醇分子间脱水制醚的反应原理和方法。
2. 学习分水器的实验操作方法。

## 【实验原理】

由正丁醇脱水制备正丁醚的反应方程式如下:

$$CH_3CH_2CH_2CH_2OH \xrightarrow{H_2SO_4} CH_3CH_2CH_2CH_2-O-CH_2CH_2CH_2CH_3 + H_2O$$
$$\longrightarrow CH_3CH_2CH=CH_2$$

本实验的副产物主要是醇分子内脱水生成丁烯。

## 【实验装置】

正丁醚的制备主要装置如图 2.9 所示。

## 【主要试剂与仪器】

1. 试剂:正丁醇 15.5mL,浓硫酸 2.5mL,5% 氢氧化钠溶液 10mL,饱和氯化钙溶液 10mL,无水氯化钙。

2. 仪器:三口烧瓶 100mL,圆底烧瓶(50mL 2 个),球形冷凝管,烧杯,分水器,锥形瓶,分液漏斗,直形冷凝管,蒸馏头,量筒,温度计。

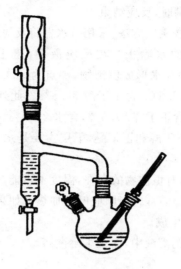

图 2.9　回流分水控温装置

## 【实验步骤】

1. 投料

在 100mL 三口烧瓶中,加入 15.5mL 正丁醇、2.5mL 浓硫酸和几粒沸石,摇匀后,装上温度计,温度计插入液面以下,装上分水器,分水器的上端接一回流冷凝管。先在分水器内放置 $(V-1.7)$mL 水,如图 2.9 所示。

2. 回流分水

小火加热至微沸,回流。反应中产生的水经冷凝后收集在分水器的下层,上层有机相积至分水器支管时,即可返回烧瓶。大约经 1h 后,三口瓶中反应液温度可达 134～136℃。当分水器全部被水充满时停止加热。若继续加热,则反应液变黑并有较多副产物——烯生成。

3. 粗产物分离

将反应液冷却到室温后连同分水器中的液体一起倒入盛有 25mL 水的分液漏斗中,充分振摇,静置后弃去下层液体,上层为粗产物。

4. 粗产物净化

粗产物依次用 10mL 5%氢氧化钠溶液洗涤两次,再用 10mL 水和 10mL 饱和氯化钙溶液洗涤,最后用无水氯化钙干燥。

5. 收集产物

将干燥好的产物移至 50mL 干燥的圆底烧瓶中,蒸馏,收集 139～142℃的馏分,即得产物,称量,计算产率。正丁醚红外、质谱图见附图 21 至附图 22。

## 【实验指导】

1. 加料时,正丁醇和浓硫酸如果不充分摇动混匀,硫酸局部过浓,加热后易使反应溶液变黑。

2. $V$ 为分水器放满水的体积,按反应式计算,生成水的量约为 1.5mL,但是实际分出水的体积要略大于理论计算量,因为有单分子脱水的副产物生成,故分水器放满水后先放掉约

1.7mL 水。当分水器被水注满时,反应结束。

3. 本实验利用恒沸混合物蒸馏方法,采用分水器将反应生成的水层上面的有机层不断流回到反应瓶中,而将生成的水除去。在反应液中,正丁醚和水形成恒沸物,沸点为94.1℃,含水 33.4%。正丁醇和水形成恒沸物,沸点为 93℃,含水 45.5%。正丁醚和正丁醇形成二元恒沸物,沸点为 117.6℃,含正丁醇 82.5%。此外正丁醚还能和正丁醇、水形成三元恒沸物,沸点为 90.6℃,含正丁醇 34.6%,含水 29.9%。这些含水的恒沸物冷凝后,在分水器中分层。上层主要是正丁醇和正丁醚,下层主要是水。利用分水器可以使分水器上层的有机物流回反应器中。

4. 反应开始回流时,因为有恒沸物的存在,温度不可能马上达到135℃。但随着水被蒸出,温度逐渐升高,最后达到 135℃以上,即应停止加热。如果温度升得太高,反应溶液会炭化变黑,并有大量副产物丁烯生成。

5. 正丁醇溶在饱和氯化钙溶液中,而正丁醚微溶。

## 【思考题】

1. 如何严格掌握反应温度呢?怎样得知反应已经比较完全?

2. 反应物冷却后为什么要倒入 25mL 水中,各步的洗涤目的何在?

3. 制备乙醚和正丁醚在反应原理和实验操作上有什么异同?为什么?

# 2.4　醛、酮及其衍生物

## 实验十二　苯甲醛的制备

苯甲醛又称为安息香醛,纯品是无色液体,工业品为无色至淡黄色液体,有特殊的杏仁气味,分子量为106.12,密度为1.046,熔点为−26℃,沸点为179℃,饱和蒸气压为 0.13kPa(26℃),闪点为 64℃,引燃温度为 192℃,折射率($n_D^{20}$)为 1.5455。微溶于水,约为 0.6wt(20℃),可混溶于乙醇、乙醚、苯、氯仿。苯甲醛广泛存在于植物界,特别是在蔷薇科植物中,主要以苷的形式存在于植物的茎皮、叶或种子中。苯甲醛天然存在于苦杏仁油、藿香油、风信子油、依兰油等精油中,也有和糖苷结合的形式(苦杏苷,*Amygdalin*)存在于果仁和坚果中。苯甲醛的化学性质与脂肪醛类似,但也有不同。苯甲醛不能还原费林试剂。用还原脂肪醛时所用的试剂还原苯甲醛时,除主要产物苯甲醇外,还产生一些四取代邻二醇类化合物和均二苯基乙二醇。在氰化钾存在下,两分子苯甲醛通过授受氢原子生成安息香。苯甲醛还可进行芳核上的亲电取代反应,主要生成间位取代产物。醛基上的碳氧双键会与苯环上的大 π 键共轭,共有 8 个 π 电子。苯甲醛的主要用途:(1)医药、染料、香料的中间体。(2)用于生产间氧基苯甲醛、月桂酸、月桂醛、品绿、苯甲酸苄酯、苄叉苯胺、苄叉丙酮等。(3)用以调合皂用香精、食用香精等。

## 【实验预习要求】

1. 查阅文献,了解硫酸氢四正丁基铵相转移催化剂的使用原理及进展。

2. 了解制备由苯甲醇制备苯甲醛的原理和实验方法。

3. 复习加热回流、磁搅拌、液—液萃取、洗涤、干燥、水蒸气蒸馏、减压蒸馏的原理、操作及注意事项。

## 【实验原理】

在实验室中一直用铬盐为氧化剂,由相应的伯醇和仲醇氧化制得醛和酮。由于铬离子会污染环境、治理费用又高,被逐渐淘汰,而采用氧化剂次氯酸盐代替。20 世纪末,人们找到了一条环境友好的绿色合成路线。在钨酸钠存在下,用硫酸氢甲基三正辛基铵为相转移催化剂,用 30% $H_2O_2$ 为氧化剂在水溶液中氧化伯醇、仲醇制备相应的醛和酮,获得了成功,其转化率、选择性都很高。用到苯甲醇制备苯甲醛上,也没有发现过度氧化的现象。

本实验在钨酸钠存在下,以硫酸氢四正丁基铵为相转移催化剂,30% $H_2O_2$ 为氧化剂制备苯甲醛。

主反应为

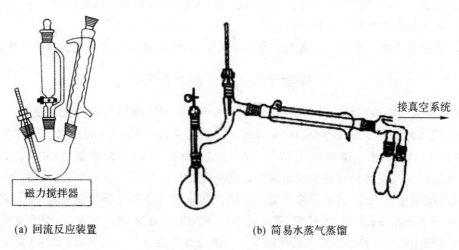

## 【实验装置】

反应装置如图 2.10 所示。

(a) 回流反应装置　　　　(b) 简易水蒸气蒸馏

图 2.10　反应装置

## 【主要试剂与仪器】

1. 试剂:苯甲醇 6.5mL(0.06mol ),$H_2O_2$(30%)7.5mL(0.069mol ),$Na_2WO_4 \cdot 2H_2O$ 0.2g,硫酸氢四正丁基铵 0.2g,饱和硫代硫酸钠溶液,无水硫酸镁。

2. 仪器:三口圆底烧瓶(100mL 1 个),单口圆底烧瓶(50mL 1 个),球形冷凝管 1 支,烧杯(400mL、250mL 各 1 只),锥形瓶,分液漏斗,直形冷凝管,空气冷凝管,蒸馏头,克氏蒸馏头,支管接引管(或多叉接引管),量筒,温度计,毛细管,磁力搅拌器。

## 【实验步骤】

安装回流反应装置,如图 2.10(a)所示,在 100mL 三口圆底烧瓶中,依次加入 0.2g 钨酸钠、0.2g 硫酸氢四正丁基铵、7.5mL 30％的双氧水溶液和 10mL 水,开动磁力搅拌 5min 后,用滴液漏斗加入 6.5g 苯甲醇,水浴加热,在 90℃下搅拌反应 3h,冷却,逐滴加入饱和硫代硫酸钠溶液至淀粉-KI 试纸检验呈阴性。然后改成简易水蒸气蒸馏,装置图见图 2.10(b),蒸至温度计读数达 100℃,停止蒸馏,将蒸出物转入分液漏斗,分出油层,加无水硫酸镁间歇振荡,静置 20min。减压蒸馏收集 59～61℃/1.33kPa(10mmHg)馏分。

纯苯甲醛为无色液体,沸点为 179℃,折射率($n_D^{20}$)为 1.5455,相对密度为 1.046。

## 【实验指导】

1. 反应结束后,也可以先用分液漏斗分出油层,然后用甲基叔丁基醚萃取水层,合并油层和醚层,用饱和硫代硫酸钠溶液洗涤(洗去多余的双氧水),分离水层后,油层用无水硫酸镁干燥,常压蒸馏回收甲基叔丁基醚,在减压蒸馏收集产品。

2. 用饱和硫代硫酸钠溶液是除去过量的氧化剂——过氧化氢。

## 【思考题】

1. 请简述相转移催化剂的特点。本实验还可使用什么转移催化剂?

2. 未转化的苯甲醇是如何去除的?

3. 实验中采用了简易的水蒸气蒸馏方法蒸出粗产物,请简述水蒸气蒸馏的原理。

## 实验十三 环己酮的制备

环己酮为无色透明至淡黄色的油状液体,具有薄荷和丙酮的气味。沸点为 156℃,熔点为 -27.9℃,相对密度为(20/4℃)0.9466g/mL,折射率($n_C^{20°}$)为 1.4507,闪点为 63℃,溶解度为 2.3％,(20℃,水),微溶于水,能与甲醇、乙醇、丙酮、苯、己烷、乙醚、硝基苯、乙酸异戊酯、二乙胺以及其他多种有机溶剂相混溶。高浓度的环己酮蒸气有麻醉性,有毒,对中枢神经系统有抑制作用,对皮肤和黏膜有刺激作用。其化学性质与脂肪族酮相似,能与羟胺、苯肼、氨基脲、Grignard 试剂、氢氰酸、亚硫酸氢钠等反应。在氧和水存在下,受日光照射时,环己酮开环生成己二酸、己酸、5-己烯醛等。在酸或碱存在下能自行缩合,条件不同,所得产物也不同。例如可以生成 2-(1-羟基环己基)环己酮、2-亚环己基环己酮、2,6-二亚环己基环己酮、2,6-双(1-环己烯基)环己酮、十氢化三亚苯等。环己酮易还原成环己醇。用硝酸、高锰酸钾氧化生成己二酸,与二氧化硒作用生成 1,2-环己二酮,同过钡酸作用生成 1,4-环己二酮以及副产物己二酸、己二醛。在无机酸或有机过氧酸作用下生成 ε-己内酯。在过氧化氢作用下得到复杂的过氧化物。易与氯、溴反应生成 2-卤代环己酮。在酸催化下与乙二醇反应生成环状缩醛。环己酮的主要用途:(1)是主要的工业溶剂。(2)主要利用作制造锦纶的原料 ε-己内酰胺和己二酸,故在工业上占有重要的地位。(3)用作分析试剂,如气相色谱固定液、色谱分析标准物质、有机溶剂,还用于有机合成。(4)化妆品溶剂,主要用作指甲油等化妆品的高沸点溶剂。

## 【实验预习要求】

1. 查阅文献，了解次氯酸盐氧化剂在有机合成上的应用。
2. 学习有环己醇氧化制备环己酮的原理和方法。
3. 掌握磁力搅拌、干燥管、溶剂萃取、滴液等基本操作及注意事项。
4. 进一步掌握有毒废气的处理方法及液体化合物的提纯方法。

## 【实验原理】

本实验以环己醇为原料，次氯酸钠为氧化剂，氧化制备环己酮。

主反应式为

$$\text{（环己醇）}-OH + NaClO \longrightarrow \text{（环己基）}-O-Cl \xrightarrow{H_2O} H_3^+O + \text{（环己酮）}=O + Cl^-$$

该反应特点：条件温和，操作简单，污染小，产物易提纯。

为了提高产率，在实验中采用过量的氧化剂——次氯酸钠，为了避免氯气等有毒气体释放到空气中，采用装有碳酸氢钠的干燥管吸收。

## 【主要试剂与仪器】

1. 试剂：环己醇 10.4mL（0.1mol），次氯酸钠溶液 85mL（含量大于 11％），乙酸，无水碳酸钠，饱和亚硫酸氢钠溶液，甲基叔丁基醚，碳酸氢钠（粒状固体），氯化钠，无水硫酸镁。
2. 仪器：磁力搅拌器，三口圆底烧瓶（250mL，2 个），单口圆底烧瓶（50mL，1 个），球形冷凝管 1 支，锥形瓶，分液漏斗，直形冷凝管，空气冷凝管，蒸馏头，支管接引管，量筒，0～200℃水银温度计，酒精温度计，烧杯（400mL、250mL 各 1 只）。

## 【实验步骤】

在 250mL 三口圆底烧瓶中，加入 10.4mL 环己醇和 25mL 乙酸，按图 2.10(a)所示安装反应装置，并在冷凝管上口接一装有粒状碳酸氢钠的干燥管。打开磁力搅拌器，调节合适的搅拌速度，滴加 11％次氯酸钠溶液，控制滴加速度，使反应温度保持在 30～35℃。滴加至反应混合物呈黄绿色后（约 75mL），继续搅拌 5min，观察反应混合物是否呈黄绿色，或用 KI-淀粉试纸检验呈蓝色。如果反应混合物已褪至无色，则继续滴加至 KI-淀粉试纸检验呈蓝色（阳性）。然后再加入 5mL 次氯酸钠溶液。在室温下继续搅拌 15min 后，滴加约 1～5mL 饱和亚硫酸氢钠溶液，使反应混合物变为无色，KI-淀粉试纸检验呈不变色。

反应装置改成简易水蒸气蒸馏装置，加入 50mL 水和 3～4 粒沸石，蒸馏收集 100℃以前的馏分。

在馏出液中，分批加入无水碳酸钠至无气体产生，约需无水碳酸钠 6.5～7g，再加入 10g 氯化钠，搅拌 15min，使氯化钠溶解，并使溶液饱和。

用分液漏斗分出油层——环己酮，转入到 50mL 干燥的锥形瓶中，水层用 25mL 甲基叔丁基醚萃取。

醚层与油层合并，用无水硫酸镁干燥。蒸馏回收甲基叔丁基醚，再收集 150～155℃

馏分。

环己酮为无色透明至淡黄色的油状液体,具有薄荷和丙酮的气味,沸点为 156℃,折射率($n_D^{20°}$)为 1.4507,相对密度为 0.9466g/mL(20/4℃)。

## 【实验指导】

1. 转移次氯酸钠溶液应在通风柜中进行操作,若没有 11% 次氯酸钠,也可用 5% 次氯酸钠,但用量要增加,在后面的水蒸气蒸馏前加水量相应减少。

2. 用玻璃棒或滴管蘸少许反应混合物,点到 KI-淀粉试纸上,如果立即出现蓝色,表明有过量的次氯酸钠存在。

3. 碳酸氢钠能吸收放出的氯。

4. 由于环己酮是难溶于水的物质,采用的是简易水蒸气蒸馏法将其与水一起蒸出。环己酮—水共沸点 95℃,低于 100℃ 馏出来的主要是环己酮、水和少量乙酸。

## 【思考题】

1. 制备环己酮还有什么方法?

2. 计算 11% 次氯酸钠溶液中有效氯的含量是多少?若用 5% 次氯酸钠溶液,次氯酸钠的用量又是多少?在水蒸气蒸馏前是否还要加水?

3. 除用固体碳酸氢钠吸收外,还有什么办法可吸收氯?

## 实验十四　苯乙酮的制备

苯乙酮,别名乙酰苯,英文名称为 phenyl methyl ketone,分子式为 $C_8H_8O$,分子量为 120.14,纯品为无色晶体。市售商品多为浅黄色油状液体,沸点为 202.3℃,熔点为 20.5℃,密度(20/4℃)为 1.0281g/cm³,是最简单的芳香酮,其中芳核(苯环)直接与羰基相连,以游离状态存在于一些植物的香精油中,有像山楂的香气。微溶于水,易溶于多种有机溶剂,能与蒸气一同挥发,氧化时可以生成苯甲酸,还原时可生成乙苯,完全加氢时生成乙基环己烷。苯乙酮分子结构:甲基 C 原子以 $sp^3$ 杂化轨道成键,苯环和羰基 C 原子以 $sp^2$ 杂化轨道成键。苯乙酮能发生羰基的加成反应、α 活泼氢的反应,还可发生苯环上的亲电取代反应,主要生成间位产物。苯乙酮可在三氯化铝催化下由苯与乙酰氯、乙酸酐或乙酸反应制取。另外,由乙苯催化氧化为苯乙烯时,苯乙酮是副产物。苯乙酮主要用作制药及其他有机合成的原料,也用于配制香料,可用于制香皂和香烟,也可用做纤维素醚、纤维素酯和树脂等的溶剂以及塑料的增塑剂,有催眠性。现在苯乙酮大多以异丙苯氧化制苯酚和丙酮的副产品获得,它还可由苯用乙酰氯乙酰化制得。

## 【实验预习要求】

1. 查阅文献,了解 Friedel-Craffs 酰基化和烷基化反应的原理、特点及操作要求。

2. 了解制备苯乙酮的原理和实验方法。

3. 学习带液封的回流加热、搅拌、干燥、重结晶、萃取、洗涤、常压蒸馏的原理、操作及注意事项。

4. 了解有关恒沸物的组成、性质以及利用恒沸物带水的原理和操作。

## 【实验原理】

芳烃在路易斯酸(无水氯化铝、氯化铁、氯化锌、氟化硼等)存在的条件下,芳环上的氢原子被酰基取代,生成芳酮的反应,称为 Friedel-Craffs 酰基化反应。该反应应用范围很广,是有机合成中最有用的反应之一。因酰基不发生异构化,也不发生多元取代。该反应有产物纯、产量高等特点。

本实验在无水氯化铝存在下苯与乙酸酐反应生成苯乙酮,反应式如下:

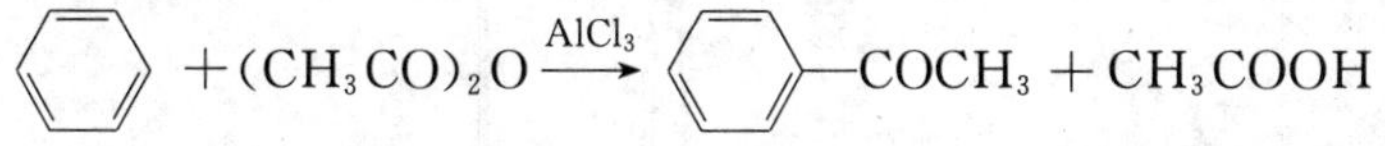

$$\bigcirc + (CH_3CO)_2O \xrightarrow{AlCl_3} \bigcirc-COCH_3 + CH_3COOH$$

$$C_6H_5COCH_3 + AlCl_3 \longrightarrow C_6H_5COCH_3 \cdot AlCl_3 \xrightarrow[H_2O]{H^+} C_6H_5COCH_3 + AlCl_3$$

$$CH_3COOH + AlCl_3 \longrightarrow CH_3CO-OAlCl_2 + HCl$$

由于副产物乙酸也能与氯化铝络合,氯化铝的用量应略超过酸酐摩尔数的两倍。

其反应历程为

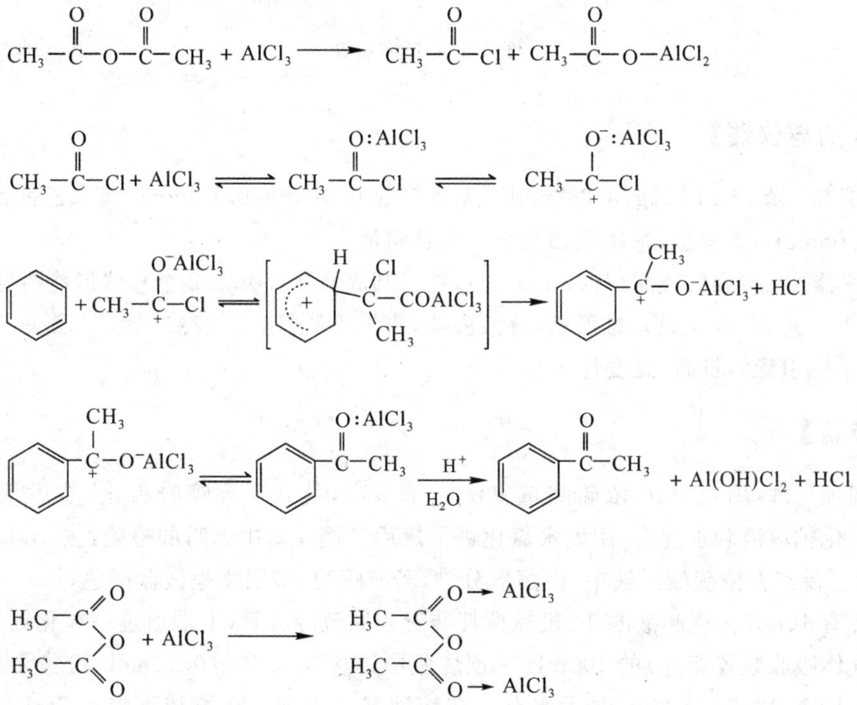

从反应历程可看出:在酰基化反应中,苯乙酮与等摩尔的氯化铝形成络合物,副产物乙酸也与等摩尔氯化铝形成盐,反应中一分子酸酐消耗两分子以上的氯化铝。而反应中形成的苯乙酮/氯化铝络合物在无水介质中稳定,水解时,络合物被破坏,析出苯乙酮。氯化铝与苯乙酮形成络合物后,不再参与反应,因此,氯化铝的用量是在生成络合物后,剩余的作为催化剂。氯化铝可以与含羰基的物质形成络合物,故原料乙酸酐也与氯化铝形成分子络合物。当氯化铝的用量多时,可使醋酸盐转变为乙酰氯,作为酰化试剂参与反应。反应式为

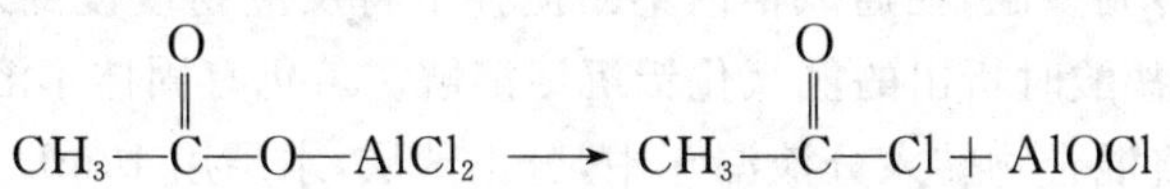

$$CH_3-\overset{O}{\overset{\|}{C}}-O-AlCl_2 \longrightarrow CH_3-\overset{O}{\overset{\|}{C}}-Cl + AlOCl$$

反应中苯不但作为反应试剂,还作为溶剂,苯用量是过量的。计算产率时,以乙酸酐为基准试剂。

**【实验装置】**

实验装置如图 2.11 所示。

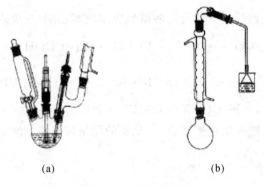

(a)          (b)

图 2.11 反应装置

**【主要试剂与仪器】**

1. 试剂:苯 25mL(22g,0.282mol),无水三氯化铝 16g(0.12mol),无水乙酸酐 4.7mL(5.1g,0.05mol),浓盐酸,浓硫酸,5%氢氧化钠溶液。

2. 仪器:三口圆底烧瓶(100mL 1 个),单口圆底烧瓶(50mL 2 个),球形冷凝管 1 支,烧杯(400mL、250mL 各 1 只),锥形瓶,分液漏斗,直形冷凝管,空气冷凝管,蒸馏头,支管接引管(或多叉接引管),量筒,温度计。

**【实验步骤】**

试剂预处理:用 3.5mL 浓硫酸重复洗涤苯多次,直到不含噻吩为止,然后依次用水、10%氢氧化钠溶液和水洗涤,用无水氯化钙干燥后蒸馏。苯中噻吩的检验:去 1mL 样品,加 2mL 0.1%靛红在浓硫酸溶液中,振荡数分钟,若有噻吩,酸层将呈浅蓝绿色。

向装有 10mL 恒压滴液漏斗、机械搅拌装置和回流冷凝管(上端通过一氯化钙干燥管与氯化氢气体吸收装置相连)的 100mL 三颈烧瓶中迅速加入 16g(0.12mol)粉状无水三氯化铝和 20mL(约 17.5g,0.22mol)无水苯。在滴液漏斗中加。在搅拌下将 4.7mL(约 5.1g,0.05mol)新蒸馏过的乙酐和 5mL 苯的混合液自滴液漏斗慢慢滴加到三颈烧瓶中(先加几滴,待反应发生后再继续滴加),反应很快就开始,放出氯化氢气体,三氯化铝逐渐溶解,反应物的温度自行上升。控制乙酐的滴加速度以使三颈烧瓶稍热为宜。约 10min 加完,关闭滴液漏斗旋塞。待反应稍和缓后在沸水浴中搅拌回流,直到不再有氯化氢气体逸出为止(约 1h)。反应装置见图 2.11。

待反应混合物冷到室温,在通风柜内不断搅拌下将反应物慢慢倒入盛有 50g 碎冰的烧杯中,加入 30mL 浓盐酸时析出的氢氧化铝沉淀溶解。若仍有固体不溶物,可补加适量浓盐酸使之完全溶解。将混合物转入分液漏斗中,分出苯层,水层用 10mL 苯萃取两次。合并苯层,依次用 15mL5％氢氧化钠溶液、15mL 水洗涤,分出苯层。再用无水硫酸镁干燥。

安装常压蒸馏装置(或者用减压蒸馏装置,采用多叉接引管),将干燥后的苯层转入 50mL 单口圆底烧瓶,加 3～4 粒沸石,先在水浴上蒸馏回收苯,然后在石棉网上加热蒸去残留的苯,当温度升至 140℃左右时,停止加热,稍冷后改用空气冷凝管和接受器,继续蒸馏,收集 195～202℃馏分。若采用减压蒸馏,收集 86～90℃/1.6kPa(12mmHg)的馏分,产量约为 4.0g。

纯苯乙酮为无色透明油状液体,沸点为 202℃,熔点为 20.5℃,$d_4^{20}$ 为 1.028,$n_D^{20}$ 为 1.5372。

## 【实验指导】

1. 无水三氯化铝的质量是本实验成败的关键,以白色粉末打开盖冒大量的烟,无结块现象为好。若大部分变黄则表明已水解,不可用。

2. $AlCl_3$ 要研碎,速度要快。

3. 滴加苯乙酮和乙酐混合物的时间以 10min 为宜,若滴得太快则温度不易控制。

4. 苯以分析纯为佳,也可用钠丝干燥 24h 以上再用。

5. 吸收装置:约 20％氢氧化钠溶液,自配,200mL,特别要注意防止倒吸。

6. 粗产物中的少量水,在蒸馏时与苯以共沸物形式蒸出,其共沸点为 69.4℃。

7. 仪器或药品不干燥,将严重影响实验结果或使反应难以进行。

## 【思考题】

1. 为什么要用过量的苯和无水三氯化铝?

2. 如果仪器不干燥或药品中含水,这对实验的进行有什么影响?

3. 为何要慢慢滴加乙酐?

4. 还能用什么原料代替乙酐制备苯乙酮?

# 2.5　羧　酸

## 实验十五　苯甲酸的制备

苯甲酸为无色、无味片状晶体,相对分子量为 122.12,熔点为 122.13℃,沸点为 249℃,相对密度为 1.2659(15/4℃)。它在 100℃时迅速升华,其蒸气有很强的刺激性,吸入后易引起咳嗽。它微溶于水,易溶于乙醇、乙醚等有机溶剂。苯甲酸是弱酸,比脂肪酸强。它们的化学性质相似,都能形成盐、酯、酰卤、酰胺、酸酐等,都不易被氧化。苯甲酸的苯环上可发生亲电取代反应,主要得到间位取代产物。苯甲酸的主要用途有:用于医药、染料载体、增塑剂、香料和食品防腐剂等的生产,也用于醇酸树脂涂料的性能改进;主要用于抗真菌及消毒防腐;用作化学试剂及防腐剂;通常用作定香剂或防腐剂;也用作果汁饮料的保香剂;可作为膏香用入薰香香精;还可用于巧克力、柠檬、橘子、子浆果、坚果、蜜饯型等食用香精中;烟用香精中亦常用之;用于防腐、抗微生物剂。因苯甲酸的溶解度小,使用时须经充分搅拌,或溶于少量热水或乙醇。在酸性条件下,苯甲酸对霉菌、酵母和细菌均有抑制作用,但对产酸菌作用较弱。抑菌的最适 pH 值为 2.5～4.0,一般以低于 pH 值 4.5～5.0 为宜。在食品工业用塑料桶装浓缩果蔬汁中,苯甲酸的最大使用量不得超过 2.0g/kg;在果酱(不包括罐头)、果汁(味)型饮料、酱油、食醋中苯甲酸的最大使用量为 1.0g/kg;在软糖、葡萄酒、果酒中的最大使用量为 0.8g/kg;在低盐酱菜、酱类、蜜饯中的最大使用量为 0.5g/kg;在碳酸饮料中的最大使用量为 0.2g/kg。由于苯甲酸微溶于水,使用时可用少量乙醇使其溶解。苯甲酸是重要的酸型饲料防腐剂。

## 【实验预习要求】

1. 了解制备苯甲酸的原理和实验方法。
2. 掌握固体产品洗涤、抽滤的操作。
3. 学习提勒仪法测熔点

## 【实验原理】

氧化反应是制备羧酸的常用方法。芳香族羧酸通常用芳香烃的氧化来制备。芳香烃的苯环比较稳定,难以氧化,而环上的支链不论长短,在强烈氧化时,最终都氧化成羧基。制备羧酸采用的都是比较强烈的氧化条件,而氧化反应一般都是放热反应,所以控制反应在一定的温度下进行是非常重要的。如果反应失控,不但要破坏产物,使产率降低,有时还有发生爆炸的危险。主反应为

$$\text{C}_6\text{H}_5\text{CH}_3 + 2KMnO_4 \longrightarrow \text{C}_6\text{H}_5\text{COOK} + 2MnO_2 + KOH + H_2O$$

$$\text{C}_6\text{H}_5\text{COOK} + HCl \longrightarrow \text{C}_6\text{H}_5\text{COOH} + KCl$$

## 【实验装置】

实验装置如图 2.12 所示。

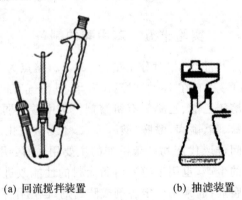

(a) 回流搅拌装置　　　　　(b) 抽滤装置

图 2.12　反应装置

**【主要试剂与仪器】**

1. 试剂：甲苯 2.7mL，高锰酸钾 8.5g，浓盐酸，亚硫酸氢钠。

2. 仪器：圆底烧瓶(250mL 1 个)，球形冷凝管 1 支，布氏漏斗，抽滤瓶，锥形瓶，电热套，水循环泵，真空干燥箱，电动搅拌器。

**【实验步骤】**

1. 反应

250mL 烧瓶中加入 2.7mL 甲苯和 100mL 水，瓶口装一冷凝管，加热至沸。从冷凝管上口分批加入 8.5g 高锰酸钾，每次加料不宜多，整个加料过程约需 60min。最后用少量水(约 25mL)将粘在冷凝管内壁的高锰酸钾冲洗入烧瓶内，继续煮沸并间歇摇动烧瓶直到甲苯层消失，回流液不再有明显油珠，反应结束。

2. 纯化

若溶液显较深的紫色，加入少量亚硫酸氢钠，振摇使紫色褪去后趁热将反应混合物减压过滤，用少量热水洗涤残渣(二氧化锰)。将滤液放在冷水浴中冷却，用浓盐酸酸化直至溶液呈强酸性，苯甲酸全部沉淀析出为止。抽滤，用少量冷水洗涤，尽量抽干，把苯甲酸在表面皿上摊开，晾干，称重。粗产品可用热水重结晶。苯甲酸的质谱、核磁谱图见附图 23 至附图 25。

**【实验指导】**

1. 制备时加热温度不要太高，回流即可。

2. 回流冷凝管要保持干燥，高锰酸钾要分批次加，以免堵塞。

3. 要趁热减压过滤，用热水冲洗。如果滤液呈紫红色，继续反应一段时间或用饱和亚硫酸氢钠溶液还原成无色。

4. 停止反应时的操作是：先关闭电源，撤去电热套，继续搅拌 5～10min 后，再停止搅拌，以防止爆沸、喷液。即在整个氧化反应过程中不要停止搅拌，防止爆沸、喷液。

**【思考题】**

1. 在氧化反应中，影响苯甲酸产量的主要因素是哪些？

2. 反应完毕后，如果滤液呈紫色，为什么要加亚硫酸氢钠？

3. 精制苯甲酸还有什么方法？

4. 苯甲酸的制备方法有哪些？

5. 亚硫酸氢钠还可以用什么来代替？

6. 用高锰酸钾氧化甲苯制备苯甲酸时，如何判断反应的终点？

7. 如果甲苯没有被全部氧化成苯甲酸，问残留在苯甲酸中的甲苯如何除去？

8. 浓盐酸的摩尔浓度是多少？

## 实验十六　阿司匹林的制备

阿司匹林白色针状或板状结晶或粉末，化学名为 2-(乙酰氧基)苯甲酸，臭或微带醋酸臭，味微酸，退湿气即缓缓水解，相对分子量为 180.16，熔点为 136℃。可由乙酐或乙酰氯与水杨酸合成制备。它在干燥空气中稳定,在潮湿空气中缓缓水解成水杨酸和乙酸,在乙醇中易溶,在水、无水乙醚中微溶,能在乙醚、氯仿、氢氧化钠溶液或碳酸钠溶液中溶解。该品 1g 能溶于 300mL 水、5mL 醇、10～15mL 醚或 17mL 氯仿。

早在 1853 年,弗雷德里克·热拉尔(Gerhardt)就用水杨酸与醋酐合成了乙酰水杨酸,但没能引起人们的重视。1898 年德国化学家菲霍夫曼又进行了合成,并为他父亲治疗风湿关节炎,疗效极好。1899 年乙酰水杨酸由德莱塞介绍到临床,并取名为阿司匹林(Aspirin)。到目前为止,阿司匹林已应用百年,成为医药史上三大经典药物之一,至今它仍是世界上应用最广泛的解热、镇痛和抗炎药,也是作为比较和评价其他药物的标准制剂。阿司匹林在体内具有抗血栓的作用,它能抑制血小板的释放反应,抑制血小板的聚集,这与 TXA2 生成的减少有关。阿司匹林在临床上用于预防心脑血管疾病的发作。

阿司匹林是拜耳公司(1863 年在德国创建)于一个多世纪前开发的,中国是拜耳在亚洲的第二大单一市场,年销售额约为 5 亿欧元,拜耳已与中方组建了 12 家合资企业。阿斯匹林从发明至今已有百年的历史,在这 100 年里,它从一个治疗头痛的药物,直至被飞往月球的"太阳神十号"作为急救药品之一。人们不断地发现阿斯匹林的新效用,它因此被称为"神奇药"。阿斯匹林的发明起源于随处可见的柳树。在中国和西方,人们自古以来就知道柳树皮具有解热镇痛的神奇功效,在缺医少药的年代里,人们常常将它作为治疗发烧的廉价"良药",在许多偏远的地方,当产妇生育时,人们也往往让她咀嚼柳树皮,作为镇痛的药物。近年来发现它还具有抗血小板凝聚的作用,于是重新引起了人们极大的兴趣。将阿司匹林及其他水杨酸衍生物与聚乙烯醇、醋酸纤维素等含羟基聚合物进行熔融酯化,使其高分子化,所得产物的抗炎性和解热止痛性比游离的阿司匹林更为长效。近年来,随着医学科学的发展,Aspirin 越来越多的新用途被逐步发现。首先是能降低心肌缺血患者的死亡率,因此,目前以 Aspirin 为男女性冠心病患者的二级预防药。另外它可增加老年人的认知功能,国外对 65 岁以上 7671 位老年人的研究结果表明,服阿司匹林组认知功能测分结果高于未服用药物组,且痴呆症患病率也低。临床上,阿司匹林还对直肠癌有良好的治疗效果,还可用于治疗脚癣、偏头痛、下肢静脉曲张引起的溃疡等。

## 【实验预习要求】

1. 通过本实验了解乙酰水杨酸(阿司匹林)的制备原理和方法。
2. 进一步熟悉重结晶、熔点测定、抽滤等基本操作。
3. 了解乙酰水杨酸的应用价值。

## 【实验原理】

阿司匹林是由水杨酸(邻羟基苯甲酸)与醋酸酐进行酯化反应而得的。水杨酸可由水杨酸甲酯,即冬青油(由冬青树提取而得)水解制得。由于水杨酸是一个双官能团化合物,一个官能团为酚羟基,另一个是羧基,因此可以形成少量的高聚物。在酰化过程中生成一种乙酰水杨酸酐副产物,这些微量杂质是引起哮喘、麻疹等的过敏源物质。为了除去这部分杂质,可先将乙酰水杨酸变为钠盐,再利用高聚物不溶于水的性质将它们分开。本实验就是用邻羟基苯甲酸(水杨酸)与乙酸酐反应制备乙酰水杨酸。反应式为

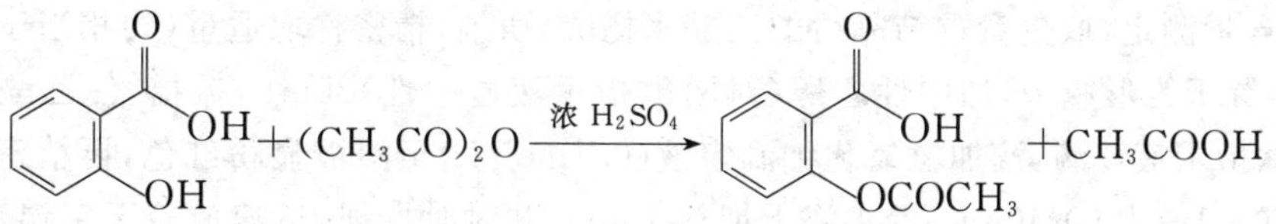

副反应为

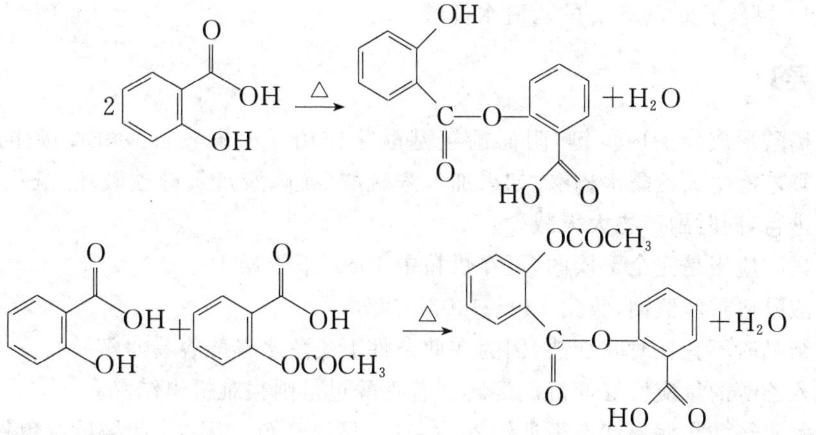

## 【主要试剂与仪器】

1. 试剂：浓硫酸，95％乙醇，固体水杨酸 2.0 g(0.014mol)，醋酐 4.0mL，三氯化铁溶液，氢氧化钠滴定液(0.1mol/L)，中性乙醇，酚酞指示液。

2. 仪器：125mL 锥形瓶，量筒，温度计，减压过滤装置，大烧杯，电热套，试管，水循环泵，真空干燥箱等。

## 【实验步骤】

### 1. 制备方法

在干燥的 125mL 锥形瓶里加入 2.0g 水杨酸和 4.0mL 醋酐，摇匀。向混合物中加入 3 滴浓硫酸搅匀。反应开始时会放热，若烧瓶不变热，再向混合物中加 1 滴浓硫酸。当感觉到热效应时，将反应混合物放到 70℃的水浴中加热 5～10min，使其反应完全。冷却锥形瓶并加入 40mL 水。搅拌混合物至有固体生成并很好地分散在整个液体中，抽滤，并用少量冷水冲洗，抽干得粗乙酰水杨酸。

### 2. 粗品的重结晶

将粗制乙酰水杨酸放入锥形瓶中，再加入 3～4mL 95％乙醇于水浴上加热片刻，若仍未溶解完全，可再补加适量乙醇使其溶解，趁热过滤，在滤液中加入 2.5 倍(约 8～10mL 的热水)，冷却后析出白色结晶。减压过滤、抽干、称重、计算产率，进行如下实验以检验产品纯度。

### 3. 产物分析

(1)在一支试管中放入少许乙酰水杨酸，加水溶解，滴入 1 滴三氯化铁溶液。结果如何？用水杨酸重做此实验，结果如何？

(2)测定所合成乙酰水杨酸的熔点。阿司匹林的质谱、核磁见附图 26 至附图 28。

(3) 含量测定:取少量重结晶后的乙酰水杨酸,研细,精密称取适量(约相当于乙酰水杨酸 0.3g),置于锥形瓶中,加中性乙醇(对酚酞指示液显中性)20mL,振摇,使乙酰水杨酸溶解,加酚酞指示液 3 滴,滴加氢氧化钠滴定液(0.1mol/L)至溶液显粉红色,再精密加氢氧化钠滴定液(0.1mol/L) 40mL,置水浴上加热 15min 并时时振摇,迅速放冷至室温,用硫酸液(0.05mol/L)滴定,并将滴定的结果用空白试验校正,即得。每 1mL 的氢氧化钠液(0.1mol/L)相当于 18.02mg 的乙酰水杨酸。

## 【实验指导】

1. 水杨酸形成分子内氢键,阻碍酚羟基酰化作用。水杨酸与酸酐直接作用须加热至 150～160℃才能生成乙酰水杨酸,如果加入浓硫酸(或磷酸),氢键被破坏,酰化作用可在较低温度下进行,同时副产物大大减少。

2. 水杨酸应当是完全干燥的,可在烘箱中 105℃下干燥 1h。

3. 醋酸酐应重新蒸馏,收集 139～140℃ 馏分。

4. 重结晶时不宜长时间加热,因为在此条件下乙酰水杨酸容易水解。

5. 加入乙醇的量应恰好使沉淀溶解。若乙醇过量则很难析出结晶。

6. 乙酰水杨酸在润湿状态下遇铁器易变色,显淡红色。因此,宜尽量避免铁器,如过筛时宜用尼龙筛网,并宜迅速干燥。

## 【思考题】

1. 为什么使用新蒸馏的乙酸酐?

2. 在水杨酸与醋酐的反应过程中,浓硫酸的作用是什么?

3. 通过什么样的简便方法可以鉴定出阿司匹林是否变质?

4. 混合溶剂重结晶的方法是什么?

5. 本实验是否可以使用乙酸代替乙酸酐?

## 实验十七　呋喃甲酸和呋喃甲醇的制备

呋喃甲酸为白色单斜长梭形晶体,相对分子量为 112.08,熔点为 129～133℃,沸点为 230～232℃,相对密度为 1.2659(15/4℃)。其中文名称为糠酸、2-呋喃甲酸、2-呋喃羧酸、焦黏酸。溶解度在 20℃时为 4.33g,80℃时为 26.85g,其酸碱性为强酸,25℃时,水溶液中 $pK_a = -0.23$。

呋喃甲酸是一种抗菌素,是指从青霉菌培养液中提制的分子中含有青霉烷、能破坏细菌的细胞壁并在细菌细胞的繁殖期起杀菌作用的一类抗生素,是第一种能够治疗人类疾病的抗生素。青霉素类抗生素是 β-内酰胺类中一大类抗生素的总称。但它不能耐受耐药菌株(如耐药金葡)所产生的酶,易被其破坏,且其抗菌谱较窄,主要对革兰氏阳性菌有效。青霉素 G 有钾盐、钠盐之分,钾盐不仅不能直接静注,静脉滴注时,也要仔细计算钾离子量,以免注入人体形成高血钾而抑制心脏功能,造成死亡。

## 【实验预习要求】

1. 学习呋喃甲醛制备呋喃甲酸和呋喃甲醇的原理和方法。

2. 加深对 Cannizzaro 反应的认识。

3. 进一步熟悉巩固洗涤、萃取、简单蒸馏、减压过滤和重结晶操作。

## 【实验原理】

坎尼扎罗反应(Cannizzaro 反应,又叫歧化反应)是指不含活泼氢的醛在强碱的作用下,自身进行氧化还原反应,一分子醛被氧化成酸,另一分子醛被还原为醇的反应。Cannizzaro 反应的实质是羰基的亲核加成。反应涉及了羟基负离子对一分子不含 α-H 的醛的亲核加成,加成物的负氢向另一分子醛的转移和酸碱交换反应。在 Cannizzaro 反应中,通常使用 50% 左右的浓碱,其中碱的物质的量比醛的物质量多一倍以上,否则反应不完全,未反应的醛与生成的醇混在一起,通过一般蒸馏很难分离。在碱的催化下,反应结束后产物为呋喃甲醇和呋喃甲酸钠盐。容易看出,呋喃甲酸钠盐更易溶于水而呋喃甲醇则更易溶于有机溶剂。因此利用萃取的方法可以方便地分离二组分。有机层通过蒸馏可得到呋喃甲醇产品;水层通过盐酸酸化即可得到呋喃甲酸产品。

主反应为

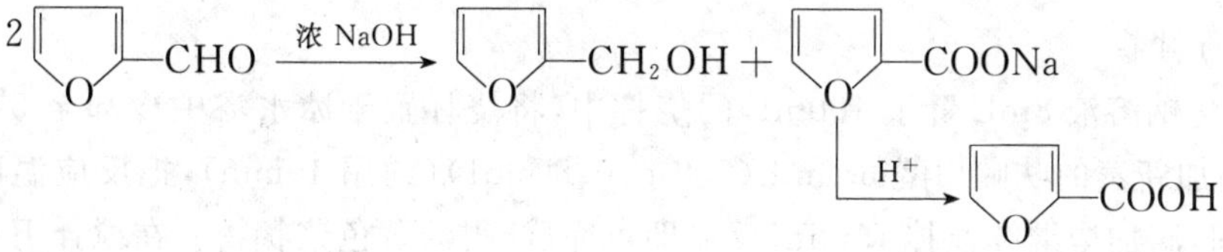

机理为

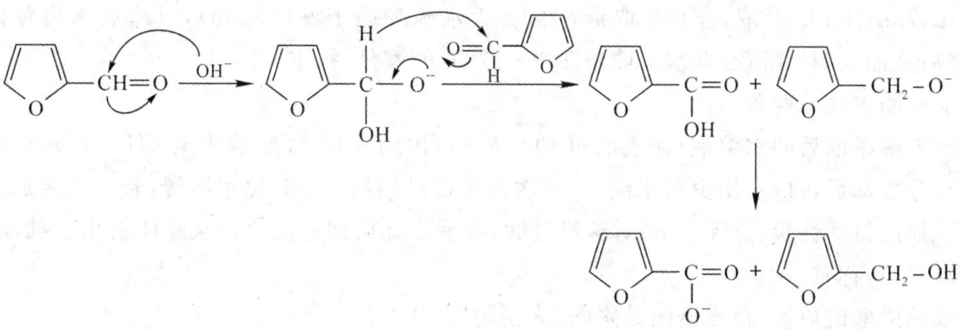

## 【实验装置】

本实验涉及的主要反应装置见图 2.13。

## 【主要试剂与仪器】

1. 试剂:呋喃甲醛 6.6mL(7.8 g,0.8 mol),33% 氢氧化钠溶液,乙醚,盐酸,无水硫酸镁。

2. 仪器:100mL 烧杯,磁力搅拌器,分液漏斗,100mL 圆底烧瓶,直型冷凝管,弯接管,温度计(250℃),油浴(或电热套)。

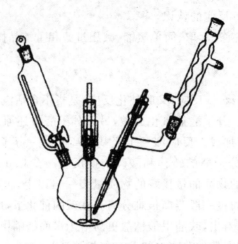

图 2.13 控温—滴液—搅拌回流装置

## 【实验步骤】

### 1.呋喃甲醇的制备

将 33% 氢氧化钠溶液 8mL 置于 100mL 的烧杯中,将烧杯置于冰水浴中冷却至 5℃左右,不断搅拌下滴加新蒸的呋喃甲醛 6.6mL(7.8 g,0.8 mol)(约用 10min),把反应温度保持在 8~12℃之间,滴加毕继续搅拌 15min,反应即可完成,得淡黄色浆状物。在搅拌下加入约 10mL 水至固体全溶,将溶液转移入分液漏斗中,用乙醚(可用苯或甲苯代替)分三次(12mL,7mL,5mL)萃取,合并萃取液,加 1g 无水硫酸镁干燥(15min),过滤后水浴蒸馏乙醚,然后蒸馏呋喃甲醇(分两次),收集 169~172℃ 的馏分,称重。

### 2.呋喃甲酸的制备

经乙醚萃取后的水溶液(主要含呋喃甲酸钠)用约 6 M 盐酸酸化至 pH=3,则析出结晶。充分冷却后,过滤,用少量水洗 1~2 次。粗产品用约 15mL 热水溶解,若不溶再加适量热水。加适量活性炭,煮沸 10min,趁热过滤,滤液冷却后即有白色针状晶体析出。抽滤,干燥(<85℃),称重。

呋喃甲酸的质谱、核磁谱图见附图 29 至附图 31。

## 【实验指导】

1.反应在两相间进行,必须充分搅拌。

2.反应温度的控制:若温度低于 80℃,则反应太慢;若高于 120℃,则反应温度极易上升,难以控制,反应物会变成深红色,影响产率。

3.黄色浆状物溶解时,加水不宜过多,否则将损失一部分产品。

4.反应终点的控制:反应液已变成一黏稠浆状物,以至于无法搅拌。

5.加酸要够,保证 pH=3,使呋喃甲酸充分游离,这步是影响呋喃甲酸收率的关键。

6.在蒸馏乙醚时,因其沸点低,易挥发,易燃,蒸气可使人失去知觉,故要求:(1)蒸馏前首先要检查仪器各接口安装得是否严密。(2)应在水浴上进行蒸馏,切忌直接用火焰加热。

7.重结晶呋喃甲酸时,不要长时间加热回流,否则部分呋喃甲酸将被破坏,出现焦油状物。

## 【思考题】

1. 乙醚萃取后的水溶液用盐酸酸化，为什么要用刚果红试纸？如不用刚果红试纸，怎样知道酸化是否恰当？

2. 本实验根据什么原理来分离呋喃甲酸和呋喃甲醇？

## 实验十八　苯甲酸的微波合成与苯甲酸乙酯的制备

苯甲酸为无色、无味片状晶体，分子量为 122.12，熔点为 122.13℃，沸点为 249℃，相对密度为 1.2659(15/4℃)。在 100℃时迅速升华，它的蒸气有很强的刺激性，吸入后易引起咳嗽。微溶于水，易溶于乙醇、乙醚等有机溶剂。苯甲酸是弱酸，比脂肪酸强，它们的化学性质相似，都能形成盐、酯、酰卤、酰胺、酸酐等，都不易被氧化。苯甲酸的苯环上可发生亲电取代反应，主要得到间位取代产物。苯甲酸及其钠盐的主要用途有：(1)用作乳胶、牙膏、果酱或其他食品的抑菌剂；(2)可作染色和印色的媒染剂；(3)用作制药和染料的中间体；(4)用于制取增塑剂和香料等；(5)作为钢铁设备的防锈剂；(6)在医药上作为消毒防腐剂，具有抗细菌作用。

苯甲酸乙酯为无色透明液体，有芳香气味，分子量为 150.17，熔点为 −34.6℃，沸点为 212.6℃，相对密度为 1.05，饱和蒸气压为 0.17 kPa(44℃)，闪点为 93℃，折光率($n_D^{20}$)为 1.506，微溶于热水，与乙醇、乙醚、石油醚等混溶。苯甲酸乙酯常用于较重花香型中，尤其是在依兰香型中，其他如香石竹、晚香玉等香型香精，亦适用于配制新刈草、香薇等非花香精中，可与岩蔷薇制品共用于革香型香精，也用作食用香料，在鲜果、浆果、坚果香精中均可适用，如用于香蕉、樱桃、梅子、葡萄等香精以及烟用和酒用香精中。

## 【实验预习要求】

1. 查阅文献，了解微波辐射加热的原理、操作以及微波辐射化学的进展。
2. 了解制备苯甲酸和苯甲酸乙酯的原理和实验方法。
3. 复习分水回流、重结晶、萃取、洗涤、减压蒸馏的原理、操作及注意事项。
4. 了解有关恒沸物的组成、性质以及利用恒沸物带水的原理和操作。

## 【实验原理】

微波辐射化学是研究在化学中应用微波的一门新兴的前沿交叉学科，它在国外的研究进展十分活跃。自从 1986 年 Gedye 等首次报道了微波作为有机反应的热源可以促进有机化学反应以来，微波技术已成为有机化学反应研究的热点之一。与常规加热法相比，微波辐射促进合成方法具有显著的节能、提高反应速率、缩短反应时间、减少污染，且能实现一些常规方法难以实现的反应等优点。

本实验在微波辐射下合成苯甲酸，然后在浓硫酸的催化下，苯甲酸和无水乙醇发生酯化反应得到苯甲酸乙酯。

主反应为

$$3 \text{ C}_6\text{H}_5\text{CH}_2\text{OH} + 4\text{KMnO}_4 \longrightarrow 3 \text{ C}_6\text{H}_5\text{COOK} + 4\text{MnO}_2 + \text{KOH} + 4\text{H}_2\text{O}$$

$$\text{C}_6\text{H}_5\text{COOK} + \text{HCl} \longrightarrow \text{C}_6\text{H}_5\text{COOH} + \text{KCl}$$

$$\text{C}_6\text{H}_5\text{COOH} + \text{C}_2\text{H}_5\text{OH} \underset{\text{}}{\overset{\text{H}^+}{\rightleftharpoons}} \text{C}_6\text{H}_5\text{COOC}_2\text{H}_5 + \text{H}_2\text{O}$$

副反应为

$$2\text{C}_2\text{H}_5\text{OH} \xrightarrow{\text{浓 H}_2\text{SO}_4} \text{C}_2\text{H}_5\text{OC}_2\text{H}_5 + \text{H}_2\text{O}$$

由于酯化反应是一个平衡常数较小的可逆反应,为了提高产率,在实验中采用过量的乙醇,同时利用苯—水共沸物尽可能除去产物中的小分子副产物——水。

合成苯甲酸乙酯的反应机理如下:

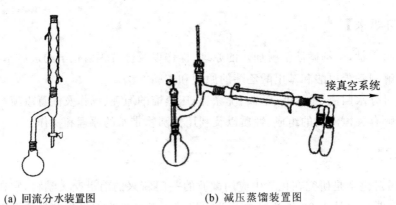

## 【实验装置】

实验装置如图 2.14 所示。

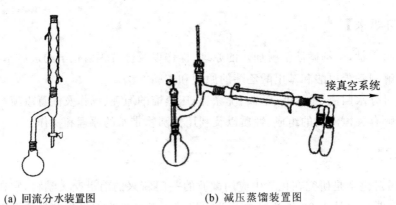

(a) 回流分水装置图　　　　(b) 减压蒸馏装置图

图 2.14　反应装置

## 【主要试剂与仪器】

1. 试剂:苯甲醇 5.3mL(50mmol),高锰酸钾 10.5g(66.5mmol),无水乙醇 5.0mL(85.5mmol),碳酸钠 5.0g,苯 7.0mL,乙醚 20mL,浓硫酸,10%碳酸钠溶液,浓盐酸,无水硫酸镁。

2. 仪器：圆底烧瓶(500mL 1 个、50mL 2 个)，球形冷凝管 2 支，烧杯(400mL、250mL 各 1 只)，分水器，布氏漏斗，抽滤瓶，锥形瓶，分液漏斗，直形冷凝管，空气冷凝管，蒸馏头，克氏蒸馏头，支管接引管(或多叉接引管)，量筒，温度计，毛细管，微波反应器，真空干燥箱。

## 【实验步骤】

1. 苯甲酸的制备

在 500mL 圆底烧瓶中依次加入 10.5 g 高锰酸钾、5.0 g 碳酸钠、50mL 水，摇匀，再加入 5.3mL 苯甲醇、75mL 水和 2 粒沸石。将圆底烧瓶置于微波化学反应器内，装上球形冷凝管，关闭微波炉门，设定反应时间为 20min，反应功率为 400 W，开启微波反应器。

反应结束后，趁热将反应瓶从微波反应器中取出，迅速抽滤。滤液冷却后，用浓盐酸(约 15mL)酸化到 pH＝3～4，析出固体。抽滤，用少量冷水洗涤，得到苯甲酸粗品。

粗品用水重结晶，干燥，用于下一步反应。

2. 苯甲酸乙酯的制备

在 50mL 干燥的圆底烧瓶中加入干燥的苯甲酸 5.0g、无水乙醇 5.0mL、浓硫酸 1.0mL 和苯 7.0mL，摇匀后加入 2 粒沸石。装上分水器(在分水器中预先加入适量的水并记下体积，液面离分水器支管口约 0.5cm)，分水器上端安装球形冷凝管。

开始时用小火加热，让其缓慢沸腾 30min，尽可能不要把乙醇蒸出。

然后提高温度，加热回流。反应初期回流速度一定要适当慢一些。随着反应的进行，分水器中逐渐出现上、中、下三层液体。在反应过程中应控制分水器中液面位置，上层液体始终是薄薄的一层，中层液面不流回到反应瓶中即可。

回流 1.5h 后，停止加热，待烧瓶冷却后，将反应混合物倒入盛有 25mL 水的烧杯中，分为油层和水层两相。在分液漏斗中分出油层后，水层用 10mL×2 乙醚萃取。

合并油层和醚层，依次用 5mL 10％碳酸钠溶液洗涤(洗涤后检验碱层 pH＝8～9)、10mL 水洗涤，用无水硫酸镁干燥。

将干燥后的苯甲酸乙酯的醚溶液转入 50mL 圆底烧瓶中，在常压下先蒸出乙醚，再蒸出苯和没有除尽的乙醇，然后改用减压蒸馏，根据表 2.1 中的数据收集产品。

纯苯甲酸乙酯为无色液体，沸点为 212.4℃，折射率为 1.5001，相对密度为 1.0509，其红外光谱、质谱、核磁共振谱见附图 32 至附图 34。

表 2.1　苯甲酸乙酯在不同压力下的沸点

| $p$(mmHg) | 1 | 10 | 20 | 30 | 40 | 50 | 60 |
|---|---|---|---|---|---|---|---|
| 沸点(℃) | 44.0 | 86.0 | 102.5 | 111.3 | 118.2 | 123.7 | 128.5 |
| $p$(mmHg) | 70 | 80 | 90 | 100 | 400 | 760 | |
| 沸点(℃) | 132.5 | 136.2 | 139.5 | 143.2 | 188.4 | 212.4 | |

## 【实验指导】

1. 制备苯甲酸时，反应结束抽滤后，如滤液呈紫红色，可将滤液放入微波反应器中继续反应一段时间或用饱和 $NaHSO_3$ 溶液还原成无色。

2. 制备苯甲酸乙酯时，随着反应的进行，在分水器中会形成三层液体：下层为分水器中原有的水;中层为共沸物的下层,占共沸物总量的 16%(含苯 4.8%、乙醇 52.1%、水 43.1%);上层为共沸物的上层,占共沸物总量的 84%(含苯 86%、乙醇 12.7%、水 1.3%)。应控制液面位置使得最上层液体始终为薄薄的一层。

3. 在制备苯甲酸乙酯回流时,温度不要太高,否则反应瓶中颜色很深,甚至炭化。同样,回流结束后,蒸出苯及多余的乙醇,控制蒸出的量为计算量左右时,即可停止加热,不要蒸馏得太久,否则反应瓶中很容易炭化。

4. 制备苯甲酸乙酯回流结束,倒入水中后如有絮状物析出,说明还有大量的苯甲酸没有反应完,可分批加入 $Na_2CO_3$ 粉末或饱和 $NaCO_3$ 溶液,将苯甲酸作用完,让苯甲酸乙酯油状物游离出来。

5. 蒸馏乙醚等低沸点易燃有机溶剂,必须注意:(1)绝对禁止明火加热;(2)接受瓶用冷水浴冷却;(3)支管接引管的支管口连一橡皮管引到室外或引入到下水道,靠流动的水将未冷凝的乙醚蒸气带走。

【思考题】

1. 本实验采用了什么措施来提高酯化反应的产率?
2. 在制备苯甲酸乙酯时,为什么要加入苯?还可用其他什么物质来代替苯?
3. 比较微波加热反应与常规加热反应的优缺点。

# 2.6　羧酸衍生物

## 实验十九　水杨酸乙酯的合成

水杨酸乙酯(ethyl salicylate),别名邻羟基苯甲酸乙酯、柳酸乙酯,分子量为 166.18,折光率为 1.5296,密度为 1.136(15℃),熔点为 1.3℃,沸点为 233℃,闪点为 107℃,具有类似冬青特殊芳香气味的无色液体,见光或久置逐渐变成黄棕色、不溶于水,易溶于乙醇和乙醚。水杨酸乙酯用于调制日用皂用香精,也广泛应用于有机合成、医药、合成香料和工业溶剂等领域。

【实验预习要求】

1. 查阅文献,了解水杨酸乙酯的合成方法和进展,比较各种合成方法的优缺点。
2. 复习有关酯化反应的原理和实验方法。
3. 复习回流、洗涤、干燥、减压蒸馏的原理、操作及注意事项。
4. 复习折光率的测定和红外光谱、质谱、核磁共振氢谱的解析。

【实验原理】

本实验采用对甲基苯磺酸作催化剂催化合成水杨酸乙酯,具有成本低廉、副反应少、操作简便、污染少、腐蚀性弱、且产物的后处理方便等特点。反应式如下:

$$\text{COOH} \atop \text{OH} \quad +C_2H_5OH \Longrightarrow \quad {\text{COOC}_2H_5 \atop \text{OH}} \quad +H_2O$$

实验中采用乙醇过量的方法使反应向正反应方向移动,以提高水杨酸的转化率。

## 【实验装置】

实验装置如图 2.15 所示。

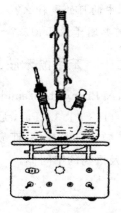

图 2.15　磁力搅拌回流反应装置

## 【主要试剂与仪器】

1. 试剂:水杨酸 13.8g(0.1mol),无水乙醇 11.6mL(0.2mol),对甲基苯磺酸 2.8g,10%碳酸钠溶液,无水硫酸钠。

2. 仪器:圆底烧瓶(50mL 2 个),球形冷凝管,直形冷凝管,烧杯(400mL、250mL 各 1 只),布氏漏斗,抽滤瓶,锥形瓶,分液漏斗,蒸馏头,克氏蒸馏头,支管接引管(或多叉接引管),量筒,温度计,毛细管,阿贝折光仪。

## 【实验步骤】

在 50mL 三口烧瓶中加入 13.8g(0.1mol)水杨酸、11.6mL(0.2mol)无水乙醇和 2.8g 对甲基苯磺酸,装上球形冷凝管,在磁力搅拌下加热到 95℃,回流反应 5h,反应装置如图 2.15 所示。

反应结束后,将回流装置换成蒸馏装置,蒸出过量的乙醇。冷却,将析出的水杨酸和对甲基苯磺酸过滤,然后倒入 50mL 水中,分出酯层,用 10% 的 $Na_2CO_3$ 溶液洗至弱碱性,分液,酯层用水洗涤,无水 $Na_2SO_4$ 干燥,过滤,减压蒸馏即可得产品。测定产品的折光率、红外光谱、质谱、核磁共振氢谱,谱图见附图 35 至附图 37。

## 【实验指导】

1. 实验过程中,可采用酸值测定法测定水杨酸的转化率,计算公式为

$$水杨酸转化率 = \frac{(V_2 + V_3 - V_1)}{V_2} \times 100\%$$

式中:$V_1$ 为反应液剩余水杨酸所耗 KOH 溶液的体积;$V_2$ 为加料量水杨酸所耗 KOH 溶液

的体积；$V_3$ 为对甲基苯磺酸所耗 KOH 溶液的体积。

2. 反应结束后，蒸出过量的乙醇时，不宜蒸馏太久，否则，容易结焦。

3. 用无水 $Na_2SO_4$ 干燥产品时，必须干燥彻底。

## 【思考题】

1. 写出水杨酸和乙醇在酸催化下进行酯化反应的机理。

2. 反应结束后，过滤，再倒入水中的目的是什么？

3. 用无水 $Na_2SO_4$ 干燥时，如何判断干燥已彻底？

## 实验二十　苯甲酰苯胺的制备

苯甲酰苯胺(N-苯基苯甲酰胺，N-Phenyl benzamide)，分子量为 197.24，密度为 1.315(25℃)，熔点为 163℃，沸点为 117～119℃(1.33kPa)，无色至白色针状结晶，不溶于水，微溶于乙醚，溶于乙醇、乙酸，易溶于热乙醇、苯，能升华，可蒸馏而不分解，用于制备农药如杀虫剂、植物生长调节剂等的原料，香料及医药的中间体。

## 【实验预习要求】

1. 查阅文献，了解苯甲酰苯胺的合成方法，比较各种合成方法的优缺点。

2. 了解贝克曼(Beckmann)重排反应的机理、应用和进展。

3. 复习回流、重结晶操作及注意事项。

4. 复习熔点测定和红外光谱、质谱、核磁共振氢谱的解析。

## 【实验原理】

贝克曼(Beckmann)重排反应是一个由酸催化的重排反应。脂肪酮和芳香酮都可以和羟胺作用生成肟，然后在酸的催化作用下发生分子重排生成酰胺。若起始物为环肟，产物则为内酰胺。此反应是由德国化学家恩斯特·奥托·贝克曼发现并由此得名。

它的反应机理是：在酸作用下，肟首先发生质子化，然后脱去一分子水，同时与羟基处于反位的基团迁移到缺电子的氮原子上，所形成的碳正离子与水反应得到酰胺。

反应机理如下：

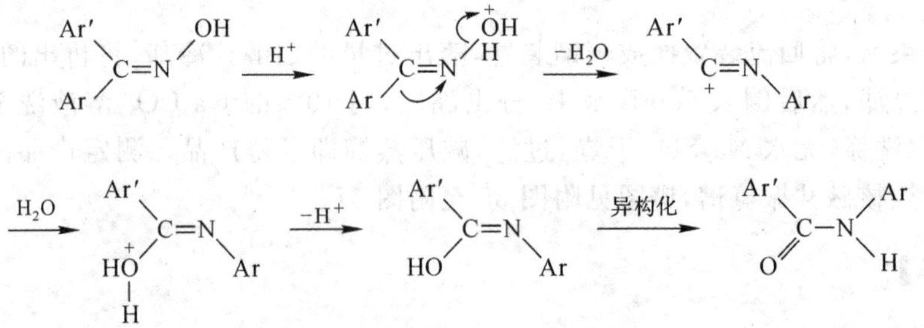

本实验以二苯酮和盐酸羟胺作用制得二苯甲酮肟，然后在硫酸催化下，二苯甲酮肟发生 Beckmann 重排生成苯甲酰苯胺。

反应式为

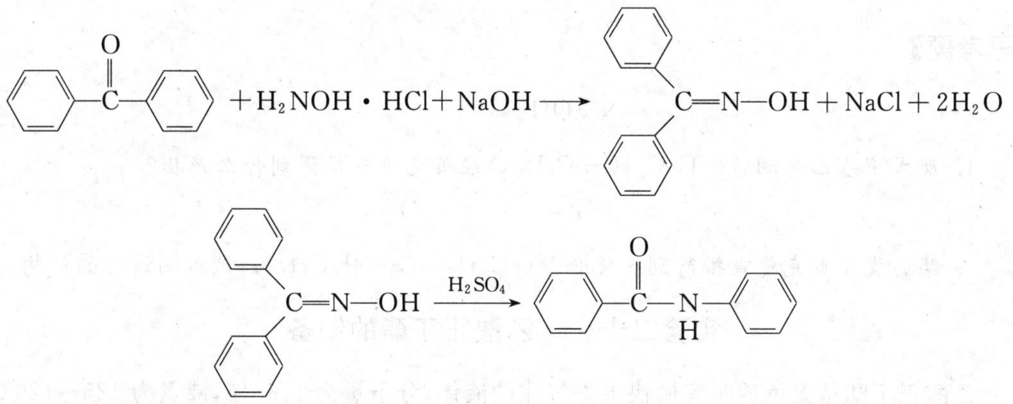

$$\text{(二苯甲酮)} + H_2NOH \cdot HCl + NaOH \longrightarrow \text{(二苯甲酮肟)} C=N-OH + NaCl + 2H_2O$$

$$\text{(二苯甲酮肟)} C=N-OH \xrightarrow{H_2SO_4} \text{(苯甲酰苯胺)}$$

## 【主要试剂与仪器】

1. 试剂:二苯甲酮,无水乙醇,95％乙醇,盐酸羟胺,氢氧化钠,硫酸。

2. 仪器:圆底烧瓶,三口烧瓶,球形冷凝管,烧杯(400mL、250mL 各 1 只),布氏漏斗,抽滤瓶,锥形瓶,量筒,温度计,磁力搅拌器。

## 【实验步骤】

1. 二苯甲酮肟的制备

在 50mL 圆底烧瓶中加入 1.8g 二苯甲酮和 12mL 无水乙醇,使之完全溶解。加入冷的盐酸羟胺溶液(1.4g 盐酸羟胺溶于 2.7mL 水中),再加入氢氧化钠溶液(2.3g 氢氧化钠溶于 2.3mL 水中)。加热回流 15min 。

将反应液倒入 220mL 水中,此时有部分肟析出,用 1mol/L 的硫酸酸化至 pH＝5～7,使肟析出完全。抽滤,得白色晶体约 1.8g,测熔点 142～143℃。

2. 苯甲酰苯胺的制备

在 100mL 三口烧瓶中加入 25mL 70％的硫酸和 1.0g 二苯甲酮肟,装上温度计和球形冷凝管,开启磁力搅拌器搅拌,慢慢加热升温至 100℃。恒温 20min 后,再升温至 125～130℃回流反应。

冷却后,将液体倒入 300mL 的冰水中,搅拌,立即出现大量白色固体。抽滤,固体用少量冷水洗涤,产品用 15mL 95％乙醇重结晶,得白色粉末状晶体,干燥,测熔点。

3. 产品表征

产品用红外光谱、质谱、核磁共振氢谱表征,谱图见附图 38 至附图 40。

## 【实验指导】

本实验采用传统的贝克曼重排反应制备苯甲酰苯胺,即需要在大量的强酸(如硫酸、多聚磷酸等)、高温和脱水剂存在下才能有效地进行反应。虽然反应的选择性很高,但是在此条件下,不稳定的酮肟难以转化为相应的酰胺和内酰胺,副产物硫酸铵较多,而且在工业上成本高,设备腐蚀严重,且反应生成的废水会造成环境污染。因此,近年来人们深入研究,寻找温和的催化体系、简便的操作方法以提高反应的收率,降低污染,已取得了许多进展。

【思考题】

1. 反式甲基乙基酮肟（ $H_3C-\overset{\underset{\|}{N-OH}}{C}-C_2H_5$ ）经贝克曼重排得到什么产物？

2. 某肟发生贝克曼重排得到一化合物（ $C_3H_7-\overset{\underset{\|}{O}}{C}-NHCH_3$ ），试推测该肟的结构。

# 实验二十一　乙酸正丁酯的制备

乙酸正丁酯是无色透明有愉快果香气味的液体，分子量为 116.16，沸点为 $125\sim126℃$ ，相对密度为 $0.882g/cm^3$ ，凝固点为 $-77℃$ ，折光率（ $n_D^{20}$ ）为 1.3951，闪点（闭杯）为 $22℃$ ，能与乙醇和乙醚混溶，溶于大多数烃类化合物，25℃时溶于约 120 份水，易燃，蒸气能与空气形成爆炸性混合物，爆炸极限 1.4％～8.0％（体积），有刺激性，高浓度时有麻醉性。乙酸正丁酯用作硝化纤维、清漆、织物、人造革和塑料生产过程中的溶剂，石油和医药工业中的萃取剂，也用于香料复配以及香蕉、菠萝、杏、梨等多种香味剂的成分。

【实验预习要求】

1. 了解酸催化合成有机酸酯的基本原理和方法。
2. 掌握回流分水、洗涤、干燥、蒸馏等基本操作
3. 了解有关恒沸物的组成、性质以及利用恒沸物带水的原理和操作。

【实验原理】

利用乙酸与正丁醇反应制备乙酸正丁酯，本实验采用了过量的酸，并及时除去水，提高产率。

主反应为

$$CH_3COOH + n\text{-}C_4H_9OH \underset{}{\overset{H_2SO_4}{\rightleftharpoons}} n\text{-}C_4H_9OOCCH_3 + H_2O$$

副反应为

$$CH_3CH_2CH_2CH_2OH \xrightarrow{H_2SO_4} CH_3CH_2CH{=}CH_2 + H_2O$$

$$2CH_3CH_2CH_2CH_2OH \xrightarrow{H_2SO_4} (CH_3CH_2CH_2CH_2)_2O + H_2O$$

【实验装置】

实验装置如图 2.16 所示。

【主要试剂与仪器】

1. 试剂：正丁醇 11.5mL（0.125mol），冰醋酸 7.2mL（0.125mol），浓硫酸，沸石，10％碳酸钠溶液 10mL 无水硫酸镁。
2. 仪器：三口烧瓶 100mL，圆底烧瓶（50mL 2 个），球形冷凝管，分水器，烧杯，锥形瓶，分液漏斗，直形冷凝管，蒸馏头，量筒，温度计。

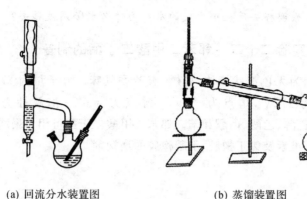

(a) 回流分水装置图　　　　(b) 蒸馏装置图

图 2.16 反应装置

## 【实验步骤】

1. 加料

在 100mL 三口烧瓶中依次加入 11.5mL(0.125mol)正丁醇、7.2mL(0.125mol)冰醋酸和 3~4 滴浓 $H_2SO_4$，混匀后，加入几粒沸石。按如图 2.16(a)安装好反应装置，在分水器放水口一侧预先加水至略低于支管口，并做好记号。

2. 反应

小火加热反应瓶，至有回流出现，调节火力使回流柱不超过一个球，反应回流 25min。与此同时，要不断地从分水器放水口处放出反应生成的水，保持分水器中水层液面在原来的高度。不再有水生成时，表示反应完毕。停止加热，记录分出的水量。

3. 产品后处理

冷却后拆卸回流冷凝管，将分水器中的液体和三口烧瓶中的反应液合并后一起倒入分液漏斗，分出水层。用 10mL10％ $Na_2CO_3$ 溶液洗涤有机层，使有机层 pH 等于 7，分出水层再用 10mL 水洗涤，分去水层。接着有机层倒入干燥锥形瓶中，用适量无水 $MgSO_4$ 干燥。

4. 产品精制

小心将有机物转入干燥的 50mL 圆底烧瓶中，加入少许沸石，常压蒸馏，装置如图 2.16(b)所示，收集 124~126℃馏分，称量，产率约 68％~75％，产品质谱图见附图 41。

## 【实验指导】

1. 加浓硫酸时，应分批加，边加边摇使其均匀(或用水冷却烧瓶)，防止局部受热碳化。

2. 实验采用共沸混合物除去酯化反应中生成的水。共沸物的沸点为：乙酸正丁酯—水 90.7℃，正丁醇—水 93℃，乙酸正丁酯—正丁醇 117.6℃，乙酸正丁酯—正丁醇—水 90.7℃。

3. 反应终点的判断可观察以下两种现象：(1)分水器中不再有水珠下沉；(2)分水器中分出的水量与理论分水量进行比较，判断反应完成的程度。

## 【思考题】

1. 本实验采用什么原理和方法来提高乙酸正丁酯的产率？

2.本实验根据什么原理移去反应中生成的水？为什么水必须被移去？

# 实验二十二　邻苯二甲酸二丁酯的制备

邻苯二甲酸二丁酯为无色油状液体,可燃,有芳香气味。分子量为 278.34,蒸汽压为 1.58kPa/200℃,闪点为 172℃,熔点为 −35℃,沸点为 340℃,溶解性为在水中溶解度 0.04%(25℃),易溶于乙醇、乙醚、丙酮和苯。邻苯二甲酸二丁酯可用作聚醋酸乙烯、醇酸树脂、硝基纤维素、乙基纤维素及氯丁橡胶、丁腈橡胶的增塑剂。

## 【实验预习要求】

1.学习邻苯二甲酸二丁酯的制备原理和方法。

2.掌握减压蒸馏操作技能和分水器的使用方法。

## 【实验原理】

用邻苯二甲酸酐和正丁醇为原料制备邻苯二甲酸二丁酯,反应式如下:

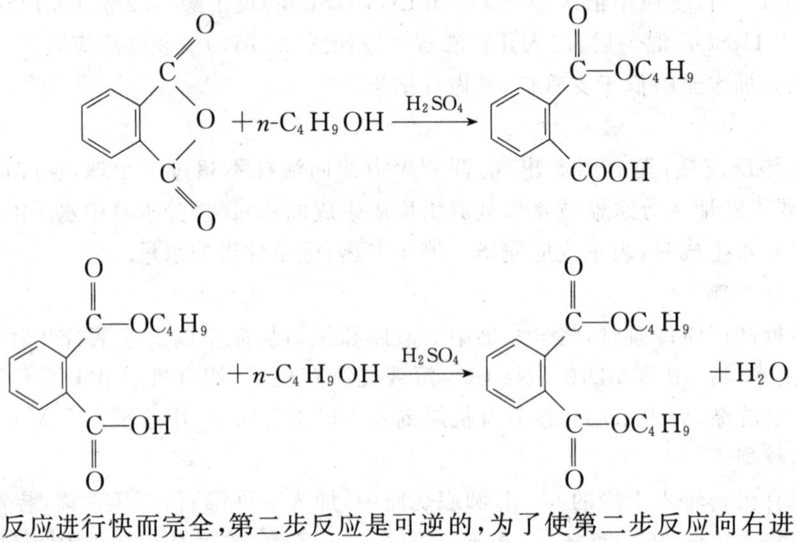

第一步反应进行快而完全,第二步反应是可逆的,为了使第二步反应向右进行,利用分水器将反应过程生成的水不断移出反应体系。

## 【实验装置】

邻苯二甲酸二丁酯制备的主要装置如图 2.17(a)、(b)所示

## 【主要试剂与仪器】

1.试剂:邻苯二甲酸酐 1.5g,正丁醇 3.3mL,浓硫酸,饱和 NaCl 溶液,无水 MgSO$_4$,5%Na$_2$CO$_3$ 溶液。

2.仪器:三口烧瓶 100mL,圆底烧瓶(100mL 1 个、50mL 3 个),球形冷凝管,烧杯,分水器,锥形瓶,分液漏斗,直形冷凝管,空气冷凝管,蒸馏头,克氏蒸馏头,支管接引管(或多叉接引管),量筒,温度计,毛细管。

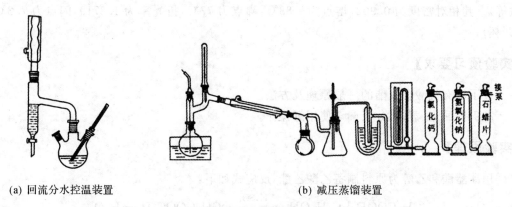

　(a) 回流分水控温装置　　　　　　　　　　(b) 减压蒸馏装置

图 2.17　主要装置图

## 【实验步骤】

1. 加料

在 100mL 三口烧瓶依次加入 1.5g 邻苯二甲酸酐、3.3mL 正丁醇、2 滴浓硫酸,按图 2.17(a)所示搭好装置,分水器中放入计算好的水。

2. 反应

用小火加热,使瓶内液体微沸,开始回流,分水器中液面长高,上层有机物返回三口瓶中。当分水器中已全部被水充满,表示反应完成,约 2h。

3. 产品后处理

反应液冷却至 70℃以下,移入分液漏斗中,用 20～30mL 5% Na$_2$CO$_3$ 溶液中和。用 20～30mL 温热饱和 NaCl 洗涤 2～3 次,直到呈中性。最后有机层用无水 MgSO$_4$ 干燥。

4. 产品精制

干燥的有机层先用常压蒸馏除去正丁醇,然后用减压蒸馏,收集 180～190℃/133Pa (10mmHg)的馏份,称重,计算产率,邻苯二甲酸二丁酯的红外、核磁、质谱图见附图 42～44。

## 【实验指导】

1. 当反应温度升到 140℃便可停止反应,因为当温度超过 180℃时发生分解反应。

2. 中和温度≤70℃,碱浓度不宜过高,否则易于起皂化反应。

## 【思考题】

1. 浓硫酸为催化剂,正丁醇在加热下有哪些反应?

2. 该反应在加热时必须用小火且缓慢进行,若加热过快过猛有何不良影响?

3. 用温热的饱和 NaCl 洗涤的目的是什么?

## 实验二十三　乙酸乙酯的制备

乙酸乙酯为无色透明液体,易挥发,有水果香,易燃,其蒸气能与空气形成爆炸性混合物,能与氯仿、乙醇、丙酮和乙醚混溶,能溶解某些金属盐类(如氯化锂、氯化钴、氯化锌、氯化铁等)。其相对密度为 0.902,熔点为 −83℃,沸点为 77℃,折光率为 1.3719,闪点为 7.2℃(开杯)。

## 【实验预习要求】

1. 了解有机酸合成酯的一般原理及方法。
2. 巩固回流、蒸馏、分液漏斗使用等操作。

## 【实验原理】

用冰醋酸和乙醇为原料制备乙酸乙酯,反应式如下:

$$CH_3COOH + C_2H_5OH \underset{120 \sim 125℃}{\overset{H_2SO_4}{\rightleftharpoons}} CH_3COOC_2H_5 + H_2O$$

可能存在副反应:

$$2C_2H_5OH \underset{130 \sim 150℃}{\overset{H_2SO_4}{\rightleftharpoons}} C_2H_5OC_2H_5 + H_2O$$

$$C_2H_5OH \underset{160 \sim 180℃}{\overset{H_2SO_4}{\longrightarrow}} CH_2=CH_2 + H_2O$$

$$C_2H_5OH \underset{>180℃}{\overset{H_2SO_4}{\longrightarrow}} CO_2 + C + H_2O$$

## 【主要试剂与仪器】

1. 试剂:冰醋酸 6mL(0.1mol),无水乙醇 9.5mL(0.2mol),浓硫酸 2.5mL,饱和 $Na_2CO_3$,饱和 NaCl,饱和 $CaCl_2$,无水 $MgSO_4$。
2. 仪器:圆底烧瓶,球形冷凝管,分液漏斗,直形冷凝管,蒸馏头,量筒,温度计。

## 【实验装置】

乙酸乙酯制备主要装置如图 2.18(a)、(b)所示。

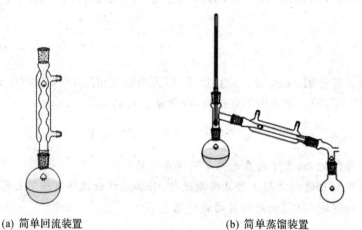

(a) 简单回流装置          (b) 简单蒸馏装置

图 2.18 制备乙酸乙酯主要装置

**【实验步骤】**

1. 加料

在 100mL 圆底烧瓶中依次加入 9.5mL(0.2mol)无水乙醇和 6mL(0.1mol)冰醋酸,再小心加入 2.5mL 浓 $H_2SO_4$,混匀后,加入沸石,按图 2.18(a)安装好反应装置。

2. 反应

小火加热反应瓶,至有回流出现,调节火力使回流柱不超过一个球,反应回流 0.5h。

3. 粗产品分离

反应瓶冷却后,将回流装置改成蒸馏装置。重加少许沸石,接收瓶用冷水冷却,加热蒸出生成的乙酸乙酯粗品,直到馏出液约为反应物总体积的 1/2 为止。

4. 产品净化

在馏出液中慢慢滴加饱和 $Na_2CO_3$ 溶液,并不断振荡,至不再有 $CO_2$ 气体产生为止。然后将混合液转入分液漏斗,静置后分去下层水溶液,留上层有机层。接着有机层依次用 5mL 饱和氯化钠溶液、5mL 饱和氯化钙溶液、5mL 水洗涤。最后将有机层倒入干燥锥形瓶中,用无水硫酸镁干燥。

5. 产品精制

小心将有机物转入干燥的 50mL 圆底烧瓶中,加入少许沸石,蒸馏,收集 72～78℃ 馏分,称量,计算产率。

**【实验指导】**

1. 加浓硫酸时,应分批加,边加边摇使其均匀(或用水冷却烧瓶),防止局部受热炭化。

2. 温度高,回流柱太高,副反应产生多;温度低,合成反应慢,产量低。

3. 蒸馏速度不能太快,防止反应液在高温下发生碳化等副反应。

4. 依次洗涤,均分去下层水溶液,留上层有机层,若分不清哪层水层,哪层是有机层,可向其中加水,看哪层增多,即为水层。

5. 水层用碳酸钠洗过后,若紧接着就用氯化钙洗涤,有可能产生絮状的碳酸钙沉淀,使进一步分离变得困难,在这两步操作之间必须用饱和氯化钠溶液洗涤。

6. 乙酸乙酯与水或乙醇生成共沸化合物,若三者共存则生成三元共沸化合物,具体见表 2.2。

表 2.2 乙酸乙酯与水或乙醇生成共沸物数据表

| 沸点/℃ | 组成/% | | |
|---|---|---|---|
| | 酯 | 乙醇 | 水 |
| 70.2 | 82.6 | 8.4 | 9.0 |
| 70.4 | 91.9 | / | 8.1 |
| 70.8 | 69.0 | 31.0 | / |

因此,酯层中乙醇不除净或干燥不够时,由于形成低沸点的共沸物,会影响到酯的产率。

## 【思考题】

1. 酯化反应有什么特点? 在实验中如何创造条件促使酯化反应尽量向生成物方向进行?

2. 本实验中硫酸起什么作用?

3. 实验若采用醋酸过量的做法是否合适? 为什么?

4. 蒸出的粗乙酸乙酯中主要有哪些杂质? 如何除去?

5. 洗涤时,能否用浓氢氧化钠溶液代替饱和碳酸钠? 能否用水来代替饱和食盐水?

# 2.7 含氮化合物

## 实验二十四 苯胺的制备

## 【化合物简介】

苯胺又称阿尼林油,为无色或微黄色油状液体,有强烈气味,分子式为 $C_6H_7N$,分子量为 93.128,熔点为 $-6.2℃$,沸点为 $184.4℃$,相对密度(水=1)为 1.02,CAS 编号:62-53-3。苯胺微溶于水,溶于乙醇、乙醚和苯,碱性,能与盐酸化合生成盐酸盐,与硫酸化合成硫酸盐。苯胺是最重要的芳香族胺之一。能起卤化、乙酰化、重氮化等作用,还可以与酸类、卤素、醇类、胺类发生剧烈反应。主要用于制造染料、药物、树脂,还可以用作橡胶硫化促进剂等。它本身也可作为黑色染料使用,其衍生物甲基橙可作为酸碱滴定用的指示剂。

## 【实验预习要求】

1. 掌握硝基还原为氨基的基本原理。

2. 掌握金属还原法制备苯胺的实验步骤。

3. 掌握水蒸气蒸馏的原理、基本操作。

## 【实验原理】

胺类化合物的制备主要有以下几种方法:

1. 硝基化合物的还原;

2. 卤代烃的氨解反应;

3. 腈(RCN)、肟( RCH=N—OH )、酰胺(RCONH₂)化合物的还原,它们均可以用催化氢化法或化学还原法($LiAlH_4$)被还原为胺;

4. 羰基化合物与氨的缩合、还原反应;

5. 酰胺的霍夫曼降解反应(Hoffmann),可以使酰胺在次卤酸钠的作用下失去羰基,制备少一个碳原子的伯胺;

6. 盖布瑞尔(Grabriel)合成法制备伯胺。

由于不可能将—NH₂直接导入芳环上,通常经过间接的方法来制取芳香胺。工业上用

Fe 粉和 HCl 还原硝基苯制备苯胺,由于使用大量的 Fe 粉会产生大量含苯胺的铁泥,造成环境污染,所以,逐渐改用催化加氢的方法,常用的催化剂有 Ni、Pt、Pd 等。实验室制备芳胺,常用的方法是将芳香族硝基化合物在酸性介质中用金属或金属盐进行还原,可以得到相应的芳香族伯胺。常用的还原剂有铁—盐酸、铁—醋酸、锡—盐酸等。

反应方程式为

$$PhNO_2 + 3Sn + 12H^+ \longrightarrow 2PhNH_2 + 3Sn^+ + 4H_2O$$

$$4PhNO_2 + 9Fe + 4H_2O \xrightarrow{H^+} 4PhNH_2 + 3Fe_3O_4$$

反应完成后,碱的加入可以破坏胺与酸形成的配合物,使胺游离出来,达到分离的目的。研究表明,该反应是分步进行的:

用铁来还原硝基苯,酸的用量很少,因为这里除了产生新生态氢以外,主要由产生的亚铁盐来还原硝基,反应中包括的变化可用下面的方程式表示:

$$Fe + 2H^+ \longrightarrow Fe^{2+} + 2[H]$$

$$2Fe^{3+} + 6H_2O \longrightarrow 6H^+ + 2Fe(OH)_3$$

$$2Fe(OH)_3 \longrightarrow Fe_2O_3 + 3H_2O$$

$$Fe_2O_3 + FeO \longrightarrow Fe_3O_4$$

## 【主要试剂与仪器】

1. 药品:硝基苯,铁粉,乙酸,食盐,乙醚,氢氧化钠。
2. 仪器:250mL 三口烧瓶,球形和直形冷凝管,水蒸气发生装置,尾接管,接受瓶等。

## 【实验步骤】

1. 用金属铁还原

将 9g(0.16mol)还原 Fe 粉、17mL $H_2O$、1mL 冰 HOAC 放入 250mL 三颈烧瓶,振荡混匀,装上回流冷凝管。(两相互不相溶,与 Fe 粉接触机会少,因此充分的振荡反应物是使还原反应顺利进行的操作关键。)小火微微加热煮沸 3~5min(主要为了活化铁粉,乙酸与铁作用产生醋酸亚铁,缩短反应时间),冷凝后分几次加入 7mL 硝基苯,用力振荡,使反应物充分混匀(因为该反应强烈放热,足以使溶液沸腾)。加完后,将反应物加热回流,在回流过程中,经常用力振荡反应混合物,以使反应完全,此时回流中黄色油状物消失而变为乳白色油珠。

将回流装置改为水蒸气蒸馏装置,直到馏出液澄清,再多收集 5~6mL 清液,分层,水层加入 13g NaCl(盐析,降低苯胺在水中的溶解度)后,每次用 7mL 乙醚萃取 3 次,萃取液和有机层用固体 NaOH 干燥。

将干燥后的苯胺醚溶液分批加入到干燥的蒸馏瓶中,蒸去乙醚,残留物用空气冷凝管蒸馏,收集 180～184℃的馏分。

2.锡—盐酸法

在一个 100mL 圆底烧瓶中,放置 9g 锡粒,4mL 硝基苯,装上回流装置,量取 20mL 浓盐酸,分数次从冷凝管口加入烧瓶并不断摇动反应混合物。若反应太激烈,瓶内混合物沸腾时,将圆底烧瓶浸入冷水中片刻,使反应缓慢。当所有的盐酸加完后,将烧瓶置于沸腾的热水浴中加热 30min,使还原趋于完全。

反应完后,将反应物冷却至室温,在摇动下慢慢加入 50% NaOH 溶液使反应物呈碱性。并将反应瓶改为水蒸气蒸馏装置,进行水蒸气蒸馏直到蒸出澄清液为止,将馏出液放入分液漏斗中,分出粗苯胺。水层加入氯化钠 3～5g 使其饱和后,用 20mL 乙醚分两次萃取,合并粗苯胺和乙醚萃取液,用粒状氢氧化钠干燥。

将干燥后的混合液小心的倾入干燥的 50mL 蒸馏烧瓶中,在热水浴上蒸去乙醚,然后改用空气冷凝管,在石棉网上加热,收集 180～185℃的馏分,产量 2.3～2.5g(产率 63%～69%)。

【实验指导】

1.本实验是一个放热反应,当每次加入硝基苯时均有一阵猛烈的反应发生,故要审慎加入及时振摇与搅拌。

2.硝基苯为黄色油状物,如果回流液中,黄色油状物消失,而转变成乳白色油珠,表示反应已完全。

3.反应完后,圆底烧瓶上粘附的黑褐色物质用 1∶1 盐酸水溶液温热除去。

4.在 20℃时每 100g $H_2O$ 中可溶解 3.4g 苯胺,根据盐析原理,加氯化钠使溶液饱和,则析出苯胺。

5.本实验用粒状 NaOH 干燥,原因是 $CaCl_2$ 与苯胺形成的分子化合物。

6.反应物内的硝基苯与盐酸互不相溶,而这两种液体与固体铁粉接触机会很少,因此充分振摇反应物是使还原作用顺利进行的操作关键。

7.反应物变黑时,即表明反应基本完成,欲检验,可吸入反应液滴入盐酸中摇振,若完全溶解表示反应已完成。

8.苯胺对健康的危害:苯胺经呼吸道、消化道、皮肤进入人体,主要引起高铁血红蛋白血症、溶血性贫血和肝、肾损害。苯胺急性中毒:患者口唇、指端、耳廓紫绀,有头痛、头晕、恶心、呕吐、手指发麻、精神恍惚等;重度中毒时,皮肤、黏膜严重青紫,呼吸困难,抽搐,甚至昏迷,休克,出现溶血性黄疸、中毒性肝炎及肾损害,可有化学性膀胱炎,眼接触引起结膜角膜炎。慢性中毒:患者有神经衰弱综合征表现,伴有轻度紫绀、贫血和肝、脾肿大,皮肤接触可引起湿疹。

9.苯胺对环境有危害,对水体可造成污染。

10.苯胺可燃,有毒。

【思考题】

1.根据什么原理,选择水蒸气蒸馏把苯胺的反应混合物中分离出来?

2.如果最后制得的苯胺中混有硝基苯该怎样提纯?

3.有机物必须具备什么性质才能采用水蒸气蒸馏?本实验为何采用此方法?

4. 精制苯胺时,为何用粒状的氢氧化钠作干燥剂而不用硫酸镁或氯化钙?

## 实验二十五　乙酰苯胺的制备

乙酰苯胺(Acetanilide),商标名称 Antifebrin,分子式为 $C_8H_9NO$,分子量为 135.16,熔点为 $113\sim114℃$,沸点为 $280\sim290℃$/分解,密度(相对于水)为 1.21,在乙醇、氯仿、丙酮和热水中易溶,在水中微溶,在石油醚中几乎不溶,为无色晶体,具有退热镇痛作用,是较早使用的解热镇痛药,因此俗称"退热冰"。乙酰苯胺也是磺胺类药物合成中重要的中间体。由于芳环上的氨基易氧化,在有机合成中为了保护氨基,往往先将其乙酰化转化为乙酰苯胺,然后再进行其他反应,最后水解除去乙酰基。同时,氨基经过酰化后,可以降低氨基在芳环亲电取代反应中的活化能力,使其有很强的的第Ⅰ类定位基变为中等强度的第Ⅰ类定位基,从而使反应从多元取代变为一元取代。

### 【实验预习要求】

1. 熟悉氨基酰化反应的原理及意义,掌握乙酰苯胺的制备方法;
2. 进一步掌握分馏装置的安装与操作;
3. 熟练掌握重结晶、趁热过滤和减压过滤等操作技术。

### 【实验原理】

乙酰苯胺可由苯胺与乙酰化试剂,如乙酰氯、乙酐或乙酸等直接作用来制备。乙酰的反应活性>乙酐的>乙酸的。由于乙酰氯相对难以保存、需现场制备和价格较贵等缺点,常用乙酸酐(又名醋酸酐)和乙酸(俗称冰醋酸)进行酰化。

冰醋酸试剂易得,价格便宜,但是需要较长的反应时间,适合于规模较大的制备。用冰醋酸为酰化试剂,反应式如下:

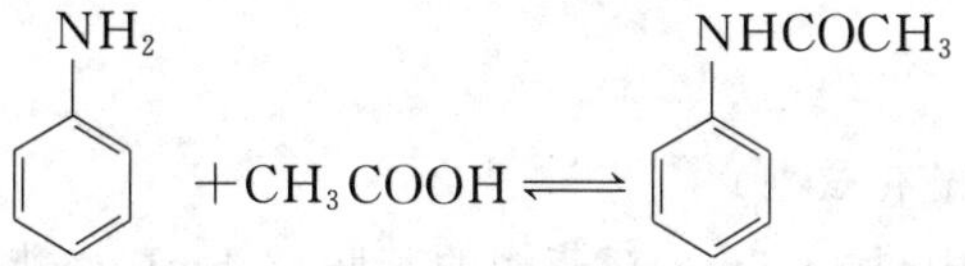

冰醋酸与苯胺的反应速率较慢,而且反应是可逆的。为了提高乙酰苯胺的产率,一般采用冰醋酸过量的方法,同时利用分馏柱将反应中生成的水从平衡中移去以促进反应平衡右移。由于苯胺易氧化,加入少量锌粉,防止苯胺在反应过程中氧化。

一般来说酸酐是比酰氯更好的酰化试剂。用游离胺与醋酸酐进行酰化时,常常伴有二乙酰胺[$ArN(COCH_3)_2$]副产物生成。但是,反应如果在醋酸—醋酸钠的缓冲液中进行,由于酸酐的水解速度比酰化速度慢得多,可以得到高纯度的产物。但是这个方法不适合于硝基苯胺和其他碱性很弱的芳香胺的酰化。用醋酸酐为酰化试剂的反应方程式如下:

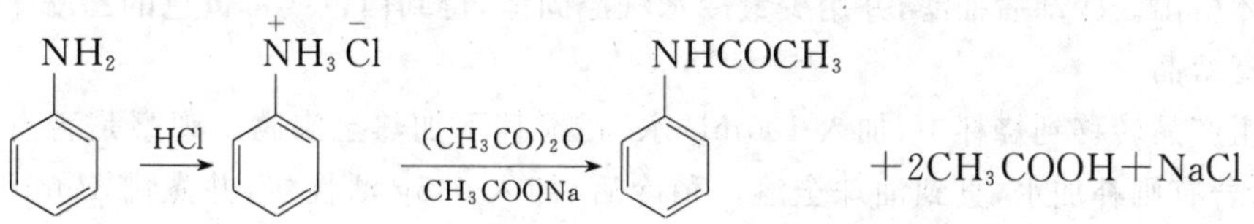

## 【实验装置】

实验装置如图 2.19 所示。

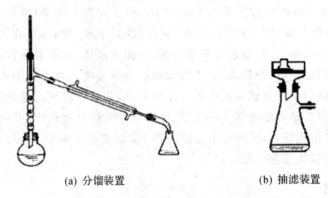

(a) 分馏装置  (b) 抽滤装置

图 2.19  制备乙酰苯胺的主要装置

# 【主要试剂与仪器】

1.用冰醋酸做酰化试剂

(1)仪器:圆底烧瓶(100mL),刺形分馏柱,直形冷凝管,接液管,量筒(10mL),温度计(200℃),烧杯(250mL),吸滤瓶,布氏漏斗,小水泵,保温漏斗,电热套。

(2)试剂:苯胺,冰醋酸,锌粉,活性炭。

2.用醋酸酐做酰化试剂

(1)仪器:烧杯,锥形瓶,量筒,吸滤瓶,布氏漏斗。

(2)试剂:苯胺,醋酸酐,醋酸钠,浓盐酸。

# 【实验步骤】

1.酰化(用冰醋酸做酰化试剂)

在 100mL 圆底烧瓶中,加入 5mL 新蒸馏的苯胺、8.5mL 冰醋酸和 0.1g 锌粉。立即装上分馏柱,在柱顶安装一支温度计,用小量筒收集蒸出的水和乙酸。实验装置参考图 2.19(a)。用电热套缓慢加热至反应物沸腾。调节电压,当温度升至约 105℃时开始蒸馏。维持温度在 105℃左右约 30min,这时反应所生成的水基本蒸出。当温度计的读数不断下降时,则反应达到终点,即可停止加热。

2.结晶抽滤

在烧杯中加入 100mL 冷水,将反应液趁热以细流倒入水中,边倒边不断搅拌,此时有细粒状固体析出。冷却后抽滤,并用少量冷水洗涤固体,得到白色或带黄色的乙酰苯胺粗品。

3.重结晶

将粗产品转移到烧杯中,加入 100mL 水,在搅拌下加热至沸腾。观察是否有未溶解的油状物,若有则补加水,直到油珠全溶。稍冷后,加入 0.5g 活性炭,并煮沸 10min。在保温漏斗中趁热过滤,除去活性炭。滤液倒入热的烧杯中,然后自然冷却至室温,冰水冷却,待结晶完全析出后,进行抽滤。用少量冷水洗涤滤饼两次,压紧抽干。将结晶转移至表面皿中,自然晾干后称量,计算产率。

4.酰化(用醋酸酐做酰化试剂)

在 250mL 烧杯中,溶解 2.5mL 浓盐酸于 60mL 水中,在搅拌下加入 2.8g 苯胺,待苯胺溶解后,再加入少量活性炭(约 0.5g),将溶液煮沸 5min,趁热过滤去除活性炭及其他不溶性杂质。将滤液转移到锥形瓶中,冷却至 50℃,加入 3.7mL 醋酸酐,摇荡,振晃使其溶解后,立即加入事先配制好的 4.5g 醋酸钠溶于 10mL 水的溶液,充分混合。然后将反应混合物置于冰水中冷却,析出晶体。减压抽滤,用少量冰水洗涤固体,干燥后晾干称重,产量 2～3g。

用该方法制备得到的乙酰苯胺已经足够纯净,可直接用于下一步的合成。如果需要进一步提纯,可以用水重结晶。

【实验指导】

1.久置的苯胺因为氧化而颜色较深,使用前要重新蒸馏。因为苯胺的沸点较高,蒸馏时选用空气冷凝管冷凝,或采用减压蒸馏。

2.反应所用玻璃仪器必须干燥。

3.锌粉的作用是防止苯胺氧化,只要少量即可。加得过多,会出现不溶于水的氢氧化锌。

4.反应时分馏温度不能太高,以免大量乙酸蒸出而降低产率。

5.重结晶过程中,晶体可能不析出,可用玻璃棒摩擦烧杯壁或加入晶种使晶体析出。

6.切不可在沸腾的溶液中加入活性炭,以免引起爆沸。

7.趁热过滤时,也可采用抽滤装置。但布氏漏斗和吸滤瓶一定要预热。滤纸大小要合适,抽滤过程要快,避免产品在布氏漏斗中结晶。

【思考题】

1.反应时为什么要控制分馏柱柱顶温度在 105℃左右?

2.还可以用其他什么方法以苯胺制备乙酰苯胺?

3.试计算重结晶时留在母液中的乙酰苯胺的量。

4.用冰醋酸制备乙酰苯胺的实验是采用什么方法来提高产品产量的?

5.从苯胺制备乙酰苯胺时可采用哪些化合物作酰化剂?各有什么优缺点?

6.用冰醋酸制备乙酰苯胺时,锌粉起什么作用?加多少合适?

# 2.8　杂环化合物

## 实验二十六　3,4-二氢嘧啶二酮的合成

3,4-二氢嘧啶二酮为白色粉末,分子量为 260.29,熔点为 179～181℃,不溶于水,易溶于乙醇和 DMSO。1893 年,意大利化学家 Biginelli 首次报道在浓盐酸催化下,利用芳香醛、乙酰乙酸乙酯和尿素三组分"一锅法"合成了 3,4-二氢嘧啶-2(1H)-酮衍生物,这一合成法被称为 Biginelli 反应或 Biginelli 缩合。在此后的三十多年,这个新的杂环反应在合成方面

的巨大潜力并未被发掘,含有此类杂环结构的化合物的药理活性也未被探索。直到 20 世纪 80 年代早期,与 3,4-二氢嘧啶-2(1H)-酮结构相似的 1,4-二氢吡啶类化合物被发现具有钙拮抗活性。这一发现引发了人们对 3,4-二氢嘧啶-2(1H)-酮类化合物药理活性的研究,结果发现此类化合物具有钙拮抗、降压、α1a-拮抗和抗癌等活性。从此,对 Biginelli 反应的研究引起了人们的极大重视,开启了化学家对具有生物活性有机杂环化合物研究的起点。

## 【实验预习要求】

1. 查阅文献,了解 Biginelli 反应的基本原理、实验方法和应用。
2. 了解有关一锅法和多组分反应的基本原理和应用。
3. 复习和巩固回流、重结晶、洗涤等的原理、操作及注意事项。

## 【实验原理】

Biginelli 反应是以化学家 Biginelli 的名字命名的。1893 年,意大利化学家 Biginelli 首次报道在浓盐酸催化下,利用芳香醛、乙酰乙酸乙酯和尿素三组分"一锅法"合成了 3,4-二氢嘧啶-2(1H)-酮衍生物,这一合成法被称为 Biginelli 反应或 Biginelli 缩合。Biginelli 反应的最大优点是操作简便,三组分"一锅煮"即可得到最终产物,无需对反应中间体进行分离纯化,但缺点是收率较低(20%~50%)。

为了提高反应产率,人们作了大量的研究工作,通过各种改进方法以提高反应产率。改进工作主要集中在两方面:一是使用更为优良的催化剂,如 $ZrCl_4$、$InX_3$($X = Cl$、$Br$)、高氯酸镁、$SmCl_3$、离子液体等;二是改进合成手段,如固相合成、微波促进合成、超声促进合成等等,均取得了很好的结果。

Biginelli 反应的通式为

类Biginelli化合物

式中:$R_1 = -OEt$,$-NHPh$,$NEt_2$,alkyl,$-SEt$;$R_2 =$ alkyl,aryl,$-CH_2Br$;$R_3 =$ aryl,heteroaryl,alkyl;$R_4 =$ Me,Ph,H;$X = O$,S;Catalyst:HCl,$FeCl_3$,$InCl_3$,PPE,$BF_3$-$OEt_2$,等

大量的实验证实,Biginelli 反应的过程如下:在酸作用下,芳醛与脲首先缩合为酰基亚胺正离子中间体,经二酮亲核进攻得到一开链酰脲,再在酸催化下进行分子内缩合失水,最终得到二氢嘧啶酮。反应式如下:

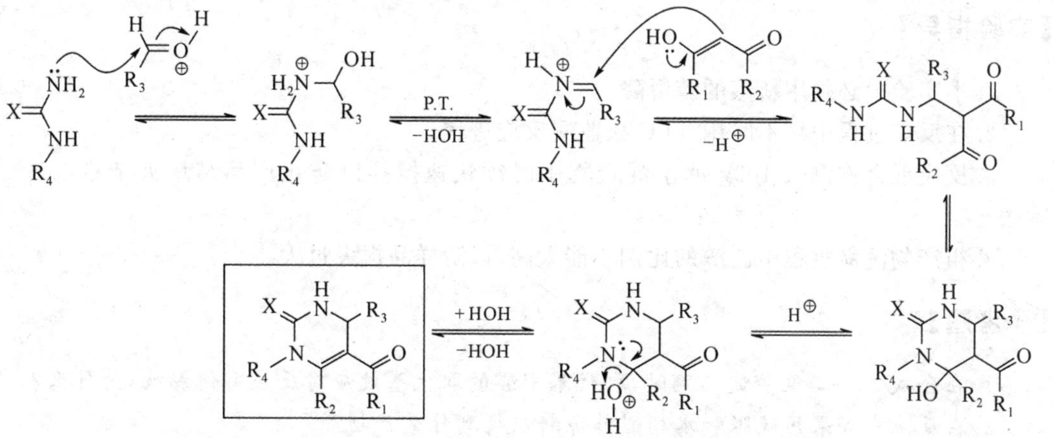

本实验以苯甲醛、尿素和乙酰乙酸乙酯为原料，一锅法合成 6-甲基-2-氧代-4-苯基-1,2,3,4-四氢嘧啶-5-羧酸乙酯。主反应式为

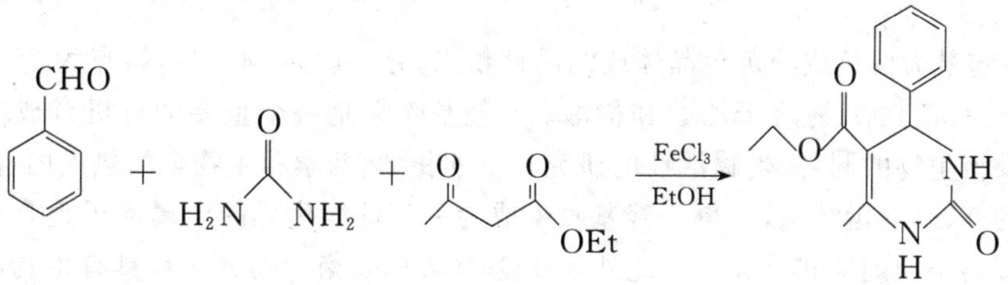

## 【主要试剂与仪器】

1. 试剂：苯甲醛 3.2g(3.1mL,30mmol)，乙酰乙酸乙酯 4.6g(4.4mL,35mmol)，尿素 2.7g(45mmol)，三氯化铁 0.12g(0.75mmol)，乙醇。

2. 仪器：三口烧瓶(100mL,1 个)，圆底烧瓶(50mL,1 个)，球形冷凝管 1 支，烧杯 (100mL1 只)，布氏漏斗，抽滤瓶，锥形瓶，量筒，油浴锅，磁力搅拌器，真空干燥箱。

## 【实验步骤】

在 100mL 三口烧瓶中依次加入 3.2g 苯甲醛、4.6g 乙酰乙酸乙酯、2.7g 尿素、0.12g 三氯化铁和 10mL 乙醇，装上回流冷凝管，开动搅拌器。在不断搅拌下，加热回流 3～5 小时，待反应完全后停止加热。

降下油浴，待体系温度稍降后拆下冷凝管，将反应混合物倒入 100g 冰水混合物中，搅拌 3～5min，抽滤析出的固体，依次用水、25％体积的乙醇、水洗涤固体各 2 次，干燥，得到粗产品。

粗产物用无水乙醇重结晶，得到白色产品 6-甲基-2-氧代-4-苯基-1,2,3,4-四氢嘧啶-5-羧酸乙酯 5.5～6.5g(产率 71％～83％)。

纯 6-甲基-2-氧代-4-苯基-1,2,3,4-四氢嘧啶-5-羧酸乙酯的熔点为 179～181℃，其红外光谱、核磁共振氢谱及碳谱见附图 45 至附图 47。

## 【实验指导】

1.本实验中必须用新蒸的苯甲醛。

2.在反应过程中须不时用 TLC 板监测反应进程。

3.反应混合物倒入 100g 冰水混合物中时须快速搅拌以防止产品结块夹杂难以洗涤除去。

4.粗产物洗涤过程中乙醇的比例不能太高,以防样品损失过大。

## 【思考题】

1.在合成 3,4-二氢嘧啶二酮时,取代苯甲醛的取代基效应对反应有何影响,为什么?

2.在反应中如果用硫脲和水杨醛作原料应得到什么产物?

3.一锅法反应与多组分反应有何不同,本实验属于哪一类?

## 实验二十七　8-羟基喹啉的合成

8-羟基喹啉为白色或淡黄色晶体或结晶性粉末,分子量为 145.16,熔点为 75～76℃,沸点为 267℃,不溶于水,易溶于乙醇和稀酸。8-羟基喹啉是一个重要的有机合成中间体,其合成工艺及衍生物的制备、生物活性的研究是目前化学、药学和生物学的热点内容之一。其分子内置的 N、O 双齿结构,使得 8-羟基喹啉成为一种性能优异的金属离子螯合剂,广泛地应用于金属离子的测定和分离中。此外,8-羟基喹啉以及衍生物大多数具有生物活性,在医药工业等领域的应用也十分广泛。8-羟基喹啉可直接用作消毒剂,它的卤化衍生物、硝化衍生物以及 N-氧化物是合成药物的重要原料,也是合成农药、染料和其他功能材料的重要中间体。

## 【实验预习要求】

1.查阅文献,了解 Skraup 反应的基本原理、实验方法和应用。

2.了解有关水蒸气蒸馏的基本原理和实验操作。

3.复习和巩固回流、重结晶、洗涤等的原理、操作及注意事项。

## 【实验原理】

Skraup 反应是合成杂环化合物喹啉及其衍生物最重要的方法之一。它是用芳胺与无水甘油、浓硫酸及弱氧化剂,如芳香硝基化合物或是砷酸等一起加热而得。例如,苯胺和甘油、浓硫酸及硝基苯一起共热便可获得喹啉。Skraup 反应的机理至今尚无定论,一般认为首先浓硫酸使甘油脱水生成丙烯醛,然后丙烯醛与苯胺发生加成,其加成产物在浓硫酸作用下脱水环化形成 1,2-二氢喹啉。在弱氧化剂如硝基苯的作用下,1,2-二氢喹啉被氧化成喹啉,而硝基苯则被还原成苯胺,也可回收作为原料参与缩合反应。

由上述反应机理可知,在选用氧化剂时应注意,所采用的氧化剂硝基芳烃的结构要和底物芳胺的结构保持一致。因为在 Skraup 反应过程中,硝基芳烃被还原成芳胺,它也会参与成环反应。如果其结构与反应物芳胺结构不一致,就会形成副产物,给分离纯化带来困难。Skraup 反应有时会很激烈,如果在反应混合物中加入一些硫酸亚铁,将会使反应缓和。有时也可加入少量碘做氧化剂,可缩短反应周期并使反应平稳地进行。

本实验以邻氨基苯酚、邻硝基苯酚、无水甘油和浓硫酸为原料合成 8-羟基喹啉。其主反应式如下:

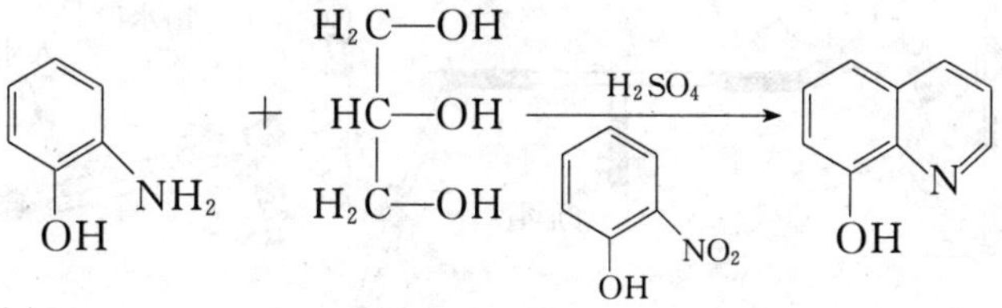

反应可能的过程为

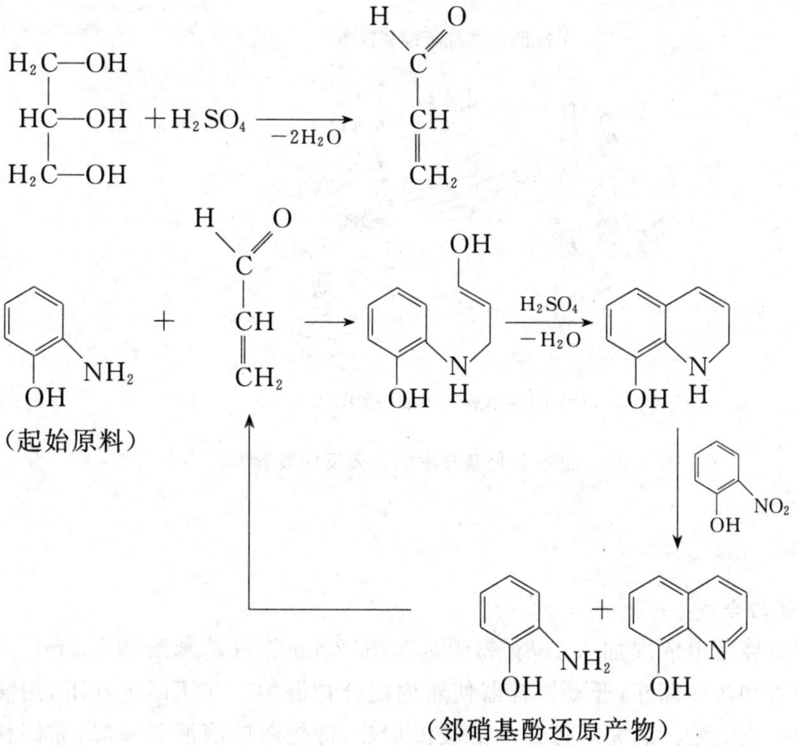

（邻硝基酚还原产物）

## 【实验装置】

实验装置如图 2.20 所示。

## 【主要试剂与仪器】

1. 试剂:邻氨基苯酚 2.8g(25mmol),邻硝基苯酚 1.8g(13mmol),无水甘油 7.5mL (100mmol),浓硫酸,氢氧化钠,饱和碳酸钠溶液,乙醇。

2. 仪器:三口烧瓶(100mL 1 个),圆底烧瓶(50mL 1 个),球形冷凝管 1 支,直型冷凝管 1 支,烧杯(250、100mL 各 1 只),布氏漏斗,抽滤瓶,锥形瓶,滴液漏斗,克氏蒸馏头,尾接管,量筒,油浴锅,磁力搅拌器,真空干燥箱。

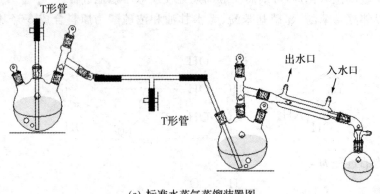

(a) 标准水蒸气蒸馏装置图

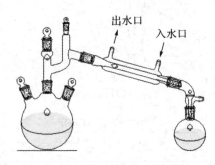

(b) 简易水蒸气蒸馏装置图

图 2.20　制备 8-羟基喹啉的主要反应装置

## 【实验步骤】

1. 8-羟基喹啉的合成

在 100mL 三口烧瓶中依次加入 1.8g 邻硝基苯酚、2.8g 邻氨基苯酚和 7.5mL 无水甘油，装上回流冷凝管和滴液漏斗，开动搅拌器使瓶内混合物混匀。在不断搅拌下，用滴液漏斗慢慢滴入 4.5mL 浓硫酸。滴完后打开油浴缓慢加热，待烧瓶内溶液微沸时，立即移开热源。反应大量放热，待反应缓和后，继续加热，保持反应物微沸回流 1.5～2 小时，停止加热。

2. 第一次水蒸气蒸馏

待反应体系稍冷后拆下球形冷凝管，改为水蒸气蒸馏装置，如图 2.20(b)所示。向烧瓶内加入约 15mL 水，搅拌混匀，进行简易水蒸气蒸馏，以除去未反应的邻硝基苯酚(约 30min)，直至馏分由浅黄色变为无色为止。

3. 第二次水蒸气蒸馏

待瓶内液体冷却后，慢慢滴加氢氧化钠溶液约 7mL(质量比 1：1)，搅拌冷却后，再缓慢滴加饱和碳酸钠溶液约 5mL，使之呈中性。再向体系内加入 20mL 水进行水蒸气蒸馏，以蒸出产物 8-羟基喹啉。

待馏出液充分冷却后，抽滤收集析出物，洗涤，干燥，粗产物约 3g。粗产物用 4：1(体积比)乙醇—水混合溶剂 25mL 重结晶，得 8-羟基喹啉 2～2.5g(产率 54%～68%)。

纯 8-羟基喹啉的 m.p. 为 75～76℃，其核磁共振氢谱及碳谱见附图 48 和附图 49。

**【实验指导】**

1. 本实验所用甘油含水量必须少于 $0.5\%$（$d=1.26g/cm^3$）。如果甘油含水量较大,则 8-羟基喹啉的产率较低。可将普通甘油在通风橱内置于瓷蒸发皿中加热至 $180℃$,冷却至 $100℃$左右放入盛有浓 $H_2SO_4$ 的干燥器中备用。

2. 此反应系放热反应,溶液微沸时表示反应已经开始,若继续加热,反应将过于激烈,会使溶液冲出容器。

3. 8-羟基喹啉既溶于碱又溶于酸而成盐,且成盐后不被水蒸气蒸馏出来,为此必须小心中和,严格控制 $pH=7\sim8$ 之间。当中和恰当时,瓶内析出的 8-羟基喹啉沉淀最多。

4. 粗产物用 $4:1$(体积比)乙醇—水混合溶剂 $25mL$ 重结晶时,由于 8-羟基喹啉难溶于冷水,于放置滤液中慢慢滴入无离子水,即有 8-羟基喹啉不断析出结晶。

5. 产率以邻氨基苯酚计算,不考虑邻硝基苯酚部分转化后参与反应的量。

**【思考题】**

1. 在合成 8-羟基喹啉时,可否以硝基苯替代邻硝基苯酚作氧化剂,为什么?

2. 在反应中如果用对甲基苯胺、β-萘胺或邻苯二胺作原料应得到什么产物? 硝基化合物应如何选择?

3. 为什么第一次水蒸气蒸馏要在酸性条件进行,第二次要在中性条件下进行?

4. 第二次水蒸气蒸馏前,如果混合物的 pH 值调节不当会导致什么后果? 若用碱液将 pH 值调得太高,应采取什么补救措施?

# 第3章 综合实验

## 实验二十八 2-甲基-2-己醇的制备

2-甲基-2-己醇（2-Methyl-2-hexanol）为无色液体，具特殊气味，相对分子质量为116.20，分子式为 $C_7H_{16}O$，沸点为141～142℃，折射率为1.4175，相对密度为0.8119，微溶于水，容易溶解在醚、酮的溶液中，能与水能形成共沸物（沸点87.4℃，含水27.5％）。

### 【实验预习要求】

1. 了解 2-甲基-2-己醇的制备原理和实验方法。
2. 了解格氏试剂的制备、应用和格氏反应的条件。
3. 了解机械搅拌装置的安装和使用方法。
4. 了解有关回流、萃取、蒸馏等操作要点以及红外光谱、质谱的解析。

### 【实验原理】

卤代烷烃与金属镁在无水乙醚中反应生成烃基卤化镁 RMgX，称为 Grignard 试剂，它能与羰基化合物等发生亲核加成反应，产物经水解后可得到醇类化合物。

本实验以正溴丁烷为原料、乙醚为溶剂制备 Grignard 试剂，而后再与丙酮发生加成、水解反应，制备 2-甲基-2-己醇。反应必须在无水、无氧、无活泼氢条件下进行，因为水、氧或其他活泼氢的存在都会破坏 Grignard 试剂。主要反应如下：

$$n\text{-}C_4H_9Br + Mg \xrightarrow{\text{无水乙醚}} n\text{-}C_4H_9MgBr$$

$$n\text{-}C_4H_9MgBr + CH_3COCH_3 \xrightarrow{\text{无水乙醚}} n\text{-}C_4H_9\overset{\displaystyle OMgBr}{\underset{|}{C}}(CH_3)_2$$

$$n\text{-}C_4H_9\overset{\displaystyle OMgBr}{\underset{|}{C}}(CH_3)_2 + H_2O \xrightarrow{H^+} n\text{-}C_4H_9\overset{\displaystyle OH}{\underset{|}{C}}(CH_3)_2$$

### 【主要试剂与仪器】

1. 试剂：镁粉或镁带，正溴丁烷，丙酮，无水乙醚，10％硫酸溶液，5％碳酸钠溶液，无水碳酸钾等。
2. 仪器：机械搅拌装置，回流装置，干燥管，恒压滴液漏斗，分液漏斗，布氏漏斗，抽滤瓶及蒸馏装置等。

### 【实验装置】

实验装置如图 3.1 所示。

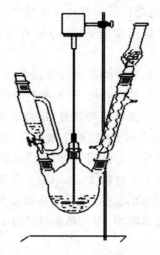

图 3.1 制备 2-甲基-2-己醇的主要装置

## 【实验步骤】

### 1. 正丁基溴化镁的制备

在 250mL 的三口烧瓶上分别安装机械搅拌、球形冷凝管和恒压滴液漏斗,在冷凝管的上口安装氯化钙干燥管,如图 3.1 所示。在三口烧瓶中加入 3g 镁条(去氧化膜)、15mL 无水乙醚和一小粒碘。在恒压滴液漏斗中加入 13.5mL 正溴丁烷和 15mL 无水乙醚。从恒压漏斗滴加入 5mL 混合液到三口烧瓶中,数分钟后反应开始,溶液微沸,碘颜色消失。当反应较为平稳后,自冷凝管上端加入 25mL 无水乙醚,启动搅拌,并滴加入其余的正溴丁烷醚混合物。控制滴加速度维持反应液呈微沸状态,滴加完毕后,再水浴回流 20min,使镁屑几乎作用完全。

### 2. 2-甲基-2-己醇的制备

在冰水浴冷却及磁力搅拌下,从恒压漏斗滴加入 10mL 丙酮和 15mL 无水乙醚的混合液,控制滴加速度,勿使反应过于剧烈。滴加完后,继续搅拌 15min。将反应瓶在冰水浴冷却和搅拌下,从恒压漏斗分批加入 100mL 10%硫酸溶液,分解产物(开始滴入宜慢,以后可逐渐加快)。待分解完全后,将反应瓶中的溶液倒入分液漏斗中,分出水层和醚层。每次用 25mL 乙醚萃取水层两次,合并全部醚层,用 30mL 5%碳酸钠溶液洗涤一次。醚层用适量的无水碳酸钾干燥并静置数分钟。

将干燥后的粗产物醚溶液滤入筒形(滴液)漏斗或恒压漏斗中,安装低沸点易燃液体连续蒸馏装置,用温水浴蒸去乙醚,乙醚全部蒸出后改成常用蒸馏装置,在电加热套中空气浴加热蒸出最终产品,收集 137~141℃馏分。量取馏分体积,取少量液体测定其折光率。

### 3. 2-甲基-2-己醇的结构表征

测定产品的沸点,并做质谱和核磁共振碳谱鉴定,谱图见附图 50 和附图 51。

## 【实验指导】

1.本实验所用仪器及试剂必须充分干燥。正溴丁烷用无水氯化钙干燥并蒸馏纯化。丙酮用无水碳酸钾干燥,亦经蒸馏纯化。所用仪器在烘箱中烘干后,取出稍冷即放入干燥器中冷却。或将仪器取出后,在开口处用塞子塞紧,以防在冷却过程中玻璃壁吸附空气中的水分。

2.本实验的搅拌棒必须密封。装置搅拌器时应注意:(1)搅拌棒应保持垂直,其末端不要触及瓶底;(2)装好后应先用手旋动搅拌棒,试验装置无阻滞后,方可开动搅拌器。

3.镁屑不宜采用长期放置的。如果长期放置,镁屑表面常有一层氧化膜。对此可采用下法除去:用5％盐酸溶液作用数分钟,抽滤除去酸液后,依次用水、乙醇、乙醚洗涤。抽干后置于干燥器内备用。也可用镁带代替镁屑,使用前用细砂纸将其表面擦亮,剪成小段。

4.为了使开始时正溴丁烷局部浓度较大,易于发生反应,故搅拌应在反应开始后进行。若5min后反应仍不开始,可用温水浴温热,或在加热前加入一小粒碘促使反应开始。

5.2-甲基-2-己醇与水能形成共沸物,因此必须很好地干燥,否则前馏分会大大增加。

## 【思考题】

1.本实验在将Grignard试剂加成物水解前的各步中,为什么使用的药品仪器均须绝对干燥?如何采取措施?

2.如果在反应未开始前加入大量正溴丁烷,有什么不好?

3.本实验有哪些可能的副反应,如何避免?

4.为什么本实验得到的粗产物不能用无水氯化钙干燥?

5.用Grignard试剂法制备2-甲基-2-己醇,还可采取什么原料?写出反应式并对几种不同的路线加以比较。

## 实验二十九　7,7-二氯双环[4.1.0]庚烷的制备

7,7-二氯双环[4.1.0]庚烷为无色液体,分子量为163.06,沸点为198℃,折光率$n_D^{20}$为1.5012,是一种有机合成的中间体。

## 【实验预习要求】

1.了解相转移催化反应的原理及其在有机合成中的应用。

2.学习二氯卡宾在有机合成中的应用。

3.掌握季铵盐类化合物的合成方法。

4.掌握萃取、减压蒸馏等操作。

## 【实验原理】

相转移催化剂的基本作用:一般存在相转移催化的反应,都存在水溶液和有机溶剂两相,离子型反应物往往可溶于水相,不溶于有机相,而有机底物则可溶于有机溶剂中。当不存在相转移催化剂时,两相相互隔离,反应物无法接触,反应进行得很慢。相转移催化剂的存在,可以与水相中的离子结合(通常情况),并利用自身对有机溶剂的亲和性,将水相中的反应物转移到有机相中,促使反应发生。

季铵盐类化合物是应用最多的相转移催化剂。其合成方便,价格比较便宜,具有同时在水相和有机相溶解的能力。其中烃基是油性基团,带正电的铵是水溶性基团,季铵盐的正负

离子在水相形成离子对,可以将负离子从水相转移到有机相,而在有机相中,负离子无溶剂化作用,反应活性大大增加。如三乙基苄基氯化铵(triethyl benzyl ammonium chloride, TEBA)是一种季铵盐,常用作多相反应中的相转移催化剂(PTC)。它具有盐类的特性,是结晶形的固体,能溶于水。在空气中极易吸湿分解。TEBA 可由三乙胺和氯化苄直接作用制得。反应式为

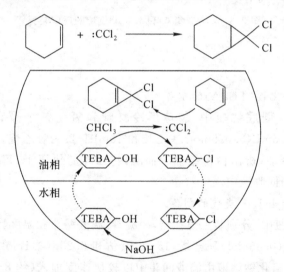

卡宾($H_2C$:)是非常活泼的反应中间体,价电子层只有六个电子,是一种强的亲电试剂。卡宾的特征反应有碳氢键的插入反应及对 $C\!=\!C$ 和 $C\!\equiv\!C$ 键的加成反应,形成三元环状化合物,二氯卡宾($Cl_2C$:)也可对碳氧双键加成。产生二卤代卡宾的经典方法之一是由强碱如叔丁醇钾与卤仿反应,这种方法要求严格的无水操作,因而不是一种方便的方法。在相转移催化剂存在下,于水相—有机相体系中可以方便地产生二卤代卡宾,并进行烯烃的环丙烷化反应。这种方法不需要使用强碱和无水条件,给实验操作带来很大方便,同时还缩短反应时间,提高产率。

本实验采用三乙基苄基氯化铵作为相转移催化剂,在氢氧化钠水溶液中进行二氯卡宾对环己烯的加成反应,合成二氯双环[4.1.0]庚烷,反应原理如图 3.2 所示。

图 3.2　三乙基苄基氯化铵作为相转移催化剂合成二氯双环[4.1.0]庚烷的反应原理

## 【主要试剂与仪器】

1. 试剂:无水氯化钙,三乙胺,1,2-二氯乙烷,环己烯,氯仿,氯化苄,氢氧化钠水溶液,无水硫酸钠等。

2. 仪器:机械搅拌器,循环水泵,圆底烧瓶(100mL,2 个),三口烧瓶(50mL,2 个),直形冷凝管,球形冷凝管,滴液漏斗,温度计,锥形瓶(50mL,2 个),分液漏斗(250mL,1 个),蒸馏头,接引管,氯化钙干燥管,烧杯(250mL,400mL 各 1 个),布氏漏斗。

## 【实验装置】

实验装置如图 3.3 所示。

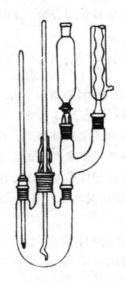

图 3.3  7,7-二氯双环[4.1.0]庚烷的反应装置

## 【实验步骤】

1. 三乙基苄基氯化铵(TEBA)的制备

在干燥的 100mL 圆底烧瓶中,装球形冷凝管和氯化钙干燥管,依次加入 2.8mL (0.025mol)氯化苄,3.5mL(0.025mol)三乙胺和 10mL1,2-二氯乙烷。加热回流 1.5h。反应完毕后,将反应液冷却,析出白色结晶。抽滤,将固体滤饼压干,得到白色固体(产量约 5g)。滤液倒入指定的回收液中。

2. 7,7-二氯双环[4.1.0]庚烷的制备

在 50mL 三口烧瓶中,分别装上搅拌器,冷凝管,滴液漏斗和温度计,如图 3.3 所示。

在瓶中加入 4.1g(0.05mol)环己烯,15mL 氯仿和 0.25g(0.1mol)TEBA,在剧烈搅拌下,将 12.5mL50％氢氧化钠溶液由滴液漏斗中以较快速度加入(约 8～10min)。温度逐渐上升到 50～55℃左右,反应液的颜色逐渐变为橙黄色并有固体析出。当温度开始下降后用水浴加热回流 1h。冷至室温后,加水到固体全部溶解。将混合液转移至分液漏斗中,分出有机层。用等体积水洗 2 次使呈中性,用无水硫酸钠干燥。

干燥后的溶液水浴加热蒸出氯仿后,先用水泵减压除去低沸点物,再用油泵减压蒸馏收集 80～82℃/16mmHg,95～97℃/35mmHg 的馏分,产量 5～6g,产品也可在常压下蒸馏,收集 190～198℃馏分,沸点使产物略有分解。

纯 7,7-二氯双环[4.1.0]庚烷沸点 198℃,78～79℃/15mmHg,96℃/35mmHg。

## 【实验指导】

1. 久置的氯化苄常伴有苄醇和水,因此在使用前应当采用新蒸馏过的氯化苄。

2. TEBA 为季铵盐类化合物,极易在空气中受潮分解,需隔绝空气保存。本实验也可采用四丁基溴化铵作为相转移催化剂,但实验效果有所差异。

3. 此反应在两相中进行,因此在反应过程中,必须剧烈搅拌反应混合物,否则将影响产率。

4. 反应液分层时,若两层中间有絮状物,可用漏斗过滤处理。

5. 粗产品可以用水泵减压蒸馏收集的沸点范围在 90～100℃ 之间,也可以常压蒸馏,但有轻微分解。

6. 本实验中使用的浓碱溶液呈黏稠状,腐蚀性极强,应小心操作。

7. 实验中使用的氯化苄有强烈的刺激性气味,有催泪性,操作时应戴好防护眼镜和手套,并在通风橱内进行。若皮肤或眼镜不慎接触,应用大量流动清水冲洗至少 15min 后就医。

## 【思考题】

1. 为什么季铵盐能作为相转移催化剂? 除了季铵盐外,还有什么试剂可以做相转移催化剂?

2. 反应器为什么要干燥?

3. 本实验中为什么要使用过量的氯仿?

## 实验三十　己二酸二乙酯的绿色催化合成

己二酸二乙酯为无色液体,分子量为 202.25,熔点为 -19.8℃,沸点为 240～245℃,相对密度为 1.01。有毒,有刺激性,对眼睛、皮肤、黏膜有刺激作用。己二酸二乙酯不溶于水,溶于醇、醚等。其可燃,遇明火、高热可燃,受高热分解,放出刺激性烟气。己二酸二乙酯的主要用途:(1)用作乙酸纤维素,乙酸丁酸纤维素及硝酸纤维素的增塑剂;(2)也可用作有机溶剂和中间体。

## 【实验预习要求】

1. 理解绿色化学的含义,掌握绿色化学的基本原理和方法。

2. 了解微波辐射在有机合成上的应用。

3. 掌握己二酸及己二酸二乙酯绿色合成的实验方法和技巧。

4. 了解酯化反应的特点及反应条件。

## 【实验原理】

绿色化学是对环境无害的化学合成,通过一系列原理来降低或消除化工产品的设计、生产及应用中有毒有害物质的使用和生产。绿色化学的方法和原则如下:

在反应物、试剂、溶剂、产物、催化剂等方面采取非传统的来源和方法,达到无溶剂或绿色溶剂、零排放、原子经济的水平。

本实验先在均相钨催化剂作用下,以环己烯为原料,过氧化氢为氧化剂,水为溶剂合成己二酸,进而采用浓硫酸为催化剂,以甲苯共沸除水,将己二酸和无水乙醇在微波辐射下合成己二酸二乙酯。具体反应式如下:

$$\text{环己烯} + 4H_2O_2 \Longrightarrow \text{（己二酸）COOH（COOH）} + 4H_2O$$

$$\text{（COOH／COOH）} + 2C_2H_5OH \xrightleftharpoons[\text{甲苯}]{H_2SO_4} \text{（COOC}_2\text{H}_5\text{／COOC}_2\text{H}_5\text{）} + 2H_2O$$

## 【主要试剂与仪器】

1. 试剂：环己烯（含量 98％以上），过氧化氢（30％H₂O₂，分析纯），钨催化剂（自制），无水乙醇，甲苯，浓硫酸，甲苯，乙醚。

2. 仪器：锥形瓶（150mL），圆底烧瓶（100mL 1 个，50mL 3 个），油水分离器，球形冷凝管，温度计，玻璃弯管，加热油浴，磁力搅拌器，冰浴，真空水泵，布氏漏斗，抽滤瓶，表面皿，容量瓶，移液管，真空干燥箱，微波炉，克氏蒸馏头，毛细管，直型冷凝管，多尾接液管，真空油泵，气相色谱仪。

## 【实验装置】

实验装置如图 3.4 所示。

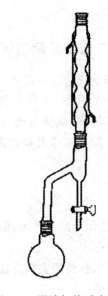

图 3.4　微波加热反应装置

## 【实验步骤】

1. 己二酸的制备

（1）催化剂的制备

在装有搅拌器的 100mL 三口烧瓶中，加入 2.34g（0.0071mol）钨酸钠，用 20mL 水溶解，加入 7.2mL 3.80mol/L 硫酸溶液，再加入 38mL（1.24mol）30％ H₂O₂ 搅拌 30min，得到淡黄色的活性过氧络合钨化合物均相催化剂溶液。该催化剂溶液可以先预先由老师制备好。

（2）催化合成过程

量取一定量的催化剂（钨催化剂溶液，约 14mL）加入锥形反应瓶中，加 $H_2O_2$（质量分数 30%）42mL（1.37mol），在室温下搅拌 10min。再加入 8mL（0.079mol）环己烯，继续快速搅拌一定时间（约 5min）后，进行第一次取样。加热至出现回流，控制油浴温度适当高于回流温度（大约 71～75℃），直至回流结束。回流结束后，继续控制温度在 90℃反应 4～5h 后，结束反应。在反应过程中，取样三次，以备气相色谱测定环己烯的含量并计算转化率。

反应后的液体在 0℃下冷却过夜，可得白色结晶，过滤，用少量干净的饱和己二酸水溶液洗涤晶体，置于真空干燥箱中，在 50℃下干燥得到白色结晶。

2. 己二酸二乙酯的制备

在 100mL 圆底烧瓶中依次加入己二酸、无水乙醇（$n_{己二酸}:n_{乙醇}=1:8$）浓硫酸 0.3mL、甲苯 10mL，摇匀后放入微波炉装上油水分离器和回流装置，如图 3.4 所示，在微波功率 700W 下进行酯化反应，反应约 10min 后结束即得到粗己二酸二乙酯。

将粗己二酸二乙酯减压蒸馏提纯，先蒸除甲苯和过量的乙酸，然后收集 128～130℃/1.5kPa 的馏分，得无色油状液体即为己二酸二乙酯。

纯己二酸二乙酯沸点为 240～245℃，折光率 $n_D^{20}$ 为 1.4272，相对密度为 1.01，其红外光谱、质谱、核磁共振谱见附图 52 至附图 54。

【实验指导】

1. 己二酸制备实验油浴温度要比回流温度适当高一些。

2. 若双氧水含量偏低，要适当增加其用量。

3. 己二酸二乙酯的制备中无水乙醇的用量应合理。

4. 己二酸制备时三次取样方法如下：第一次取样是在反应物加入反应瓶并搅拌均匀后，在搅拌下用移液管取样 1mL 于 10mL 容量瓶中，加入 0.03mL 甲苯作为内标，用乙醚定容，摇匀。待放置约 5min 后，取 1μL 样品，进行气相色谱分析。第二次取样在回流 20min 之后，搅拌下取 1mL 反应液，同第一次样品处理后进行色谱分析。第三次取样在回流停止 20min 后，搅拌下取样 1mL，同第一次取样操作。

5. 气相色谱工作条件：毛细管柱 15m×0.5mm（SE-30），柱温 75℃；检测器温度 130℃；进样口温度 130℃；柱前压 0.022MPa；氢气压力 0.1MPa，流量 70mL/min；空气压力 0.16MPa，流量 360mL/min；氮气压力 0.31MPa，流量 3mL/min。在此条件下，环己烯保留时间大约在（0.718±0.014）min；甲苯（内标物）保留时间为（0.971±0.014）min；环己酮保留时间为 2.20min。

6. 实验中使用的催化剂溶液有比较强的腐蚀性，不要接触皮肤或身体任何部位。

7. 微波反应完成后，取出反应瓶时应戴隔热手套，以免高温烫伤。

【思考题】

1. 己二酸制备在回流结束之前为什么要选择快速搅拌？回流后的搅拌速率应如何控制？

2. 根据绿色氧化反应机理，推测酸在己二酸制备反应中起什么作用？

3. 在己二酸二乙酯的制备中为什么要控制酸醇的比率？

4. 微波功率大小对己二酸二乙酯的制备各有什么影响？

# 实验三十一　四苯基乙烯(TPE)的合成

四苯基乙烯(Tetraphenylethene, TPE)，又名 $1,1',2,2'$-四苯基乙烯、均四苯乙烯，为白色粉末，熔点为 222～224℃。四苯基乙烯及其衍生物具有独特的聚集诱导发光(aggregation-induced emission, AIE)性质而备受关注，其固态发光性能优良，合成简便，易功能化，在有机光电材料、化学传感器、生物荧光探针方面具有广泛应用。聚集诱导发光指的是分子在稀溶液时不发光，而在聚集态或固态时呈现很强的荧光发射。该现象是由唐本忠教授等[1-2]于 2001 年率先发现的，他们认为这一现象主要是由于聚集状态下分子内旋转受限，降低了激发态能量的非辐射衰减，从而使荧光发射得以增强。

## 【实验预习要求】

1. 了解 AIE 现象及其原理。
2. 学习并掌握无水无氧实验操作及注意事项。
3. 了解 McMurry 反应(麦克默里反应)[3]原理及方法。
4. 学习 TPE 的合成方法。
5. 熟练掌握薄层色谱(Thin Layer Chromatography, TLC)、柱色谱原理及方法。

## 【实验原理】

McMurry 反应是醛酮在还原性金属(Li, Na, Mg, Zn, LiAlH$_4$, Zn-Cu)和低价态钛(TiCl$_3$, TiCl$_4$)的作用下两个羰基缩合去氧得到烯烃的反应。形式上它是臭氧化反应的逆反应。反应机理涉及锌介导的嚬哪醇缩合外加钛介导消除反应生成烯烃，是重要的成烯反应之一。一般过程[3]如下：

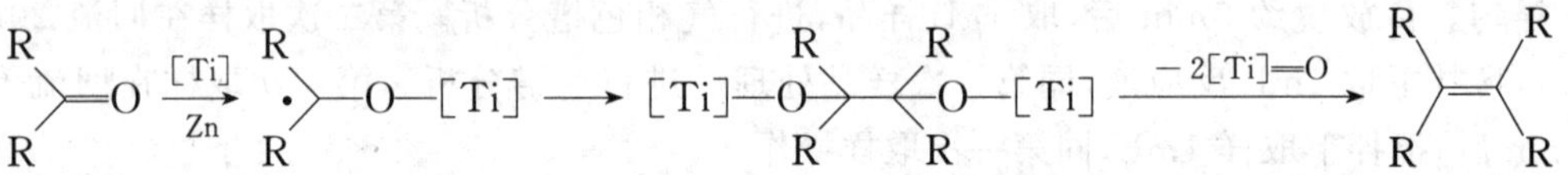

本实验以二苯甲酮为原料，在金属锌(Zn)和四氯化钛(TiCl$_4$)的作用下，双羰基缩合去氧而得到四苯基乙烯。反应式如下：

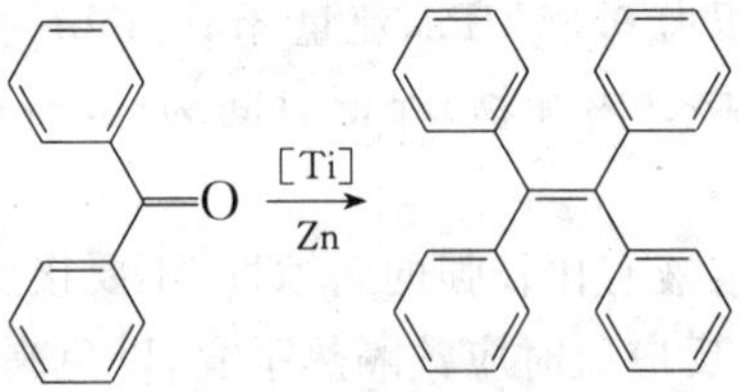

## 【主要试剂与仪器】

1. 试剂：二苯甲酮，锌粉，新蒸四氢呋喃，四氯化钛($M_r = 189.71$, $\rho_{(水=1)} = 1.73$)，二氯甲烷，石油醚，丙酮/干冰，无水硫酸镁，中性氧化铝，硅胶粉，乙醇

2. 仪器：100mL 二口瓶，球形冷凝管，锥形瓶，烧杯，玻璃棒，橡胶塞，无水无氧实验装置(双排管)，真空泵，氮气，加热台，油浴锅，250mL 分液漏斗，三角漏斗，定性滤纸，旋转蒸发

仪,硅胶板,展缸,毛细点样管,色谱柱,1.5mL 注射器,储液球,橡胶管,刮勺,药勺,365nm 紫外灯。

## 【实验装置】

实验装置如图 3.5 所示。

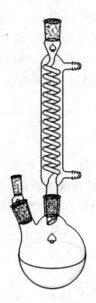

图 3.5 制备四苯基乙烯的装置

## 【实验步骤】

### 1.四苯基乙烯的制备

(1)称量:二苯甲酮 1.8g(10mmol),锌粉 1.2g(20mmol),加入 100mL 二口瓶内。

(2)放入磁石,将二口瓶的一口塞上橡胶塞,另一口连接球形冷凝管,并将冷凝管连接到双排管上,如图 3.5 所示。

(3)打开真空泵,将反应瓶与真空相通,抽真空半小时后,抽真空换氮气三次,最后将反应瓶与氮气相通。

(4)加入新蒸四氢呋喃 50mL,并将反应瓶放入丙酮/干冰中降温至−78℃,然后用注射器滴入四氯化钛 1.1mL(10mmol)。

(5)15min 后,将反应瓶撤出干冰/丙酮浴,于常温下再搅拌 30min 后,加热回流反应 8 小时。

### 2.反应后处理

(1)反应完毕,冷却至室温。

(2)取 250mL 分液漏斗,加入 50mL 水、15mL 稀盐酸,再将反应液倒入其中,用 2× 50mL 二氯甲烷萃取,合并有机相。

(3)将步骤(2)所得有机相用 3×50mL 水洗涤,合并有机相。

(4)将上步所得有机相用无水硫酸镁干燥。

(5)过滤,用旋转蒸发仪蒸出溶剂得到粗产物。

(6)柱色谱纯化(石油醚淋洗剂),产率约80%。亦可用乙醇重结晶纯化。

3. 聚集诱导现象观测

(1)将少量四苯基乙烯固体溶解在二氯甲烷中,用毛细管蘸取该溶液,点样于硅胶板上,形成一个湿点,在365nm的紫外光灯下观测,若没有观测到荧光点,继续用电吹风将该湿点吹干,再次用365nm的紫外光灯观测,可以看到一个明亮的蓝色荧光点。如果在该荧光点上滴加1滴二氯甲烷溶剂,则该荧光点又消失,二氯甲烷挥发以后,荧光点再次显现。

(2)在试管中用THF溶解少量四苯基乙烯,制成稀溶液,在365nm紫外灯下观测,该溶液无荧光,继续往该THF溶液中慢慢滴加水,并振荡,在365nm荧光灯下观测发现该混合溶液荧光逐渐变强。

## 【实验指导】

1. 抽真空、换氮气操作时宜缓慢进行,杜绝倒吸。

2. 低温操作注意防止冻伤,可佩戴棉线手套保护。

3. 四氯化钛有刺激性酸味,且在空气中发烟,操作时宜佩戴手套、防毒面具,并两人合作,快速进行。

## 【思考题】

1. AIE现象是什么? 怎样判断AIE现象?

2. 无水无氧操作需要注意的问题有哪些?

## 【参考文献】

[1] LUO J D,XIE Z L,LAMA J W Y,et al. Aggregation-induced Emission of 1-methyl-1,2,3,4,5-penta-phenylsilole[J]. Chem Commun,2001:1740-1741.

[2] TANG B Z,ZHAN X W,YU G,et al. Efficient Blue Emission from Siloles[J]. J Mater Chem,2001,11:2974-2978.

[3] VILLIERS C,EPHRITIKHINE M. New Insights into the Mechanism of the McMurry Reaction[J]. Angew Chem Int Ed,1997,36:2380-2382.

## 实验三十二　对溴苯乙炔的合成

对溴苯乙炔(4-Bromophenylacetylene),又名1-溴-4-乙炔基苯(1-bromo-4-ethynyl-benzene)、(4-溴苯基)乙炔((4-Bromophenyl)acetylene),分子量为181.03,熔点为64~67℃。对溴苯乙炔因同时具有两种可功能化基团,故可根据需要对其进行修饰,是常用的有机合成中间体之一,在有机合成领域也占有极其重要的地位。

## 【实验预习要求】

1. 了解钯催化偶联反应原理。

2. 了解Sonogashira偶联反应原理及方法。

3. 学习并掌握对溴苯乙炔的合成方法及实验要点。

3. 学习并掌握三键的构建方法。

## 【实验原理】

钯催化偶联反应是偶联反应的一大类,是指以钯化合物作为催化剂(多为均相催化剂)的反应。例如,Heck 反应:烯烃与芳卤偶联;Suzuki 反应:芳卤与烷基硼酸偶联;Stille 反应:卤代烃与有机锡偶联;Hiyama 偶联反应:卤代烃与有机硅偶联;Sonogashira 偶联反应:芳卤与炔烃偶联,碘化亚铜作共催化剂;Negishi 偶联反应:卤代烃与有机锌偶联;Buchwald-Hartwig 胺化反应:芳卤与胺偶联。

常用的钯催化剂有乙酸钯、四(三苯基膦)钯(0)、双(三苯基膦)二氯化钯(Ⅱ)、(1,1′-双(二苯基膦)二茂铁)二氯化钯。未优化的反应一般用 10~15mol% 的钯催化剂,优化的反应可仅用 0.1mol% 或更少的催化剂。但是,带有膦配体的钯对氧气敏感,而且易脱落,因而反应往往需要惰性气体保护。同时,惰性气体保护可以防止炔烃化合物自身氧化偶联反应的发生。

Sonogashira 偶联反应是由 Pd/Cu 混合催化剂催化的末端炔烃与 $sp^2$ 型碳的卤化物之间的交叉偶联反应。这一反应最早在 1975 年由 Heck、Cassar 以及 Sonogashira 等独立发现。经过近三十年的发展,它已逐渐为人们所熟知,并成为了一个重要的人名反应。目前,Sonogashira 反应在取代炔烃以及大共轭炔烃的合成中得到了广泛的应用,从而在很多天然化合物、农药医药、新兴材料以及纳米分子器件的合成中起着关键的作用。一般反应如下:

$$H—C≡C—R + R'—X \xrightarrow[\text{碱性条件}]{\text{Pd 催化,Cu 催化}} R'—C≡C—R \quad \begin{array}{l} R' = Aryl,\ Vinyl \\ X = I,Br,Cl,OTf \end{array}$$

Sonogashira 反应机理如下:钯与卤代芳烃(或碘乙烯)发生氧化加成反应,生成芳基(或乙烯基)碘化钯;氯化亚铜(或碘化亚铜)在碱性条件下与炔生产炔化铜,后者与芳基(或乙烯基)卤化钯发生金属交换反应,生成芳基(或乙烯基)炔化钯,然后发生还原消除反应生成零价钯和芳基炔(或烯炔),完成一个催化循环。过程如下:

本实验以对溴碘苯为原料,通过 Sonogashira 偶联反应制备对溴苯乙炔,由于碘的活性比溴的活性要高,在三乙胺的碱性条件下,只能使碘被取代,如果要使溴被取代往往需要更强的碱性,所以本实验可以有选择地取代掉碘而使溴保留,其主要方法有二。

方法一:

方法二：

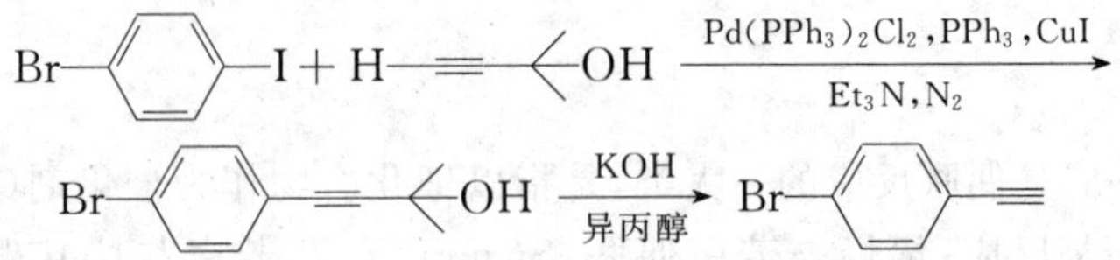

## 【主要试剂与仪器】

1. 试剂：对溴碘苯，三乙胺，异丙醇，四氢呋喃（THF），甲醇，双（三苯基膦）二氯化钯（II），三苯基膦，碘化亚铜，无水硫酸镁，碳酸钾，氢氧化钾，二氯甲烷，正己烷，硅胶粉。

2. 仪器：100mL、250mL 二口瓶，球形冷凝管，锥形瓶，烧杯，玻璃棒，橡胶塞，无水无氧实验装置（双排管），真空泵，氮气，磁力搅拌器，油浴锅，250mL 分液漏斗，三角漏斗，定性滤纸，旋转蒸发仪，硅胶板，展缸，毛细点样管，色谱柱，储液球，橡胶管，刮勺，药勺，紫外灯。

## 【实验步骤】

方法一

1. 制备 1-溴-4-(2-(三甲基硅)乙炔基)苯

在氮气保护下，在一个 250mL 的两口圆底烧瓶中，加入对溴碘苯 5.1g（18mmol）、Pd(PPh$_3$)$_2$Cl$_2$ 0.23g（0.33mmol）、CuI 40mg（0.2mmol）和 PPh$_3$（52mg，0.2mmol），加入 80mL 三乙胺，滴加三甲基硅乙炔 2.0g（2mmol），常温下反应液搅拌 1.5h。

反应完毕，将反应液倒入水中，用二氯甲烷萃取三次，合并萃取液，用稀盐酸洗萃取液两次，用硫酸镁干燥后，过滤，以正己烷为淋洗剂过柱得到产品。白色固体 4.2g，产率 92.3%。

2. 脱三甲基硅基得末端炔

在一个 100mL 二口圆底烧瓶中，称取 1-溴-4-(2-(三甲基硅)乙炔基)苯 0.51g（2mmol），加入 60mL 甲醇和 40mL 四氢呋喃作为溶剂，加入碳酸钾 345mg（2.5mmol），室温搅拌约 8h 后，倒入 200mL 水中，二氯甲烷萃取三次，合并有机相，无水硫酸钠干燥，过滤，旋蒸除去溶剂。粗产品用硅胶柱分离提纯，以正己烷为淋洗剂，得白色固体 0.32g，产率 89.2%。

方法二

1. 制备 1-溴-4-((2-甲基-2-羟基)-丙炔基)苯

称取对溴碘苯 5.94g（21mmol）、2-甲基-3-丁炔-2-醇 1.8g（21mmol）、三苯基膦 0.11g（0.42mmol）、Pd(PPh$_3$)$_2$Cl$_2$ 0.27g（0.38mmol）、80mL 三乙胺，加入 250mL 二口烧瓶中，电磁搅拌使其充分混合。通入氮气，除氧 30min 后，加入 44mg（0.23mmol）碘化亚铜，油浴加热至 80℃下进行反应 12h。

反应完毕，冷却至室温，将反应液倒入水中，用二氯甲烷萃取三次，合并萃取液，水洗 3 次，无水硫酸镁干燥，过滤，然后用硅胶过滤，将滤液浓缩，得到橙色油状物。将此油状物用 $V_{乙酸乙酯}$：$V_{石油醚}$＝1：5 作展开剂，硅胶作吸附剂进行柱层析分离，将所得产物室温下真空干燥，得到淡黄色油状物 4.5g，产率 89%。

2. 脱丙酮得末端炔

将上步反应所得 1-溴-4-((2-甲基-2 羟基)-丙炔基)苯盛于 250mL 烧瓶内，加入 1.12g

（20mmol)氢氧化钾，10mL 异丙醇，装上回流冷凝管，电磁搅拌，油浴回流下反应 3h。

停止反应后，冷却，产物用稀盐酸洗涤，用无水硫酸钠干燥，过滤，滤液浓缩后得到橙色油状物，经快速硅胶柱纯化，得白色固体对溴苯乙炔，产率 85％，总产率 75％，产物避光 10℃保存。

## 【实验指导】

制备 1-溴-4-(2-(三甲基硅)乙炔基)苯时，反应时间的长短最终应由薄层层析(TLC)跟踪检测决定。

## 【思考题】

1. Sonogashira 反应机理及具体过程。
2. 常用的合成末端炔的方法有哪些？比较各方法的优缺点。

# 实验三十三　安息香的合成及应用

安息香(benzoin)为白色针状结晶，分子量为 212.25，熔点为 135～137℃，相对密度为 1.310(20/4℃)，微溶于水和乙醚，易溶于乙醇和丙酮。制药工业将安息香用作防腐剂。安息香又名苯偶姻、二苯基乙醇酮、1,2-二苯羟乙酮。安息香分子中含有羰基和羟基两种官能团，可分别进行该两种基团的反应。曾是较早商业化的光固化胶粘剂的光引发剂，适用于不饱和聚酯树脂、丙烯酸树脂等体系。其优势是成本较低。主要用于荧光反应检验锌、有机合成、作为测热法的标准及防腐剂等，并是粉末涂料生产中除粉末涂料出现针孔的理想的助剂。安息香可用作生产聚酯树脂的催化剂，并可用于生产润湿剂、乳化剂和药品。

二苯乙二酮为黄色针状晶体，分子量为 210.228，熔点为 95～96℃，沸点为 346～348℃(分解)、188℃(1.6kPa)，相对密度为 1.084(102/4℃)，折光率为 1.5210，易溶于乙醇、乙醚、丙酮、苯、氯仿等有机溶剂，不溶于水。二苯乙二酮又名二苯基乙二酮、联苯甲酰、苯偶酰、联苯酰，具有 α-二酮的性质，能吸收紫外光，可用做紫外线固化树脂的光感剂、印刷油墨组分、有机合成试剂，用以制取杀虫剂等。

二苯乙醇酸为白色至乳白色单斜针状晶体。熔点为 151～152℃，沸点为 180℃(13mmHg)，味苦，在高温时熔融成深红色，易溶于热水、乙醇和乙醚，微溶于冷水和丙酮，在较高温度下熔融呈深红色。其钾盐极易溶于水，溶液呈红色，在硫酸中呈紫红色，其铅盐为无定形沉淀，加热时变成深红色溶液。用作有机合成、药物合成，是胃复康的中间体。二苯乙醇酸和二苯乙醇酸-3-奎宁环基酯作为生产化学武器关键前体，被列入国家监控化学品管理条例名录。二苯乙醇酸硼锂具有室温导电率高、质轻、弹性好、易成膜、安全性能高等独特的优点，能适应市场对锂电池的要求。

## 【实验预习要求】

1. 了解安息香缩合反应的原理、应用和反应的条件。
2. 了解应用维生素 $B_1$ 为催化剂合成安息香的实验方法和原理。
3. 了解以温和的氧化试剂(硝酸铵)氧化安息香制备 α-二酮的实验原理及方法。
4. 了解二苯乙二酮在氢氧化钾溶液中重排、生成二苯乙醇酸的实验原理及方法

5. 复习有关重结晶、熔点测定的操作以及红外光谱、核磁共振谱的解析。

## 【实验原理】

苯甲醛在氰化钠（钾）的作用下，于乙醇中加热回流，两分子苯甲醛之间发生缩合反应，生成二苯羟乙酮（安香息），把芳香醛的这一类缩合反应称为安息香缩合反应，反应机理与羟醛缩合反应类似。机理如下：

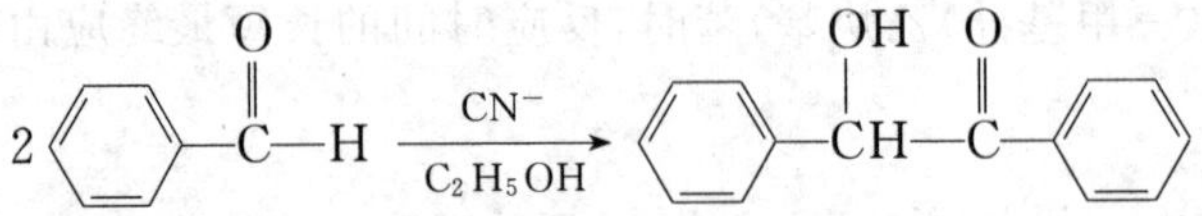

除氰离子外，噻唑生成的季铵盐也可以对安息香缩合起催化作用。例如，用有生物活性的维生素 $B_1$ 盐酸盐代替氰化物催化安息香缩合反应，反应条件温和、无毒且产量高。

维生素 $B_1$ 是一种辅酶，化学名称为硫胺素或噻胺，结构式为

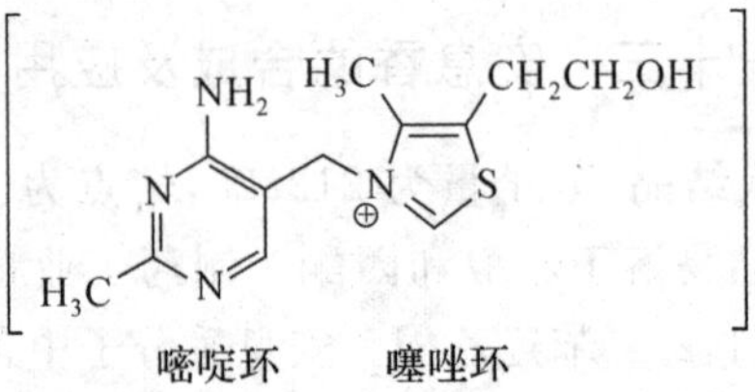

嘧啶环　　噻唑环

在反应中，维生素 $B_1$ 的噻唑环上的氮和硫的邻位氢在碱的作用下被除去，成为碳负离子，形成反应中心，其机制如下：

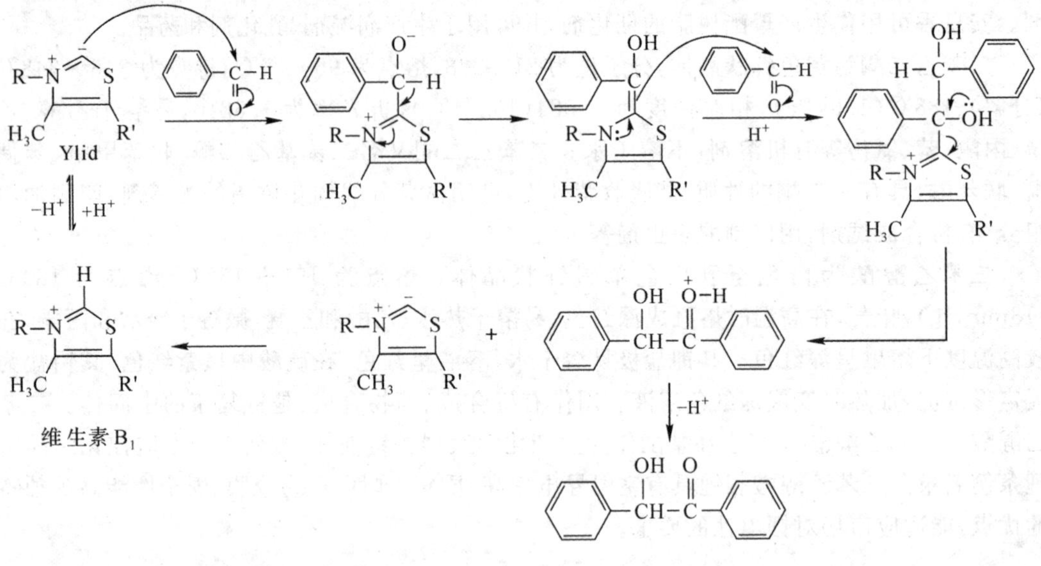

反应式：

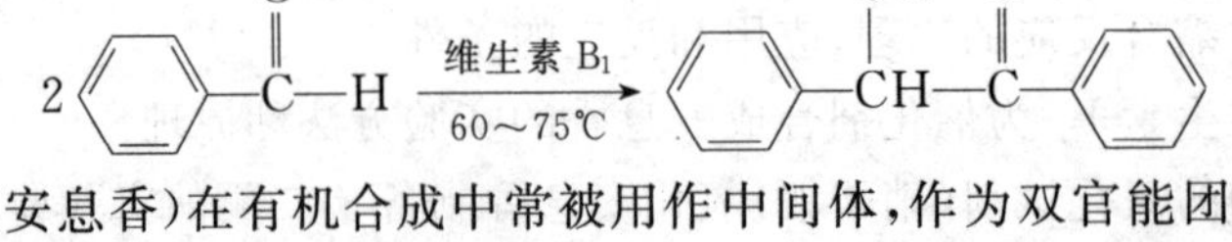

二苯羟乙酮（安息香）在有机合成中常被用作中间体，作为双官能团化合物可以发生许多反应。它既可以氧化成 α-二酮，又可以还原成二醇、烯、酮等化合物。安息香可被温和氧

化剂如三氯化铁、醋酸铜等氧化生成二苯乙二酮。该氧化反应还可用硝酸铵和催化量的醋酸铜来实现,而醋酸铜可由冰醋酸和硫酸铜现场反应生成。铜盐被还原为亚铜盐,生成的亚铜盐不断地被硝酸铵氧化生成铜盐,硝酸铵被还原为亚硝酸铵,后者在反应条件下分解为氮和水。安息香也可被浓硝酸氧化成 α-二酮,但反应生成的二氧化氮对环境会产生污染。二苯乙二酮在浓碱作用下,又可以发生重排,得到二苯乙醇酸,反应路线如下:

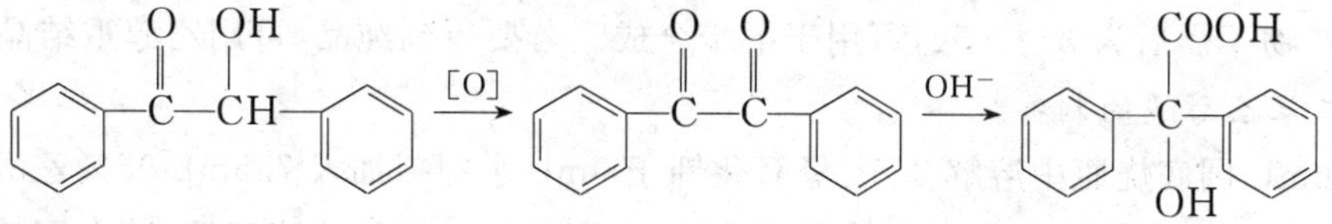

副反应有

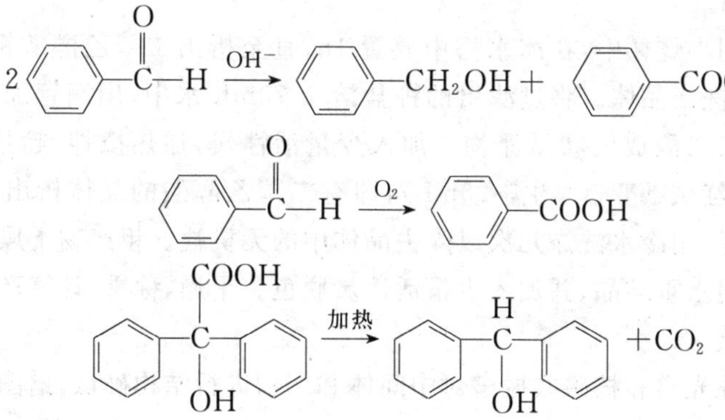

## 【主要试剂与仪器】

1. 试剂:苯甲醛(新蒸),维生素 $B_1$,95％乙醇,10％氢氧化钠溶液,硝酸铵,一水合硫酸铜,氢氧化钾,冰醋酸,浓盐酸,5％盐酸,活性炭,氯化钙,刚果红试纸,冰。

2. 仪器:磁力加热搅拌器,三口烧瓶(100mL 1 个,50mL 2 个),球形冷凝管,干燥管,恒压滴液漏斗,试管,烧杯,分液漏斗,布氏漏斗,抽滤瓶及蒸馏装置等。

## 【实验步骤】

1. 安息香的辅酶催化合成

在 100mL 的三口烧瓶上安装球形冷凝管和恒压滴液漏斗,在冷凝管的上口安装氯化钙干燥管。在 100mL 圆底烧瓶中,加入 1.8g 维生素 $B_1$、5mL 蒸馏水和 15mL 乙醇,将烧瓶置于冰浴中冷却。另取 5mL10％氢氧化钠溶液于一只试管中,也置于冰浴中冷却。然后将冷却的氢氧化钠溶液在 10min 内滴加至维生素 $B_1$ 溶液中,并不断摇荡,调节溶液 pH 为 9～10,此时溶液呈黄色。

去掉冰水浴,加入 10mL(10.4g,0.1mol)新蒸的苯甲醛,装上回流冷凝管,加几粒沸石,将混合物置于水浴上温热 1.5h。水浴温度保持在 60～75℃,切勿将混合物加热至沸腾。此时反应混合物呈橘黄色或橘红色均相溶液。

将反应混合物冷却至室温,析出浅黄色晶体。将烧瓶置于冰浴中冷却使结晶完全。若产物呈油状物析出,应重新加热使其成均相,再慢慢冷却重新结晶。必要时可用玻璃棒摩擦瓶壁或投入晶种。抽滤,用 50mL 冷水分两次洗涤结晶。粗产品用 95％乙醇重结晶。

**2. 二苯乙二酮的制备**

在 50mL 圆底烧瓶中加入 4.3g(0.02mol)安息香、12.5mL 冰醋酸、2g(0.025mol)粉状硝酸铵和 2.5mL 2%硫酸铜溶液,加入几粒沸石,装上回流冷凝管,在石棉网上缓慢加热并不时摇荡。当反应物溶解后开始放出氮气,继续回流 1.5h 使反应完全。将反应混合物冷至 50~60℃,在搅拌下倾入 20mL 冰水中,析出二苯乙二酮结晶。抽滤,用冷水充分洗涤,尽量压干,粗产物干燥后为 3~3.5g,可用于下步合成。若要得到纯品,可用乙醇重结晶。

**3. 二苯乙醇酸的制备**

在 50mL 圆底烧瓶中溶解 2.5g 氢氧化钾于 5mL 水中。加入 7.5mL 95%乙醇,混匀后加入 2.5g(0.012mol)二苯乙二酮并振荡,溶液为深紫色。待固体溶解后,装上回流冷凝管,在水浴上回流 15min。

将反应液转移到小烧杯中,在冰水浴中放置 1h,直至析出二苯乙醇酸钾盐的晶体。抽滤,并用少量冷乙醇洗涤晶体。将过滤出的钾盐溶于 70mL 水中,用滴管加入 2 滴浓盐酸,少量未反应的二苯乙二酮成胶状悬浮物。加入少量活性炭,加热搅拌,趁热过滤。滤液用 5%盐酸酸化至刚果红试纸变蓝(约需 25mL),即有二苯乙醇酸的晶体析出,在冰水浴中冷却使结晶完全。抽滤,用冷水洗涤几次以除去晶体中的无机盐。粗产物干燥后约 1.5~2g。

进一步纯化可用水重结晶,并加入少量活性炭脱色。干燥,称重,计算产率。

测定产品的熔点。

本实验利用红外光谱和核磁共振谱对中间体和产物进行结构确认,谱图见附图 55 至附图 59。

## 【实验指导】

1. 维生素 B₁ 对热不稳定,使用和保管均应注意,用完保存在冰箱中。

2. 维生素 B₁ 在酸性条件下稳定,但易吸水,在水溶液中易被空气氧化。遇光和 Cu、Fe、Mn 等金属离子均可加速氧化。在 NaOH 溶液中噻唑环易开环分解,因此维生素 B₁ 溶液和 NaOH 溶液在反应前必须用冰水充分冷透,这是本实验成败的关键。

3. 安息香合成时滴加氢氧化钠溶液时,应小心控制溶液 pH,若碱性过大,噻唑环易开环失效,若碱性过低,则无法形成碳负离子。

4. 在安息香缩合反应过程中,溶液开始时不必沸腾,反应后期可以适当升高温度至缓慢沸腾(80~90℃)。

5. 在二苯乙二酮的制备中,也可直接加入 2mL 2%醋酸铜溶液。2%醋酸铜溶液可用下述方法制备:溶解 2.5g 一水合硫酸铜于 100mL 10%醋酸水溶液中,充分搅拌后滤去碱性铜盐的沉淀。

6. 重排之前先将二苯乙二酮溶解在 95%乙醇中,若不能溶解可先搭回流装置水浴加热溶解,然后滴加碱液,否则重排易失败。

7. 重排反应时,反应液的颜色应先为棕色后转为黑色。

8. 用水洗涤二苯乙醇酸粗产物的目的是洗去酸及包着的 NaCl。洗涤时,每次用 8mL 水先浸润产物后再抽滤。

9. 最后一步重结晶加热温度不要超过 90℃,因二苯乙醇酸易脱羧。

【思考题】

1. 在安息香缩合反应中,如果采用回流加热,会对反应有什么影响?

2. 比较辅酶催化和氰化物催化的优缺点。

3. 试列举其他氧化安息香为二苯乙二酮的方法。

4. 试写出二苯乙二酮重排为二苯乙醇酸的反应历程,并说明重排反应的推动力主要来自于反应的哪一步。

# 实验三十四　三苯甲醇的制备

三苯甲醇(triphenyl methanol)为无色片状晶体,分子量为 260.33,熔点为 164.2℃,沸点为 380℃,相对密度为 1.199,折光率为 1.1994,不溶于水和石油醚,溶于乙醇、乙醚、丙酮、苯,溶于浓硫酸显黄色。三苯甲醇用作有机合成中间体,它的羟基很活泼,与干燥氯化氢在乙醚中生成三苯氯甲烷,与一级醇作用成醚,用锌和乙酸还原得三苯甲烷。

【实验预习要求】

1. 了解格氏试剂的制备、应用和格氏反应的条件。
2. 了解磁力搅拌器的构造、工作原理。
3. 了解水蒸气蒸馏的原理、使用场合、水蒸气蒸馏必须具备的条件及操作要点。
4. 了解有关重结晶、熔点测定的操作以及红外光谱、质谱的解析。

【实验原理】

卤代烷在无水乙醚或四氢呋喃溶剂中与金属镁反应生成烷基卤化镁(RMgX),称为格氏试剂(Grignand 试剂)。格氏试剂是有机合成中应用最广泛的金属有机试剂,其化学性质十分活泼,可以与醛、酮、酯、酸酐、酰卤、腈等多种化合物发生亲核加成反应,经水解后生成醇。这类反应称为格氏反应。

本实验通过苯甲酸乙酯与格氏试剂(苯基溴化镁)反应制备三苯甲醇,主要反应如下:

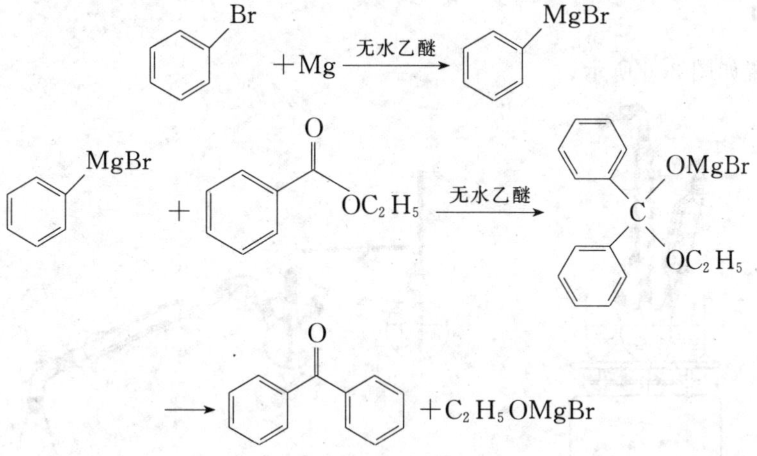

（反应式图）

副反应有

（反应式图）

由于格氏试剂非常活泼，反应必须在无水无氧的条件下进行。无水乙醚是制备格氏试剂最常用的溶剂，它的优点是：(1)乙醚沸点低，反应放出的热量使它气化，蒸气压大，反应液可被乙醚蒸气包围而隔绝空气，从而获得无氧的条件；(2)乙醚不仅是生成的有机镁化合物的溶剂，同时由于乙醚分子中的氧原子具有孤对电子，可以和格氏试剂结合形成可溶于溶剂的络合物，从而使格氏试剂更加稳定；(3)乙醚价格低，毒性小，沸点低，反应结束后容易除去。

$$(C_2H_5)_2O \diagdown \qquad R$$
$$Mg$$
$$(C_2H_5)_2O \diagup \qquad X$$

正如 B. B. 捷林采夫氏指出的那样，乙醚不仅是一个简单的溶剂，同时在反应中也起着催化剂的作用，在乙醚溶剂中的格氏试剂无危险性，不会自燃。

## 【主要试剂与仪器】

1. 试剂：镁粉或镁带，溴苯，无水乙醚，苯甲酸乙酯，石油醚，饱和氯化铵溶液，95％乙醇，无水硫酸镁等。

2. 仪器：磁力加热搅拌器，三口烧瓶(100mL)，球形冷凝管，干燥管，恒压滴液漏斗，分液漏斗，布氏漏斗，抽滤瓶及蒸馏装置等。

## 【实验装置】

实验装置如图 3.6 所示。

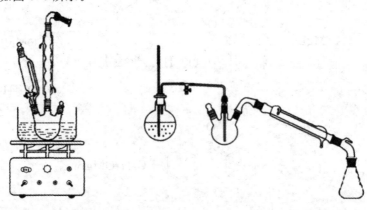

(a) 磁力搅拌加热回流装置　　　(b) 水蒸气蒸馏装置

图 3.6　制备三苯甲醇的主要装置

**【实验步骤】**

1. 苯基溴化镁的制备

在100mL的三口烧瓶上安装球形冷凝管和恒压滴液漏斗,在冷凝管的上口安装氯化钙干燥管,如图3.6(a)所示。

在三口烧瓶中加入1.5g镁屑,10mL无水乙醚和一小粒碘。在滴液漏斗中加入6.5mL溴苯及15mL无水乙醚。将1/3的溴苯乙醚溶液由恒压滴液漏斗加到反应瓶中,开启磁力搅拌。若反应不能发生,可温热反应瓶,使反应尽快发生。

当反应较为平稳后,将剩余的溴苯乙醚溶液慢慢滴入反应瓶(保持微沸)。滴加完毕后,继续将反应瓶置于40℃水浴上保持微沸回流,使镁作用完全。

制备的苯基溴化镁不经分离直接用于以下实验。

2. 三苯甲醇的制备

(1)合成

用冷水冷却反应瓶,搅拌下将6.3mL苯甲酸乙酯与10mL无水乙醚混合液逐滴加入其中。滴加完毕后,将反应混合物在水浴上回流约0.5h,使反应完全。

(2)水解和提纯

将反应瓶置于冷水浴中冷却,在搅拌下向其中慢慢滴加由7.5g氯化铵和27mL水配成的饱和溶液,分解加成产物。

用分液漏斗分出水层,保留醚层,先用旋转蒸发仪蒸出乙醚,然后进行水蒸气蒸馏,以除去未作用的溴苯和副产物联苯。

瓶中剩余物冷却后凝为固体,抽滤,固体用冷水洗涤,烘干,得粗品。

粗产物用80%的乙醇进行重结晶,干燥,得成品。

(3)表征

测定产品的熔点,并做红外光谱、质谱和核磁共振碳谱鉴定,图谱见附图60至附图62。

IR(KBr,$\sigma$/cm$^{-1}$):3470,3060,1600,1495,1450,1020,760,698。

MS(m/z):260(M$^+$,19.2),243(9.1),183(96.9),165(18.1),105(100),77(38.4)

**【实验指导】**

1. 本实验的成败关键是,整个反应体系和所使用试剂都要求无水。如果在反应过程中有水引入,Grignard试剂将难以制得,或者所制得的Grignard试剂质量较差,会直接导致产物产率降低。为了使反应能顺利进行,所使用的仪器都必须彻底烘干,反应体系要装上干燥管,所使用的药品均要进行无水处理。

2. 久置的镁条表面会形成黑色的氧化膜,可用以下方法除去:将镁条置于5%的稀盐酸中浸泡几分钟,及时捞出镁条,先用清水洗三遍,再依次用乙醇、乙醚洗涤,抽干后置于干燥器内备用。

3. 碘粒用于引发溴苯与镁的反应。碘可将溴代物转变为碘代物,后者容易与镁发生反应,但碘的用量不应过多,否则须用亚硫酸氢钠稀溶液洗涤最终产物中的碘代物的颜色。

4. 在反应过程中加入少量溴苯乙醚溶液几分钟后,可见镁条表面有小气泡产生,溶液发热并变浑浊,碘的颜色开始消失,表明反应已开始。如果没有以上现象,可将反应瓶温热,促使反应的发生。绝不可因为反应没有发生而加入大量的溴苯,否则一旦反应发生,将失去控制。

5. 在反应的初期,为有利于引发反应,需保持溴苯在反应而液中的局部高浓度,不需要搅拌,但如果在整个反应过程中,始终保持高浓度溴苯,易发生偶联副反应而形成联苯。因此,大部分溴苯应在少量溴苯与镁反应开始后加入,并且在搅拌下缓慢滴加。

6. 采用 $NH_4Cl$ 饱和溶液主要是使水解生成的不溶性 $Mg(OH)_2$ 转变为可溶性的 $MgCl_2$。若 $Mg(OH)_2$ 仍不能消失,可加几毫升稀盐酸。

## 【思考题】

1. 试列举三苯甲醇的其他合成方法。

2. 为什么苯基溴化镁不经分离直接用于下步反应?在制备格氏试剂时应注意哪些问题?

## 实验三十五 聚己内酰胺的制备

聚己内酰胺,分子式为 $(C_6H_{11}NO)_n$,球状颗粒,密度(25.4℃)为 1.084g/mL,熔点为 220℃,溶于甲酸、苯酚、间甲酚、浓硫酸、二甲基甲酰胺等,不溶于乙醇、乙醚、丙酮、醋酸乙酯、烃类。聚酰胺6(聚己内酰胺)纤维的中国商品名又称尼龙6。聚酰胺纤维的主要品种为脂肪族聚酰胺纤维,以 ε-己内酰胺为单体制成的聚酰胺纤维,又名耐纶6或锦纶,品种有短纤维、复丝、帘子线和鬃丝。纤维密度为 $1.12\sim1.15g/cm^3$,强度为 3.5~7.7cN/dtex,回潮率为 3.5%~5.0%,熔融温度为 215~225℃,软化点为 180℃,玻璃化温度为 49℃,零强度温度为 195℃。聚己内酰胺主要以水为活化剂将 ε-己内酰胺熔融聚合,经水解开环缩聚而成。由单体己内酰胺经开环聚合反应生成的线型聚酰胺,其分子中含有 $NH(CH_2)_5CO$ 重复单元结构。其抗拉强度和耐磨性优异,有弹性,主要用于制造合成纤维,也可用作工程塑料。

## 【实验预习要求】

1. 查阅文献,了解聚己内酰胺在工农业生产中的应用。

2. 学习贝克曼重排、开环聚合的原理和方法。

3. 掌握机械搅拌、减压蒸馏、减压过滤、萃取、滴液、氮气保护、沙浴等基本操作及注意事项。

## 【实验原理】

单体己内酰胺的合成最早采用苯酚法,所得环己酮进行肟化,生成环己酮肟,再通过贝克曼重排反应,转位成己内酰胺。目前的工业生产主要采用环己烷氧化法和环己烷光亚硝化法合成环己酮肟。还有一种甲苯法,所得六氢苯甲酸在亚硝酰硫酸作用下重排,制得己内酰胺。

在实验室里,先由环己醇氧化得到环己酮(见环己酮的制备实验)。环己酮与羟胺反应生成环己酮肟,后者经过贝克曼重排反应生成己内酰胺。

1. 环己酮肟的制备

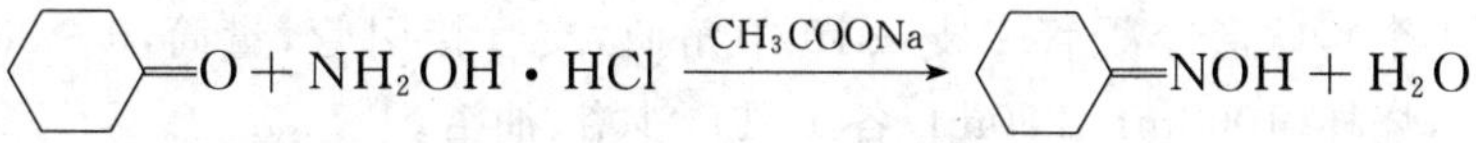

2. 己内酰胺的制备

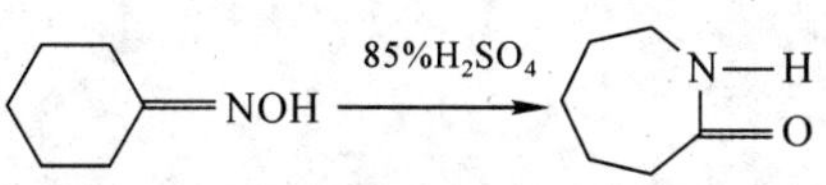

总反应为

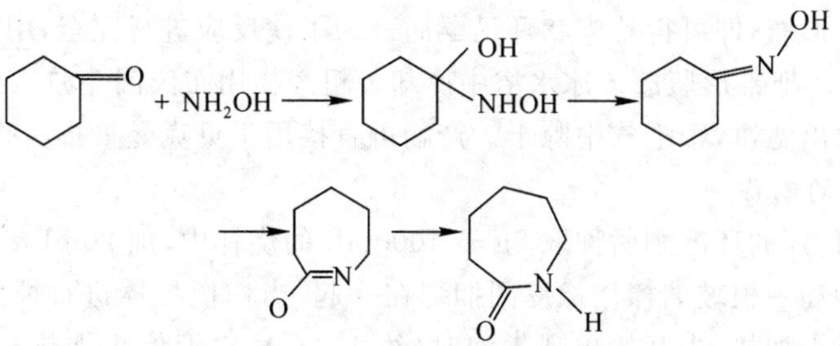

由于己内酰胺是七元环结构,不稳定,在高温和催化剂的作用下,开环聚合合成相对分子量为 $10^4 \sim 4 \times 10^4$ 的线型高聚物。可用水、有机酸、碱或碱金属作催化剂,但常用的是水,用水作催化剂时反应温度在 250℃ 左右,通常要在高压釜中进行聚合反应。实验规模小于 50mL 时,常在封闭的玻璃管中进行。

聚己内酰胺的制备:

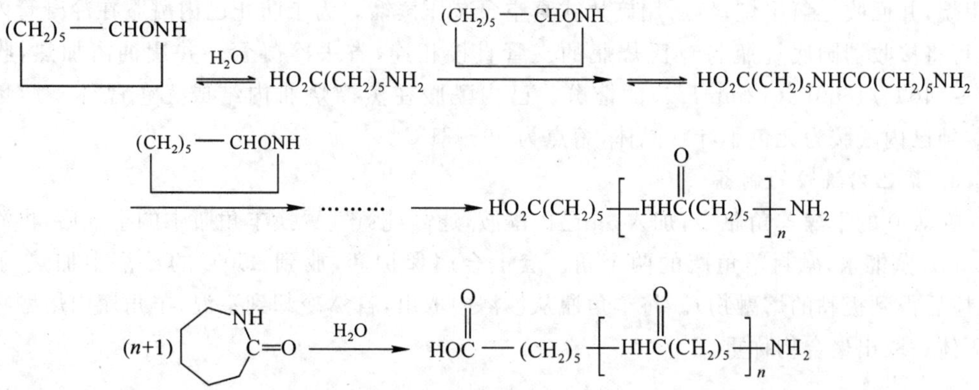

用水作催化剂,聚合反应是由于己内酰胺水解生成 6-氨基己酸引发聚合反应,而生成的 6-氨基己酸对己内酰胺进行氨解反应使链增长,长链的氨基酸不断对己内酰胺氨解,完成聚合反应。

## 【主要试剂与仪器】

1. 试剂:环己酮 7.8mL(7.5g,0.076mol),羟胺盐酸盐 7g(0.1mol),结晶乙酸钠 10g(0.073mol),环己酮肟 8g(0.07mol),硫酸(85%)20mL,20% 氨水,二氯甲烷,己内酰胺 3g(0.027mol),高纯氮。

2. 仪器:机械搅拌器,水循环式真空泵,锥形瓶(250mL 2 个),烧杯(1000mL),布氏漏斗,抽滤瓶,三口圆底烧瓶(250mL 2个),恒压滴液漏斗,克氏蒸馏烧瓶(50mL 1个),单口圆底烧瓶(50mL 1个),球形冷凝管 1 支,$\phi$10 羊角瓶,支管接引管,量筒,0～300℃水银温度计,酒精温度计,烧杯(1000mL、250mL 各 1 只),沙浴、油浴。

## 【实验步骤】

### 1. 环己酮肟的制备

取 50mL 水和 7g 羟胺盐酸盐放入 250mL 锥形瓶中,摇动使之溶解。加入 7.8mL 环己酮,摇动溶解。称取 10g 结晶乙酸钠于烧杯中,加 20mL 水溶解,将此溶液滴加到上述溶液中,边加边摇动锥形瓶,即可得粉末状环己酮肟。为了使反应进行完全,用橡皮塞塞紧瓶口,用力振荡约 5min。把锥形瓶放入冰水浴中冷却。粗产物用布氏漏斗减压抽滤,用少量水洗涤,尽量挤干。取出滤饼,于空气中晾干。产物可直接用于贝克曼重排实验。

### 2. 己内酰胺的制备

将第一步制备好的环己酮肟称取 8g 于 1000mL 的烧杯中,加 20mL 85%硫酸。用一只300℃水银温度计和一根玻璃棒用橡皮圈捆绑在一起,当作搅拌棒进行搅拌,使两者充分混合,在石棉网上小火加热,当开始出现气泡时(约 120℃),立即停止加热。此时发生强烈的放热反应。待冷却后将此溶液倒入 250mL 三口烧瓶中,用冰盐水冷却,当反应温度下降到0～5℃时,从滴液漏斗缓慢地滴加 20%氨水,至溶液用石蕊试纸检验呈碱性。

将反应物减压抽滤,滤液用 20mL 三氯甲烷重复萃取 5 次。合并三氯甲烷萃取液,用5mL 水洗涤,用分液漏斗分去水层。在热水浴上蒸馏回收三氯甲烷。将残留液转移到50mL 克氏蒸馏烧瓶内,用减压蒸馏法提纯。先用循环水式真空泵减压蒸馏,除去残余的三氯甲烷,并回收三氯甲烷;然后用旋片式真空泵减压蒸馏。为了防止己内酰胺在冷凝管内凝结,可将接收器圆底烧瓶与克氏烧瓶的支管直接相连,省去冷凝管。并用油浴加热,收集137～140℃/1600Pa(12mmHg)的馏分。己内酰胺在蒸馏烧瓶内结成无色晶体。产量约5g。纯己内酰胺为无色小叶状晶体,熔点为 69～71℃。

### 3. 聚己内酰胺的制备

在 $\phi$10 的干燥羊角瓶中,加入 3g 己内酰胺,通高纯氮气置换羊角瓶中的空气后,再滴入0.03mL 蒸馏水,融封羊角瓶的两个角。套上金属保护套,放到 250℃的沙浴中加热约 5h(反应后得到极黏的熔融物)。将羊角瓶从沙浴中取出,自然冷却到室温,羊角瓶内熔融物凝成固体。取出聚合物称重。

## 【实验指导】

1. 贝克曼重排反应激烈,用大烧杯有利于散热,反应非常快,在几秒钟内便完成,形成棕色略稠的液体,且反应体系必须与大气相通。

2. 在制备己内酰胺的过程中,开始加氨水时要缓慢滴加,中和反应温度控制在 10℃以下,避免在较高温度下己内酰胺发生水解。

3. $\phi$10×8 的羊角瓶用厚壁硬质玻璃管制成,使用前要用洗液、蒸馏水洗干净,烘干。

4. 用高纯氮置换羊角瓶中的空气操作:一个角接高纯氮,一个角接真空泵,对瓶抽真空,通氮气,反复进行三次,将其中的空气置换出去。

5. 在真空下,用酒精喷灯强火焰融封两个角,并用小火烘烤熔封处,以消除应力。

6.聚合物凝固后,敲碎羊角瓶取出。

## 【思考题】

1.在制备环己酮肟过程中,粗产物抽滤后,用少量水洗涤除去什么杂质? 用水量的多少对实验结果有什么影响?

2.在贝克曼重排实验中,为什么用冰盐水浴冷却三口烧瓶,待温度降至 0～5℃ 时才缓慢滴加氨水? 加入氨水的目的是什么?

3.在己内酰胺聚合前为什么要用氮气置换羊角瓶中的空气?

# 实验三十六　2-庚酮的制备

2-庚酮英文名称为 2-heptanone,CAS 号 为 110-43-0,分子式为 $C_7H_{14}O$;结构式为 $CH_3CO(CH_2)_4CH_3$,学名为甲基正戊基甲酮。无色液体,分子量为 114.18,密度为 $0.8166g/cm^3$,熔点为 $-26.9℃$,沸点为 $150.6℃$,闪点为 $49℃$,折射率($n_D^{20}$)为 1.4034,蒸气压为 $1.33kPa/55.5℃$,极微量溶于水,溶于大多数有机溶剂,具有特有的类似香蕉的香气及轻微的药香气味。2-庚酮发现于成年工蜂的颈腺中,是一种警戒信息素。同时,也是臭蚁属蚁亚科小黄蚁的警戒信息素。当小黄蚁嗅到 2-庚酮时,迅速改变行走路线,四处逃窜。2-庚酮微量存在于丁香油、肉桂油、椰子油中,由于具有强烈的水果香气,可用作香料原料,并用作硝化纤维素的溶剂和涂料、惰性反应介质。

## 【实验预习要求】

1.查阅文献,学习和掌握乙酰乙酸乙酯在合成中的应用原理。

2.学习无水无氧环境下的操作技术。

3.学习乙酰乙酸乙酯的钠代、烃基取代、碱性水解和酸化脱羧的原理及实验操作。

4.了解减压蒸馏、水蒸气蒸馏的原理、使用场合、必须具备的条件及操作要点。

5.了解生物信息素的作用及应用。

## 【实验原理】

$S_N2$ 反应(双分子亲核取代反应)是亲核取代反应的一类。与 $S_N1$ 反应相对应,在 $S_N2$ 反应中,亲核试剂带着一对孤对电子进攻具亲电性的缺电子中心原子,在形成过渡态的同时,离去基团离去。反应中不生成碳正离子,速率控制步骤是上述的协同步骤,反应速率与两种物质的浓度成正比,因此称为双分子亲核取代反应。

$S_N2$ 反应最常发生在脂肪族 $sp^3$ 杂化的碳原子上。碳原子与一个电负性强、稳定的离去基团(X)相连,一般为卤素阴离子。亲核试剂(Nu)从离去基团的正后方进攻碳原子,Nu-C-X 角度为 $180°$,以使其孤对电子与 C-X 键的 $\sigma^*$ 反键轨道可以达到最大重叠。然后形成一个五配位的反应过渡态,碳约为 $sp^2$ 杂化,用两个垂直于平面的 p 轨道分别与离去基团和亲核试剂成键。C-X 的断裂与新的 C-Nu 键的形成是同时的,X 很快离去,形成含 C-Nu 键的新化合物。由于亲核试剂是从离去基团的背面进攻,故如果受进攻的原子具有手性,则反应后手性原子的立体化学发生构型翻转,也称"瓦尔登翻转"。这也是 $S_N2$ 反应在立体化学上的重要特征。反应过程类似于大风将雨伞由里向外翻转。

本实验是由乙酰乙酸乙酯和乙醇钠反应,形成钠代乙酰乙酸乙酯,该碳负离子与正溴丁烷进行 $S_N2$ 反应,得到正丁基乙酰乙酸乙酯,经氢氧化钠水解,再进行酸化脱羧后,用二氯甲烷萃取,蒸馏纯化,得到最终产物-2-庚酮,主要反应式如下:

$$CH_3COCH_2COOC_2H_5 + CH_3CH_2CH_2CH_2Br \xrightarrow{CH_3CH_2ONa} \underset{\underset{CH_2CH_2CH_2CH_3}{|}}{CH_3COCHCOOC_2H_5} + NaBr + CH_3CH_2OH$$

$$\underset{\underset{CH_2CH_2CH_2CH_3}{|}}{CH_3COCHCOOC_2H_5} + NaOH \longrightarrow \underset{\underset{CH_2CH_2CH_2CH_3}{|}}{CH_3COCHCOONa} + C_2H_5OH$$

$$\underset{\underset{CH_2CH_2CH_2CH_3}{|}}{CH_3COCHCOONa} + H_2SO_4 \longrightarrow \underset{\underset{CH_2CH_2CH_2CH_3}{|}}{CH_3COCHCOOH} + NaHSO_4$$

$$\underset{\underset{CH_2CH_2CH_2CH_3}{|}}{CH_3COCHCOOH} \longrightarrow \underset{\underset{CH_2CH_2CH_2CH_3}{|}}{CH_3COCH_2} + CO_2$$

在 $S_N2$ 反应中,由于乙醇钠化学性质非常活泼,反应必须在干燥的环境中进行。

副反应为

$$CH_3COCH_2COOC_2H_5 + 2CH_3CH_2CH_2CH_2Br \xrightarrow{CH_3CH_2ONa} \underset{\underset{CH_2CH_2CH_2CH_3}{|}}{\overset{\overset{CH_2CH_2CH_2CH_3}{|}}{CH_3COCCOOC_2H_5}} + 2NaBr + CH_3CH_2OH$$

$$\underset{\underset{CH_2CH_2CH_2CH_3}{|}}{\overset{\overset{CH_2CH_2CH_2CH_3}{|}}{CH_3COCCOOH}} \longrightarrow \underset{\underset{CH_2CH_2CH_2CH_3}{|}}{\overset{\overset{CH_2CH_2CH_2CH_3}{|}}{CH_3COCCH}} + CO_2$$

## 【主要试剂与仪器】

1. 试剂:乙酰乙酸乙酯 3.9g(0.030mol),绝对无水乙醇 15mL,金属钠 0.8g(0.035mol)g,正溴丁烷 3.5mL(4.6g,0.034mol),盐酸,5%氢氧化钠水溶液,50%硫酸,石蕊试纸,二氯甲烷,40%的氯化钙水溶液,无水硫酸镁。

2. 仪器:磁力搅拌器,冷凝管,滴液漏斗,50mL 三口烧瓶,分液漏斗,抽滤瓶,布氏漏斗,锥形瓶。

## 【实验步骤】

1. 2-正丁基-3-丁酮酸乙酯的制备

(1)合成

在装有磁力搅拌器、冷凝管和滴液漏斗的干燥的 50mL 三口烧瓶中,放置 15mL 绝对无水乙醇,在冷凝管上方装一无水氯化钙干燥管,将 0.8g 金属钠切成碎片分批加入,加入速度以维持反应不间断进行为宜,保持反应液呈微沸状态,待金属钠全部反应完后,加入 0.4g 碘化钾粉末,塞住三口瓶的另一口,开动搅拌器,室温下滴加 3.9mL 经干燥并新蒸馏的乙酰乙酸乙酯,加完后继续搅拌回流 10min。在搅拌下慢慢滴加 3.5mL 经干燥并新蒸馏的正溴丁烷,约 15min 加完,此时,反应液呈橘红色,并有白色沉淀析出。继续搅拌,使反应液缓慢回流约 3～4h,直至反应完成。为了测定反应是否完成,可取 1 滴反应液点在湿润的红色石蕊试纸上,如果仍呈红色,说明反应已经完成。

（2）提纯

将反应物冷至室温,过滤,除去溴化钠晶体,用 2.5mL 绝对无水乙醇洗涤 2 次。用简单蒸馏回收乙醇。蒸馏烧瓶冷至室温后,加入稀盐酸(10mL 水加 0.3mL 浓盐酸),用分液漏斗分出水层,用 5mL 水洗涤有机层两次。

用无水硫酸镁干燥有机层,减压蒸馏,收集 107～112℃/1.7kPa(13mmHg)馏分,产量约为 3.0g。

### 2. 2-庚酮的制备

（1）合成

在 50mL 锥形瓶中加入 2.5mL 5％氢氧化钠水溶液和自制的 3.0g 正丁基乙酰乙酸乙酯,装上冷凝管和磁力搅拌装置,在室温下剧烈搅拌 3.5h,完成皂化反应。然后,在磁搅拌下慢慢滴加 4.6mL 50％硫酸,有二氧化碳气体生成。当二氧化碳气泡不再逸出时,将混合物倒入 100mL 三口圆底烧瓶,进行简易水蒸气蒸馏,蒸出产物和水,直至无油状物蒸出为止,约有 15mL 馏出液。

（2）提纯

在馏出液中溶解颗粒状氢氧化钠,直至红色石蕊试纸刚呈碱性为止。用分液漏斗分出下面水层,得到酮层。将水层放回分液漏斗,用 5mL 二氯甲烷萃取水层两次,合并萃取液,并在水浴上蒸馏回收二氯甲烷,得到残留的 2-庚酮。合并酮溶液,用 2mL 40％的氯化钙水溶液洗涤 2 次,油层用无水硫酸镁干燥,蒸馏收集 135～142℃/81.3kPa (150mmHg)或 145～152℃的馏分,即 2-庚酮,产品为无色透明液体,产量约为 1.2g。

（3）表征

产品用气相色谱法进行定量分析,并做核磁和质谱图进行鉴定,谱图见附图 63 和附图 64。

## 【实验指导】

1. 本实验的成败关键是,整个反应体系和所使用试剂都要求无水。如果在反应过程中有水引入,加入金属钠时反应会非常剧烈,并有危险,乙醇钠将难以制得,或者所制得质量较差,会直接导致产物产率降低。为了使反应能顺利进行,所使用的仪器都必须彻底干燥,反应体系要装上干燥管,所使用的药品均要进行无水处理。

2. 金属钠从煤油中取出时,取出表面包裹的石蜡保护层,迅速切成碎片。

3. 实验使用的试剂 3-丁酮酸乙酯、正溴丁烷等要先用无水硫酸镁干燥,使之含水量减至最低,再蒸馏。

## 【思考题】

1. 有哪些方法制备绝对无水乙醇?

2. 在实验中为什么必须对所使用的试剂正溴丁烷、3-丁酮酸乙酯事先进行干燥?如何干燥这些试剂?

3. 在合成 2-庚酮的实验中,如何避免和减少副产物二烷基丙酮的产生?

## 实验三十七　4-苯基-2-丁酮的制备

4-苯基-2-丁酮(benzylacetone)为无色透明液体,分子量为 148.20,沸点为 233.5℃,闪点为 98.3℃,相对密度为 0.972,折光率为 1.5110。4-苯基-2-丁酮存在于烈香杜鹃的挥发油中,俗名"止咳酮",具有止咳、祛痰的作用,也用作药物合成和香料合成的中间体。

### 【实验预习要求】

1.学习乙酰乙酸乙酯烃基化的原理和方法。

2.巩固电动搅拌器、无水操作及减压蒸馏等操作。

### 【实验原理】

乙酰乙酸乙酯中的亚甲基具有较强的酸性,在醇钠碱的作用下,可生成碳负离子,与卤代烃发生亲核取代,生成乙酰乙酸乙酯的取代物,进而在稀碱的存在下,能进行酮式分解,生成酮。本实验以氯化苄为烃基化试剂来合成 4-苯基-2-丁酮,反应式如下:

$$CH_3COCH_2COOC_2H_5 + C_2H_5ONa \xrightarrow{C_2H_5OH} [CH_3COCHCOOC_2H_5]^- Na^+$$

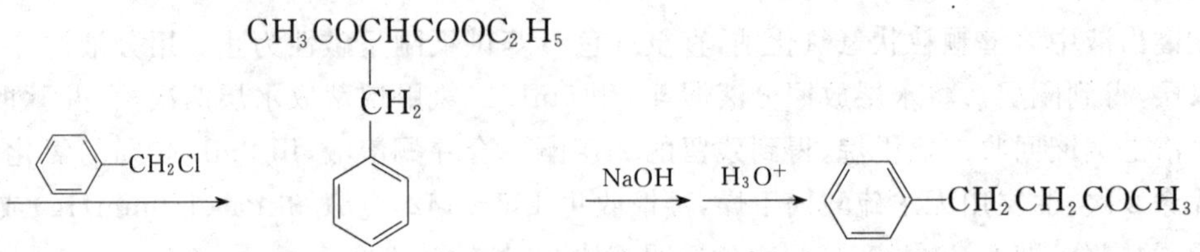

$$CH_3COCHCOOC_2H_5$$

### 【主要试剂与仪器】

1. 试剂:金属钠 1.0g(0.044mol),乙酰乙酸乙酯 5.5mL(0.044mol),氯化苄 5.3mL(0.046mol),无水乙醇 20mL,氢氧化钠,稀氢氧化钠溶液,浓盐酸,无水氯化钙,乙醚。

2. 仪器:电动搅拌器,三口烧瓶(100mL),圆底烧瓶,球形冷凝管,恒压滴液漏斗,干燥管,分液漏斗,直形冷凝管,蒸馏头,克氏蒸馏头,支管接引管(或多叉接引管),量筒,温度计,毛细管。

### 【实验装置】

4-苯基-2-丁酮制备的主要装置如图 3.7 所示。

### 【实验步骤】

1.加料及反应

在 100mL 干燥的三口瓶上安装搅拌机、氯化钙干燥管、球形冷凝管和恒压滴液漏斗。往三口瓶中加入 20mL 无水乙醇,并分批向瓶内加入 1.0g(0.044mol)切成小片的金属钠,加入速度以维持溶液微沸为宜。待金属钠全部作用完后,开动搅拌机,从恒压滴液漏斗慢慢加入 5.5mL(0.044mol)乙酰乙酸乙酯,加完后继续搅拌 10min。再缓慢慢滴加 5.3mL(0.046mol)重新蒸馏过的氯化苄,这时有大量白色沉淀生成,约 7min 加完。然后用水浴加热反应物微沸回流,至反应物呈中性为止,约 1.5h。

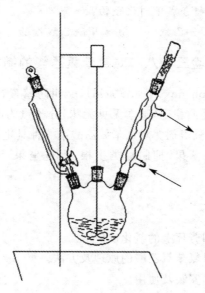

图 3.7　回流滴加干燥搅拌装置

**2.酮式分解**

稍冷后慢慢滴加由 4g NaOH 和 30mL 水配成的溶液,约 15min 加完,此时溶液由米黄色变为橙黄色,呈强碱性。然后将反应物加热回流 2h,有油层析出,水层 pH 为 8~9。

**3.酸化脱羧**

反应液冷却至 40℃以下,缓慢加入约 10mL 浓盐酸,pH 为 1~2,将酸化后的溶液加热回流 1h 进行脱羧反应,直到无二氧化碳气泡逸出为止。

**4.产品分离**

将溶液冷至室温,用稀氢氧化钠溶液调节至中性,每次用 15mL 乙醚萃取 3 次,合并醚萃取液,用水洗涤一次后,用无水氯化钙干燥。然后在水浴加热蒸馏蒸去乙醚,后进行减压蒸馏,收集 95~102℃/1.07~1.2 kPa(8~9mmHg)馏分。

纯 4-苯基-2-丁酮为无色透明液体,沸点为 233~234℃,折光率为 1.5110。

**5.结构表征**

红外光谱、核磁共振谱和质谱鉴定,谱图见 65 至附图 68。

【**实验指导**】

1.本实验第一步制备要求仪器干燥并使用绝对无水乙醇,乙醇中所含少量的水会明显降低产率。

2.加入金属钠的速度要迅速,防止钠被氧化。

3.乙酰乙酸乙酯储存时间过长会出现部分分解,用时须经减压蒸馏纯化。

4.滴加速度不宜太快,以防止酸分解时逸出大量二氧化碳而冲料。

【**思考题**】

1.乙酰乙酸乙酯中的亚甲基氢为什么有酸性?

2.烷基取代乙酰乙酸乙酯与稀碱和浓碱作用将分别得到什么产物?

3. 如何利用乙酰乙酸乙酯合成下列化合物?

① 2-庚酮    ② 4-甲基-2-己酮    ③ 苯甲酰乙酸乙酯    ④ 2,6-庚二酮

# 实验三十八    对氯苯氧乙酸的制备

对氯苯氧乙酸(4-chlorophenoxy acetic acid),又叫防落素,为苯酚类植物生长调节剂。纯品为白色针状粉末结晶,性质稳定,基本无臭无味,分子量为 186.5,熔点为 157~159℃,微溶于水,易溶于醇、酯等有机溶剂。对氯苯氧乙酸系一种具生长素活性的苯氧类植物生长调节剂,主要用于防止落花、落果,抑制豆类生根,促进坐果,诱导无核果,并有催熟增长作用。

## 【实验预习要求】

1. 复习巩固醚的制备和芳环上的氯化反应
2. 掌握利用苯酚制备对氯苯氧乙酸的原理及方法。
3. 掌握电动搅拌装置的安装及使用。
4. 练习并掌握固体酸性产品的纯化方法。

## 【实验原理】

Williamson 反应是制备混合醚的一种方法,是由卤代烃与醇钠或酚钠作用而得,是一种双分子亲核取代反应。本实验采用对氯苯酚在氢氧化钠水溶液中反应,生成对氯苯酚钠,对氯苯酚钠与氯乙酸钠反应生成对氯苯氧乙酸钠,再用盐酸酸化得到对氯苯氧乙酸。

反应如下:

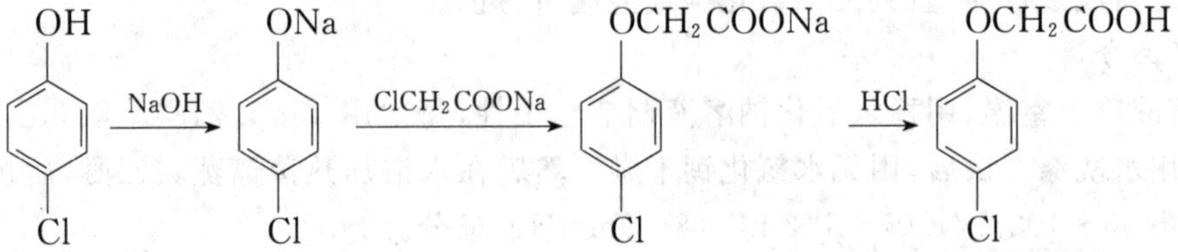

主反应属于亲核取代反应,碱性条件可使对氯苯酚变为对氯苯氧负离子提高亲核性,有利于反应进行。在反应过程中总是加入过量的氯乙酸钠,以提高对氯苯氧乙酸的产率。

## 【主要试剂与仪器】

1. 试剂:对氯苯酚 6.4g(0.05mol),氯乙酸钠 6.0g(0.05mol),氢氧化钠溶液,浓盐酸,pH 试纸。

2. 仪器:电动搅拌装置,250mL 烧杯,三口烧瓶(100mL),球形冷凝管,表面皿,滴液漏斗,分液漏斗,布氏漏斗,抽滤瓶及蒸馏装置等。

## 【实验装置】

实验装置如图 3.8 所示。

## 【实验步骤】

按图 3.8 安装反应装置,下置电热套。在 100mL 三口烧瓶中加入 6.4g 对氯苯酚和

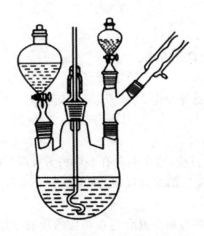

图 3.8　制备对氯苯氧乙酸的装置

10mL 水,开动搅拌,慢慢加入 20％的 NaOH 水溶液溶液,至溶液 pH＝7～8,搅拌溶解。称取 6.0g 氯乙酸钠加 20mL 水配制成溶液。启动加热和搅拌,然后慢慢滴加氯乙酸钠的水溶液,滴加完毕后继续搅拌加热 30min。反应结束后,将反应液趁热倒入 250mL 烧杯中,冷却后有大量结晶析出,搅拌下用盐酸酸化至 pH 为 3～4。冷却后抽滤,用少量蒸馏水洗涤结晶,压干后移入表面皿,烘干,称重,计算产率,测定熔点。对氯苯氧乙酸的熔点为 158℃,对氯苯氧乙酸的红外光谱图、质谱和核磁见附图 69 至附图 72。

## 【实验指导】

1. 从滴加浓盐酸开始,在整个反应过程中一直保持搅拌。
2. 滴加浓盐酸时,只搅拌,不加热;加浓盐酸的速度不能太快,否则会引起剧烈反应。
3. 碱溶时,可适当温热,但温度不能超过 50℃。
4. 酸化时,将滤液倒入酸中,不能反过来将酸倒入滤液中。
5. 纯化后的产品用蒸汽浴干燥。

## 【思考题】

1. 为什么在搅拌下滴加氯乙酸钠? 目的是什么?
2. 该反应有没有副产物? 如果有试写出副产物的生成机理和结构式。
3. 讨论滴液漏斗和分液漏斗的区别以及直形冷凝管和球形冷凝管的区别。

## 实验三十九　肉桂酸的合成

肉桂酸(cinnamic acid)又名 β-苯丙烯酸、3-苯基-2-丙烯酸,为白色至淡黄色粉末,微有桂皮香气。分子量为 148.17,熔点为 133℃,沸点为 300℃,密度为 1.245,溶于乙醇、甲醇、石油醚、氯仿,可以任意比例溶于苯、乙醚、丙酮、冰醋酸、二硫化碳及油类,微溶于水。肉桂酸是从肉桂皮或安息香中分离出的有机酸。植物中由苯丙氨酸脱氨降解可产生苯丙烯酸。肉桂酸主要用于香精香料、食品添加剂、医药工业、美容、农药、有机合成等方面。

## 【实验预习要求】

1. 掌握肉桂酸的制备原理和方法。
2. 学习水汽蒸馏等操作。
3. 巩固回流、毛细管制备等操作。

## 【实验原理】

Perkin 反应又称普尔金反应,指由不含有 α-H 的芳香醛(如苯甲醛)在强碱弱酸盐的催化下,与含有 α-H 的酸酐所发生的缩合反应,并生成 α,β-不饱和羧酸盐。后者经酸性水解即可得到 α,β-不饱和羧酸。

利用 Perkin 反应,将芳醛与酸酐混合后在相应的羧酸盐存在下加热,可制得 α,β-不饱和酸。本实验用碳酸钾代替 Perkin 反应中的醋酸钾,反应时间短,产率高。

反应方程式为

$$\text{⬡—CHO} + (\text{CH}_3\text{CO})_2\text{O} \xrightarrow[150\sim170℃]{\text{K}_2\text{CO}_3} \text{⬡—CH=CHCOOH} + \text{CH}_3\text{COOH}$$

## 【主要试剂与仪器】

1. 药品:苯甲醛 3mL,乙酸酐 5.5mL,无水碳酸钾 4.7g,饱和碳酸钠溶液,浓盐酸等。
2. 仪器:50mL 三颈烧瓶,50mL 圆底烧瓶,球形冷凝管,二口连接管,温度计等。

## 【实验装置】

实验装置如图 3.9 所示。

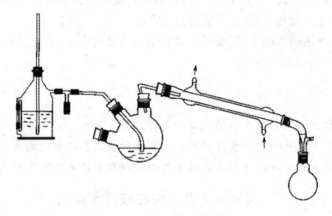

图 3.9  制备肉桂酸的装置

## 【实验步骤】

在干燥的 50mL 梨形烧瓶中放入 4.7g 研细的无水碳酸钾粉末,3mL 新蒸馏过的苯甲醛和 5.5mL 乙酐,振荡使三者混合。烧瓶口装一个二口连接管,正口装一支 250℃温度计,其水银球插入反应混合物液面下但不要碰到瓶底,侧口装配空气冷凝器。在石棉网上加热回流 1h,反应液的温度保持在 150～170℃。

　　将反应混合物趁热(100℃左右)倒入 50mL 圆底烧瓶内。用 20mL 热水分两次洗涤原烧瓶,洗涤液并入圆底烧瓶内。一边充分摇动烧瓶,一边慢慢加入饱和碳酸钠溶液,直到反应混合物呈弱碱性。然后进行水蒸气蒸馏(仪器装置可参考图 3.9),直到馏出液中无油珠为止(倒入指定的回收瓶内)。剩余液体中加入少许活性炭,加热煮沸 10min,趁热过滤。将滤液小心地用浓盐酸酸化,使其呈明显酸性,再用冷水浴冷却。待肉桂酸完全析出后,减压过滤。晶体用少量水洗涤,挤压去水分,在 100℃以下干燥。产物可在水中或 30%乙醇中进行重结晶。产品核磁、质谱图见附图 73 至附图 75。

## 【实验指导】

　　1. 无水醋酸钾可用无水醋酸钠或无水碳酸钾代替。无水醋酸钾的粉末可吸收空气中的水分,故每次称完药品后,应立刻盖上盛放醋酸钾的试剂瓶盖,并放回原干燥器中,以防吸水。

　　2. 若用未蒸馏过的苯甲醛试剂代替新蒸馏过的苯甲醛进行实验,产物中可能会含有苯甲酸等杂质,而后者不易从最后的产物中分离出去。另外,反应体系的颜色也较深一些。

　　3. 操作中,应先通冷凝水,再进行加热。

　　4. 反应过程中体系的颜色会逐渐加深,有时会有棕红色树脂状物质出现。

　　5. 加入热的蒸馏水后,体系分为两相,下层水相,上层油相,呈棕红色。加 $Na_2CO_3$ 目的是中和反应中产生的副产品乙酸,使肉桂酸以盐的形式溶于水中。

　　6. 水蒸气蒸馏的目的是除去未反应的苯甲醛。油层消失后,体系呈匀相为浅棕黄色。有时体系中会悬浮有少许溶于水的棕红色固体颗粒。

　　7. 加活性炭的目的是脱色。

## 【思考题】

　　1. 具有何种结构的醛能进行 Perkin 反应?

　　2. 为什么不能用氢氧化钠代替碳酸钠溶液来中和水溶液。

　　3. 用水蒸气蒸馏除去什么? 能不能不用水蒸气蒸馏?

### 实验四十　扁桃酸的制备

　　扁桃酸(mandelic acid)又名苦杏仁酸、苯乙醇酸,学名 α-羟基苯乙酸,为白色结晶性粉末,长期露光会变色分解,分子量为 152.15,熔点为 118～121℃,折射率为 153.5°,水中溶解度为 100g/L(25℃),溶于醇、醚、氯仿。扁桃酸分子式为 $C_8H_8O_3$,它含有一个不对称碳原子,有两种异构体。

　　扁桃酸传统上可用扁桃腈和 α,α-二氯苯乙酮的水解来制备,但合成路线长、操作不便且欠安全。采用相转移(phase transfer,PT)催化反应,一步即可得到产物,显示了 PT 催化的优点。扁桃酸是有机合成的中间体,也是口服治疗尿路感染的药物,可以作为合成三甲基环己基扁桃酸酯(血管扩张剂)、扁桃酸乌洛托品(尿路消毒剂)的原料,也是生产苯异妥因(抗抑郁剂)、扁桃酸苄酯(镇痉剂)等药品的原料。

## 【实验预习要求】

1. 掌握相转移催化剂 TEBA 的制备。
2. 通过扁桃酸的合成进一步了解相转移催化反应。
3. 学习相转移催化法用于卡宾反应制备苦杏仁酸。

## 【实验原理】

相转移催化反应是指在相转移催化剂作用下有机相中的反应物与另一相中的反应物发生的化学反应。相转移催化反应多应用于非均相反应体系,可以在温和的反应条件下加快反应速率,简化操作过程,提高产品收率。

扁桃酸含有一个手性碳原子,化学方法合成得到的是外消旋体。用旋光性的碱如麻黄素可拆分为具有旋光性的组分。

扁桃酸传统上可用扁桃腈[$C_6H_5CH(OH)CN$]和 $\alpha,\alpha$-二氯苯乙酮($C_6H_5COCHCl_2$)的水解来制备,但反应合成路线长、操作不便且欠安全。本实验采用相转移催化反应,一步可得到产物,显示了 PTC 反应的优点。反应式如下:

$$\text{CHO} + \text{CHCl}_3 \xrightarrow[\text{TEBA}]{\text{NaOH}} \xrightarrow{H^+} \text{HO—CH(COOH)—C}_6H_5$$

反应机理一般认为是反应中产生的二氯卡宾与苯甲醛的羰基加成,再经重排及水解生成扁桃酸:

$$\text{C}_6H_5\text{—CH=O} \xrightarrow{:CCl_2} \text{C}_6H_5\text{—CH(Cl_2C—O)} \xrightarrow{\text{重排}} \text{C}_6H_5\text{—CHCl—CO—Cl} \xrightarrow{OH^-} \xrightarrow{H^+} \text{C}_6H_5\text{—CH(OH)—COOH}$$

## 【主要试剂与仪器】

1. 试剂:苯甲醛 3.0mL(3.15g,0.03mol),TEBA 0.3g,氯仿 6mL,氢氧化钠 5.7g,乙醚,50%硫酸,无水硫酸钠,石油醚。
2. 仪器:搅拌器,回流冷凝管,三颈烧瓶,温度计,布氏漏斗,抽滤瓶及蒸馏装置等。

## 【实验步骤】

在 50mL 装有搅拌器、回流冷凝管和温度计的三颈烧瓶中,加入 3.0mL(3.15g, 0.03mol)苯甲醛、0.3g 苄基三乙基溴化铵 TEBA 和 6mL 氯仿。开动搅拌,并水浴加热,待温度上升至 50~60℃,自冷凝管上口慢慢滴加由 5.7g 氢氧化钠和 5.7mL 水配置的 50%的氢氧化钠溶液。滴加过程中控制反应温度在 60~65℃,约需 45min 加完。加完后,保持此温度继续搅拌 1h。

将反应液用 50mL 水稀释,用 20mL 乙醚分 2 次萃取,合并萃取液,倒入指定容器待回收乙醚。此时水层为亮黄色透明状,用 50%硫酸酸化至 pH 为 2~3 后,再每次用 10mL 乙醚萃取 2 次,合并酸化后的醚萃取液,用等体积的水洗涤 1 次,醚层用无水硫酸钠干燥。在水浴上蒸去乙醚,并用水泵减压抽滤净残留的乙醚,得粗产物约 2g。

将粗产物用甲苯—无水乙醇(8∶1 体积比)进行重结晶,趁热过滤,母液在室温下放置,使结晶慢慢析出。冷却后抽滤,并用少量石油醚(30～60℃)洗涤促使其快干。产品为白色结晶,mp 为 118～119℃,核磁和质谱鉴定谱图见附图 76 至附图 78。

本实验约需 8h。

## 【实验指导】

1. 滴加氢氧化钠溶液时可取反应液用试纸测其 pH 应接近中性,否则可适当延长时间。

2. 用水泵减压抽滤净残留的乙醚时,产物在乙醚中溶解度大,应尽量可能抽净乙醚,冷却后即得固体粗产物。

3. 粗产物用甲苯—无水乙醇进行重结晶时,亦可单独用甲苯重结晶。

4. 可用电磁搅拌代替电动搅拌,效果更好。相转移催化剂是非均相反应,搅拌必须是有效和安全的。这是实验成功的关键。

5. 溶液呈浓稠状,腐蚀性极强,应小心操作。盛碱的分液漏斗用后要立即洗干净,以防活塞受腐蚀而粘结。

6. 单独用甲苯重结晶较好(每克约需 1.5mL)。

## 【思考题】

1. 本实验中,酸化前后两次用乙醚萃取的目的何在?

2. 根据相转移反应原理,写出本反应中离子的转移和二氯卡宾的产生及反应过程。

3. 本实验反应过程中为什么必须保持充分搅拌?

## 实验四十一　水杨酸双酚 A 酯的合成

双酚 A[2,2-bis(4-hydroxyphenyl)propane,bisphenol A],学名为 2,2-二(4-羟基苯基)丙烷,简称二酚基丙烷。其为白色针状晶体,分子量为 228,熔点为 156～158℃,不溶于水、脂肪烃,溶于丙酮、乙醇、甲醇、乙醚、醋酸及稀碱液,微溶于二氯甲烷、甲苯等。双酚 A 是世界上使用最广泛的工业化合物之一,主要用于生产聚碳酸酯、环氧树脂、聚砜树脂、聚苯醚树脂、不饱和聚酯树脂等多种高分子材料,也可用于生产增塑剂、阻燃剂、抗氧剂、热稳定剂、橡胶防老剂、农药、涂料等精细化工产品。在塑料制品的制造过程中,添加双酚 A 可以使制品具有无色透明、耐用、轻巧和显著的防冲击性等特性,尤其能防止酸性蔬菜和水果从内部侵蚀金属容器,因此广泛用于罐头食品和饮料的包装、奶瓶、水瓶、牙齿填充物所用的密封胶、眼镜片以及其他数百种日用品的制造过程中。

水杨酸双酚 A 酯(bisphenol A disalicylate),商品名称为光稳定剂 BAD 或紫外线吸收剂 BAD,化学名称为对,对′-亚异丙基双酚双水杨酸酯。为白色的无臭、无味的粉末,细度为 1～5μ。分子量为 468,熔点为 158～161℃,易溶于苯、甲苯、氯苯、二甲苯、石油醚等惰性有机溶剂,不溶于水、酒精。水杨酸双酚 A 酯除用于可防紫外线的纺织品外,还大量应用于聚丙烯、聚乙烯和聚氯乙烯等塑料,可吸收波长为 350nm 以下的紫外线,提高制品的耐候性。因其能有效地吸收对植物有害的短波紫外线(波长小于 350nm),透过对植物生长有利的长波紫外线,既抗老化又不影响作物生长,所以特别适用于生产农用薄膜。

## 【实验预习要求】

1. 了解抗氧化剂双酚 A 及水杨酸双酚 A 酯的合成原理和方法。
2. 了解抗氧化剂双酚 A 及水杨酸双酚 A 酯的化学特性及主要用途。
3. 复习重结晶、减压蒸馏等实验操作及红外光谱、质谱、核磁共振谱的解析。
4. 了解有关酯交换反应的机理、所使用的催化剂种类等。

## 【实验原理】

用传统工艺合成水杨酸双酚 A 酯需在氯化亚砜作用下进行酯化反应,在工业上易对设备造成严重腐蚀,同时产生大量废气、废水,严重污染环境。生产水杨酸双酚 A 酯的新工艺是以水杨酸先与醇进行酯化反应,再与双酚 A 进行酯交换反应,对设备无腐蚀,对环境无污染,后处理简单,无三废生成,属绿色环保工艺。

本实验先通过苯酚和丙酮缩合,制备 2,2-二(4-羟基苯基)丙烷(简称双酚 A,BPA),再用水杨酸乙酯和双酚 A 为原料,以二丁基氧化锡为催化剂,合成水杨酸双酚 A 酯。反应式如下:

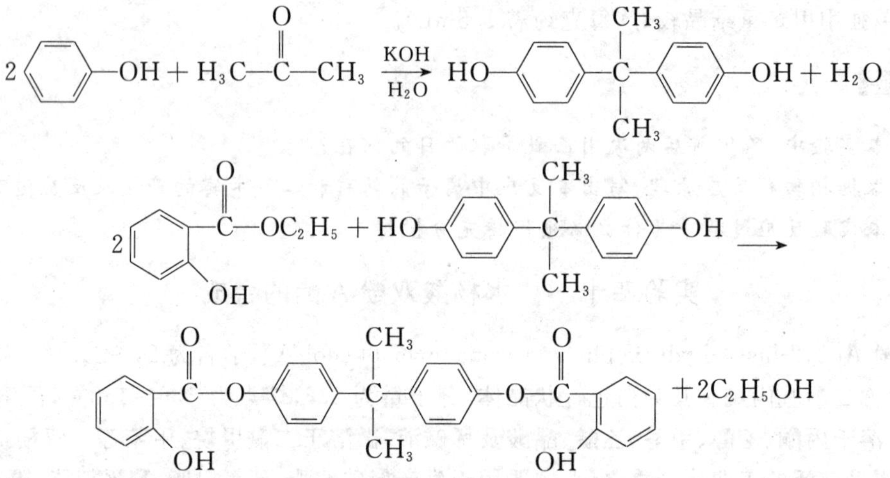

## 【主要试剂与仪器】

1. 试剂:苯酚,丙酮,氢氧化钾,水杨酸乙酯,二丁基氧化锡,氯苯。
2. 仪器:三口烧瓶,二口连接管,球形冷凝管,恒压滴液漏斗,布氏漏斗,抽滤瓶,锥形瓶,分液漏斗,量筒,克氏蒸馏头,温度计,旋转蒸发仪,熔点测定仪,电子恒速搅拌器,真空干燥箱,红外光谱仪,质谱仪,核磁共振谱仪。

## 【实验装置】

实验装置如图 3.10 所示。

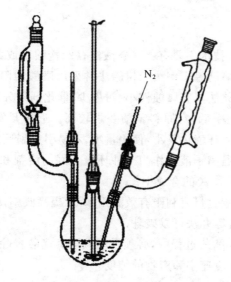

图 3.10　制备水杨酸双酚 A 酯的主要装置

## 【实验步骤】

### 1. 双酚 A 的合成

在装有搅拌器、冷凝管、温度计、滴液漏斗和导气管的五口烧瓶中，加入 14.1g（0.15mol）苯酚、0.75g 氢氧化钾（加入量约为苯酚质量的 5%），再加入 20mL 水作溶剂。通入氮气，在搅拌下将温度升到 70℃，滴加 3.8mL（0.05mol）丙酮进行反应，丙酮约在 15min 内滴加完毕，然后，继续回流 1.5h。

将反应混合物冷却后析出固体，减压过滤，用热水洗涤、分离后，粗产物重结晶，真空干燥，即得产品双酚 A，熔点为 155～157℃，收率约 70%。

### 2. 水杨酸双酚 A 酯的合成

在配在装有搅拌器、冷凝管、温度计、滴液漏斗和导气管的五口烧瓶中（反应装置如图 3.10 所示），加入 11.4g（0.05mol）双酚 A、15.5mL（0.1mol）水杨酸乙酯和 0.3g 二丁基氧化锡。在氮气保护下加热搅拌，溶化后，迅速升温至 120～130℃ 。反应约 4h 后，减压蒸出生成的乙醇和未反应的水杨酸乙酯。加入 2.5mL 氯苯，趁热过滤，除去催化剂及杂质，冷却滤液，析出晶体，抽滤，用冷氯苯淋洗滤饼，真空干燥，得到白色晶体，熔点为 158～161℃，收率约 94%。

### 3. 水杨酸双酚 A 酯的表征

(1) 水杨酸双酚 A 酯的红外光谱分析和质谱

用 KBr 压片对产品进行红外扫描，产品中主要基团的红外特征吸收峰（$cm^{-1}$）为：3598，3342（酚羟基振动吸收）；3068（苯环上 C—H 振动吸收）；2960、2870、1382（$CH_3$ 振动吸收）；1598、1509、1446（苯环骨架振动吸收）；1733（醋羰基振动吸收）；1176、1218（季碳骨架伸缩振动）；1176、1245（酯的 C—O—C 伸缩振动）。红外和质谱谱图见附图 79 和附图 80。

(2) 水杨酸双酚 A 酯的 [1]HNMR 分析

以 $CDCl_3$ 为溶剂，通过 300MHz 核磁对产品进行 [1]HNMR 鉴定：5.23（2H，OH），7.06～7.93（16H，ArH），1.60（6H，$CH_3$），谱图见附图 81。

## 【实验指导】

1. 合成双酚 A 的工艺技术主要有:(1)硫酸法;(2)盐酸法或氯化氢法;(3)树脂法。前两种方法由于自身存在缺陷已趋于淘汰。树脂法常采用磺酸型阳离子交换树脂作催化剂,巯基化合物为助催化剂。此法具有腐蚀性小、污染少、催化剂易分离、产品质量高等优点,但成本费用高,丙酮单程转化率低,对原料苯酚要求较高。近年开发的以固体有机酸作催化剂,对设备的腐蚀比硫酸小,环境污染小,使用量小,不易引起副反应,价廉易得,是适于工业化生产的有效催化剂。室温离子液体作为一种环境友好的溶剂和催化剂体系,也正在被人们认识和接受,并被用在双酚 A 的合成中。

2. 合成双酚 A 时,丙酮过量有利于有效利用苯酚,提高收率,但易发生乳化现象。通过加热、加表面活性剂及加盐等办法可以破乳。

3. 合成水杨酸双酚 A 酯的过程中,必须采用减压蒸馏装置除尽生成物中的乙醇,并将水杨酸甲酯蒸出,以提高反应速率和产物的纯度。

## 【思考题】

1. 本实验中合成双酚 A 属于以醛或酮为烷基化剂,在芳环上引入烷基的 C-烷基化反应,反应可以在酸或碱的催化下进行。写出本实验碱催化反应的机理。

2. 双酚 A 的合成在有机合成上属于哪一类型的反应?

3. 本实验中可能发生的副反应有哪些?为避免副反应发生在实验中应注意哪些问题?

4. 合成双酚 A 的后处理时为何要使用热水洗涤?

# 实验四十二  吗氯贝胺的合成

吗氯贝胺(moclobemide),化学名为 N-(2-(4-吗啉基)乙基)对氯苯甲酰胺,为白色结晶或结晶性粉末,无臭,味微苦,易溶于二氯甲烷、三氯甲烷,几乎不溶于水,分子量为 268.7,密度为 1.206,熔点为 137℃,沸点为 447.7℃,闪点为 224.6℃,是 Roche 公司 1990 年研制的选择性单胺氧化酶-A 的可逆性抑制剂[1]。该药在抗抑郁、抗缺氧等方面疗效显著,尤其适用于伴肾心、疾病的老年抑郁患者。它的疗效确切,临床安全性好,作用谱广,优于现在临床应用的其他抗抑郁药,问世后被 50 多个国家批准上市。

## 【实验预习要求】

1. 了解抗抑郁新药——吗氯贝胺的合成原理与方法。
2. 了解使用高效液相色谱仪测定吗氯贝胺含量的方法。
3. 复习有关重结晶操作的原理和注意事项。
4. 学习红外光谱、核磁共振氢谱的解析。

## 【实验原理】

吗氯贝胺的合成路线主要有以下 4 条:(1)4-(2-氨基)乙基吗啉与对氯苯甲酰氯反应;(2)N-对氯苯甲酰氮丙啶与吗啉反应;(3)4-氯-N-(2-溴乙基)苯甲酰胺与吗啉反应;(4)2-氨

基乙基硫酸氢脂与对氯苯甲酰氯反应得到 2-对氯苯甲酰氨基乙基硫酸酯钠盐,再与吗啉反应。

本实验采用文献[2]提供的第 3 条合成路线,并通过液相色谱检测产品的纯度,用质谱、元素分析和核磁共振氢谱表征产品。反应式如下:

$$HOCH_2CH_2NH_2 + 2HBr \longrightarrow BrCH_2CH_2NH_2 \cdot HBr + H_2O$$

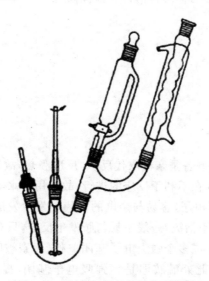

## 【主要试剂与仪器】

1. 试剂:乙醇胺,氢溴酸,二甲苯,丙酮,对氯苯甲酰氯,氢氧化钠,异丙醇。

2. 仪器:三口烧瓶,二口连接管,恒压滴液漏斗,温度计,球形冷凝管,圆底烧瓶,锥形瓶,分水器,旋转蒸发仪,真空干燥箱,熔点测定仪,液相色谱仪,红外光谱仪,核磁共振仪,质谱仪。

## 【实验装置】

实验装置如图 3.11 所示。

图 3.11　制备吗氯贝胺的主要装置

## 【实验步骤】

### 1. 2-溴乙胺氢溴酸盐的制备

在三口烧瓶内加入 6.1g 乙醇胺,搅拌,在 10℃ 下用滴液漏斗加入 40% 氢溴酸 30.5g,控制氢溴酸的滴加速度使体系温度不超过 10℃。滴加完毕后继续搅拌 1h。在反应体系中继续滴加 30.5g 40％的氢溴酸,待滴加完毕后,加入 35mL 二甲苯,升温回流,在反应的同时利用分水器分水,以分出计量的水为反应终结。用旋转蒸发仪除去二甲苯,冷却,用丙酮洗涤二次,得白色晶状产物 18.8g,熔点为 168～170℃,收率为 92％。

2. 4-氯-N-(2-溴乙基)苯甲酰胺的制备

在三口烧瓶内加入 2-溴乙胺氢溴酸盐 4.0g,水 15mL,搅拌溶解。在 5℃时,同时滴加对氯苯甲酰氯 3.5g 和 5％ NaOH 溶液 32mL。滴加完毕后,在室温下搅拌反应 3h。过滤,水洗,得白色固体 5.2g,熔点为 110～115℃,收率为 95.5％。

3. 吗氯贝胺的制备

在三口烧瓶内加入 4-氯-N-(2-溴乙基)苯甲酰胺 3.1g,吗啉 12.4g,搅拌回流,搅拌反应 2h。加入 10mL 水,用 10％ NaOH 溶液调节 pH 值至碱性,过滤,水洗,用异丙醇重结晶得白色固体 2.6g,熔点为 137～138℃,收率为 83.9％。

IR(KBr,$\nu$/cm$^{-1}$):3281(NH),1637( C=O ),1545,1488。

$^1$H-NMR(CDCl$_3$,$\delta$/ppm):2.45～2.54(t,4H, —CH$_2$—N—CH$_2$— ),2.51～2.65(t,2H, >N—CH$_2$— ),3.45～3.61(m,2H, —NH—CH$_2$— ),3.67～3.76(t,4H, —CH$_2$—O—CH$_2$— ),6.94(s,1H,—NH),7.32～7.79(m,4H,Ph-H)。

4. HPLC 法测定吗氯贝胺的含量

利用 Waters 1525 型高效液相色谱仪及 Waters 2996 型检测器测定吗氯贝胺的含量。色谱条件如下:

色谱柱:Waters C$_{18}$(4.6mm×300mm);

流动相:乙腈—0.05mol/L 醋酸铵溶液—冰醋酸(25 ：75：1.5);

柱温:30℃;

流速:1mL/min;

检测波长:254nm;

灵敏度:0.005AUFS;

进样量:20$\mu$L。

## 【实验指导】

1. 2-溴乙胺氢溴酸盐的制备是亲核取代反应,反应吸热,故随着反应温度的升高,收率大为增加。在反应中,水的存在不利于反应的进行,故采用分水器及时分出生成的水。

2. 吗啉的氮上有一对孤电子,容易与亲电的卤代物发生发应,反应是按 SN$_2$ 反应机理进行的。芳香卤化物的卤素不活泼,一般不易与胺发生反应,只有在高温高压或催化剂存在下,或在卤素的邻对位有一个或多个强吸电子基团取代,卤素被吸电子基团所活化,才可发生芳环上的亲核取代反应。此处酰胺即是一强吸电子基团,提高反应温度有利于反应的发生。

## 【思考题】

1. 查阅有关文献,比较合成吗氯贝胺的各种路线的优缺点。

2. 在第 1 步反应中加入二甲苯的目的是什么?在第 2、3 步反应中加入氢氧化钠的目的是什么?

## 【参考文献】

[1] 潘雁. 抗抑郁药吗氯贝胺[J]. 国外医药——合成药、生化药、制剂分册,1994,15 (5):302-304
[2] 陈斌,周婉珍,贾建洪,等. 吗氯贝胺的合成工艺研究[J]. 浙江工业大学学报,2004,32(6):629-63
[3] 焦建宇,冯怡民,史守铺,等. 吗吗氯贝胺的合成[J]. 中国药物化学杂志,1998,8(2):147-148

# 实验四十三 乙酰乙酸乙酯的制备

乙酰乙酸乙酯为无色或微黄色透明液体,有醚样和苹果似的香气,溶点为 $-45℃$,沸点为 180.8℃,易溶于水,可混溶于多数有机溶剂醇、醚。与乙醇、丙二醇及油类可互溶,是一种重要的有机合成原料,在医药上用于合成氨基吡啉、维生素 B 等,亦用于偶氮黄色染料的制备,还用于调和苹果香精及其他果香香精。在农药生产上乙酰乙酸乙酯用于合成有机磷杀虫剂蝇毒磷的中间体 α-氯代乙酰乙酸乙酯、嘧啶氧磷的中间体、杀菌剂恶霉灵、除草剂味唑乙烟酸、杀鼠剂杀鼠醚、杀鼠灵等,也是杀菌剂新品种嘧菌环胺、氟嘧菌胺、呋吡菌胺及植物生长调节剂杀雄啉的中间体。此外,乙酰乙酸乙酯也广泛用于医药、塑料、染料、香料、清漆及添加剂等行业。

## 【实验预习要求】

1.了解乙酰乙酸乙酯的制备原理和方法。
2.巩固无水操作及减压蒸馏等操作。

## 【实验原理】

含有 α-氢的酯在碱性催化剂存在下,能与另一分子的酯发生克莱森(Claisen)酯缩合反应,生成 β-酮酸酯。乙酰乙酸乙酯是利用无水乙酸乙酯在乙醇钠催化下通过克莱森反应来制备的,反应式如下:

$$2CH_3COC_2H_5 \xrightarrow{C_2H_5ONa} CH_2COCH_2COOC_2H_5 + C_2H_5OH$$

因分析纯乙酸乙酯中含有少量的乙醇,所以本实验以乙酸乙酯和金属钠为原料来制备,而金属钠极易与水反应,放出氢气并产生大量的热,易导致燃烧和爆炸,故反应所用仪器必须是干燥的,试剂必须是无水的。

## 【主要试剂与仪器】

1. 试剂:乙酸乙酯 10mL,金属钠 0.9g,二甲苯,50％的醋酸溶液,饱和 NaCl 溶液,无水 $Na_2SO_4$。

2. 仪器:圆底烧瓶,球形冷凝管,恒压滴液漏斗,干燥管,分液漏斗,直形冷凝管,蒸馏头,克氏蒸馏头,支管接引管(或多叉接引管),量筒,温度计,毛细管。

## 【实验装置】

乙酰乙酸乙酸制备的主要装置如图 3.12 所示。

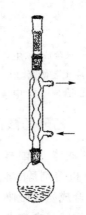

图 3.12　回流干燥装置

## 【实验步骤】

1. 熔钠和摇钠

在干燥的 50mL 圆底烧瓶中加入 0.9g 金属钠和 5mL 二甲苯,按图 3.12 装置,加热使钠熔融。然后迅速用干燥抹布包住圆底烧瓶取下,橡皮塞塞紧烧瓶,用力振摇 1～2min,得细粒状钠珠。

2. 缩合

小心转动烧瓶将壁上的钠珠转入瓶底,然后将二甲苯小心倾倒到二甲苯回收瓶中(切勿倒入水槽或废物缸,以免着火)。迅速向瓶中加入 10mL 乙酸乙酯,按图 3.12 装置安装,反应随即开始,并有气泡逸出。保持微沸状态,直至所有金属钠全部作用完为止,反应约需 2h。

3. 酸化

待反应物稍冷后,边摇边滴加 50% 的醋酸溶液,直到反应液呈弱酸性(约 6mL),此时,所有的固体物质均已溶解。

4. 盐析和干燥

将溶液转移到分液漏斗中,加入等体积的饱和氯化钠溶液,用力摇振片刻。静置后,分去下层水层,将上层粗产物转入锥形瓶中,用无水硫酸钠干燥后,再将液体转入干燥的圆底烧瓶,并用少量乙酸乙酯洗涤干燥剂,一并转入圆底烧瓶中。

5. 蒸馏和减压蒸馏

先在沸水浴上蒸去未作用的乙酸乙酯,然后剩余液用减压蒸馏装置进行减压蒸馏,收集 54～55℃/931Pa(7mmHg) 的馏分。

【实验指导】

1. 金属钠遇水即燃烧、爆炸,因此使用时应严防与水接触。在称量、切块时要快。金属钠所接触到的实验仪器及试剂都须干燥,在加试剂时也要防止空气和水进入。

2. 钠珠的制作过程中间一定不能停,且要来回振摇,不要转动;如果过早停止摇振,会粘结成蜂窝状或凝聚成块。

3. 倾出的二甲苯混有细小的钠珠,要倒入回收瓶,不能倒入水槽,以免发生危险。

4. 若反应很慢,可稍加热升温,维持微沸状态,不可爆沸。

5. 反应时间与钠珠的粗细有关,钠珠越细,反应越快,所需时间越短。

6. 醋酸不可多加,至 pH=5~6 即可,若还有少量固体未溶解,可连同液体一起转入分液漏斗,加饱和食盐水后自会溶解。否则,过量的醋酸会增加酯在水层中的溶解度而降低产率,且酸度过高,会增加副产物去水乙酸的生成。

7. 减压蒸馏时要慢,注意温度计及压力计的读数,小火加热。

表 3.1 给出了乙酰乙酸乙酯的沸点与压力的关系。

表 3.1　乙酰乙酸乙酯的沸点与压力的关系

| 压力/mmHg | 8 | 12.5 | 14 | 18 | 29 | 55 | 80 |
|---|---|---|---|---|---|---|---|
| 沸点/℃ | 66 | 71 | 74 | 79 | 88 | 94 | 100 |

**【思考题】**

1. Claisen 酯缩合反应中的催化剂是什么?本实验为什么可以用金属钠代替?

2. 加入 50% 醋酸的目的是什么?

3. 加饱和氯化钠溶液有何作用?

4. 产品中滴加三氯化铁溶液,有什么现象?为什么?

5. 为什么产品要进行减压蒸馏而不是常压蒸馏?

# 实验四十四　甲基橙的制备

甲基橙(methyl orange),又名做金莲橙 D,或(酸性)Ⅲ号橙,其 0.1% 的水溶液是一种常用的酸碱指示剂或 pH 指示剂。甲基橙为橙黄色粉末或鱼鳞状晶体,有时显红色,相对分子量为 327.33,相对密度为 1.28,微溶于水,较易溶于热水,不溶于乙醇等有机溶剂。甲基橙本身为碱性,变色范围为 pH=3.1~4.4,pH<3.1 时变红,pH>4.4 时变黄,pH 在 3.1~4.4 时呈橙色。

**【实验预习要求】**

1. 通过甲基橙的制备学习重氮反应和偶合反应的实验操作。

2. 巩固盐析和重结晶的原理和操作。

**【实验原理】**

甲基橙是由对氨基苯磺酸重氮盐与 N,N-二甲基苯胺的醋酸盐,在弱酸性介质中偶合得到的。偶合首先得到的是嫩红色的酸式甲基橙,称为酸性黄,在碱中酸性黄转变为橙色的钠盐,即甲基橙。反应式如下:

$$H_2N-\!\!\!\!\bigcirc\!\!\!\!-SO_3H + NaOH \longrightarrow H_2N-\!\!\!\!\bigcirc\!\!\!\!-SO_3Na + H_2O$$

$$H_2N-\!\!\!\!\bigcirc\!\!\!\!-SO_3Na + NaNO_2 + HCl \longrightarrow \left[HO_3S-\!\!\!\!\bigcirc\!\!\!\!-\overset{+}{N}\!\!\equiv\!\!N\right]Cl^-$$

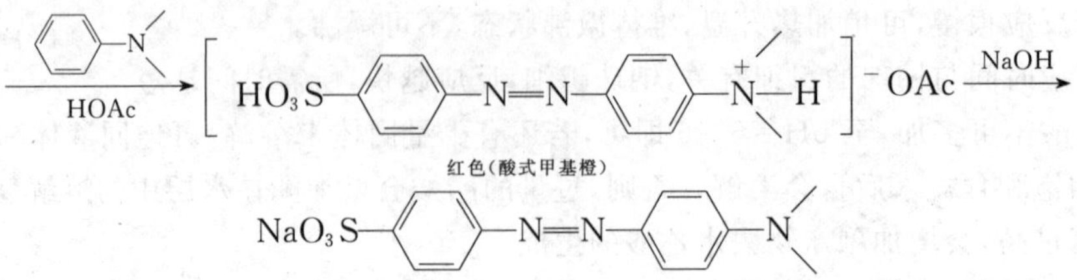

红色(酸式甲基橙)

副反应有

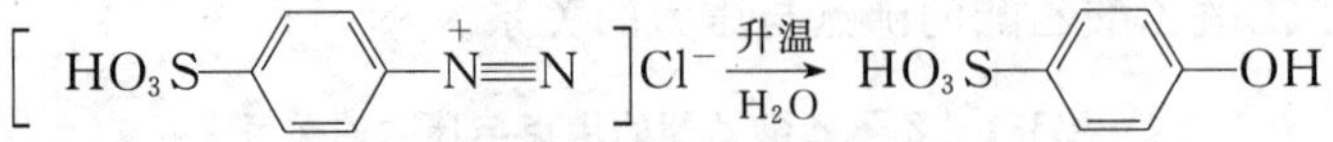

重氮盐在中性或碱性介质中不稳定,高温、受热时易分解。

对氨基苯磺酸是两性化合物,酸性比碱性强,以酸性内盐形式存在,其不溶于无机酸,很难重氮化,故采用倒重氮化法,即先将对氨基苯磺酸溶于氢氧化钠溶液,再加需要量的亚硝酸钠,然后加入稀盐酸。

## 【主要试剂与仪器】

1. 仪器:烧杯,布氏漏斗,吸滤瓶,干燥表面皿,滤纸,KI-淀粉试纸。

2. 试剂:对氨基苯磺酸,亚硝酸钠,氢氧化钠,N,N-二甲基苯胺,氯化钠溶液,浓盐酸,冰醋酸,10%氢氧化钠,乙醇。

## 【实验步骤】

1. 对氨基苯磺酸重氮盐的制备

在 100mL 烧杯中放置 5mL5%氢氧化钠溶液及 1.05g 对氨基苯磺酸晶体,温热使其溶解。另溶 0.4g $NaNO_2$ 于 3mL 水中,加入上述烧杯中,用冰盐浴冷却至 0～5℃。在不断搅拌下,将 10mL 冰冷水和 1.5mL 浓盐酸混合液缓缓分批滴入到上述溶液中,并控制温度在 5℃以下。滴加完毕后,用淀粉碘化钾试纸检验混合液。若试纸不变色,则需补加亚硝酸钠溶液。然后再冰盐浴中放置 15min 以确保反应完全。

2. 偶合

在一支试管中加入 0.6g N,N-二甲基苯胺和 0.5mL 冰醋酸,振荡混合。在不断地搅拌下,将此液慢慢加入到上述冷却重氮盐中,加完后,继续搅拌 10min,然后慢慢加入 12.5mL 5% NaOH,直至变为橙色。这时反应液呈碱性,粗制的甲基橙呈细粒状析出。然后将反应物加热至沸腾,溶解后,稍冷,置于冰冷水浴中冷却,使甲基橙全部重新结晶析出后,抽滤收集结晶,依次用少量的水、乙醇、乙醚洗涤,压干。

3. 精制

若要得到较纯产品,可用溶有少量 NaOH(约 0.1g)的沸水(每克粗产品约需 5mL)进行重结晶。待结晶析出完全后,抽滤收集,沉淀依次用少量的乙醇、乙醚洗涤。得到橙色的片状甲基橙结晶,产品约 1g。

## 【实验指导】

1. 重氮化过程中,应严格控制温度,反应温度若高于 5℃,生成的重氮盐易水解为酚,降低产率。

2. 在对氨基苯磺酸重氮盐时,用碘化钾试纸检验以后,再用冰盐浴放置过程中,会析出对氨基苯磺酸重氮盐。这是因为重氮盐在水中可以电离,形成中性的内盐,在低温时难溶于水,而形成细小晶体析出。

3. 若反应物中含有未作用的 $N,N$-二甲基苯胺醋酸盐,在加入 NaOH 后,就会有难溶于水的 $N,N$-二甲基。

4. 苯胺析出,会影响产物的纯度。湿的甲基橙在空气中受到光照后,颜色很快变深,故一般得到紫红色的粗产物。

5. 重结晶操作要迅速,否则由于产物呈碱性,在温度高时易变质,颜色变深。用乙醇、乙醚洗涤的目的是使其迅速干燥(醇在洗涤过程中可以带走大量的水)。

## 【思考题】

1. 何谓重氮化反应? 为什么此反应必须在低温、强酸性条件下进行?

2. 本实验中,制备重氮盐时,为什么要把对氨基苯磺酸变成钠盐? 本实验若改成下列操作步骤,先将对氨基苯磺酸与盐酸混合,再加亚硝酸钠溶液进行重氮化反应,可以吗? 为什么?

3. 什么叫做偶联反应? 结合本实验讨论一下偶联反应的条件。

4. 试解释甲基橙在酸碱介质中变色的原因,并用反应式表示。

## 实验四十五　还原胺化反应的应用——$N$-苄基对氯苄胺的制备

胺类化合物是药物分子中的一类重要物种,在药物合成中,经常碰到仲胺和叔胺化合物的转化与构建。卤代烃与伯胺、仲胺的烷基化反应是合成胺类化合物的主要方法之一,但是该方法很容易得到混合物,产物是仲胺、叔胺及季铵盐的混合物,造成分离纯化的困难。而通过还原胺化的方法,则可以高选择性地得到单一产物的仲胺或叔胺类化合物,从而避免混合物的产生,以伯胺为起始原料,得到的是仲胺产物,以仲胺为原料,则得到叔胺化合物。还原胺化反应的机制,首先是脱水生成亚胺中间体,然后对亚胺中间体进行还原。其中的羰基化合物可以是醛,也可以是酮类化合物。可使用的还原剂也有很多,有催化氢化、负氢化合物、金属钠加乙醇、锌粉、甲酸等,工业上常用催化氢化和甲酸,实验室常用硼氢化钠、硼氢化钾等负氢还原剂。还原胺化反应在药物中间体合成中是一个非常有用的方法,对于不同的取代仲胺和叔胺的制备具有广泛的应用。该方法不仅实验室使用方便,而且工厂里应用也很方便。

## 【实验预习要求】

1. 学习掌握分水回流基本实验操作及用途。
2. 熟悉常用的高选择性制备仲胺和叔胺的方法。
3. 学习了解工业常用试剂 $NaBH_4$ 的正确使用及注意事项。
4. 了解胺类化合物的常规粗略纯化方法。

## 【实验原理】

本实验以苄胺和芳香醛为模型原料,硼氢化钠为还原剂,分步法演示还原胺化反应的流程,给出了一个 N-烷基化的一类通用方法和操作。步骤如下：

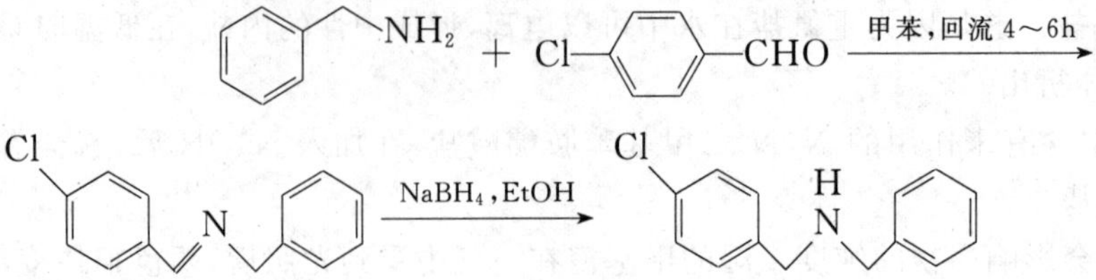

## 【主要试剂与仪器】

1. 试剂：苄胺(10.7g,0.1mol)对氯苯甲醛(16.8g,0.12mol),NaBH$_4$(5.7g,0.15mol),甲苯,无水乙醇,无水硫酸钠,10%盐酸溶液,10%氢氧化钠溶液,乙醚。

2. 仪器：磁力加热搅拌器,加热油浴,回流冷凝管,分水器,分液漏斗,蒸馏装置或旋转蒸发仪布氏漏斗,抽滤瓶。

## 【实验步骤】

1. 胺与醛的缩合生成亚胺的反应

在 250mL 蛋形瓶中,加入 10.7g 苄胺、14g 对氯苯甲醛、100mL 甲苯和磁力搅拌子,然后接上分水器。分水器上接回流冷凝管,分水器下出口处充满甲苯。加热到 130℃ 左右,回流分水,反应到无水分出为止(约分出 2mL 水),大约需要回流反应 4～6h。

2. NaBH$_4$ 还原亚胺

停止加热,冷却到室温,加入无水乙醇 50mL,搅拌下,慢慢把 NaBH$_4$ 固体通过漏斗分批加入,此时产生大量气泡(加硼氢化钠的过程是放热、放氢气过程,在加入过程中要敞口,不能封闭,要在通风好的地方进行,实验的地方不能有明火,要缓慢少量多次加),20min 内加完 NaBH$_4$。加完后,继续搅拌 30min,TLC 跟踪至原料消失或无气泡出现为止,停止反应。

3. 产物的分离与提纯

加水 50mL 淬灭反应,搅拌均匀后,转移到分液漏斗,水相用乙醚萃取 3 次(50mL 每次),合并有机层,有机层用 10%盐酸 100mL 萃取洗涤,水相 pH 要到 1 以下,分去有机层(丢弃),水相用 10%氢氧化钠溶液调节 pH 到 10 以上,乙醚萃取 3 次(每次 100mL)。有机相用无水硫酸钠干燥,水浴蒸去乙醚后,可得呈白色固体的粗产品仲胺(18～22g),产物结构用核磁共振确定。粗产物仲胺可以用氯化氢的乙醇溶液重结晶成盐酸盐纯化。对于大多数反应,可以不用进一步提纯而直接用于后面的反应。

本实验约需时间 8～12h。

4. 产物的表征

纯产品为白色固体,熔点约为 38～40℃,$^1$H-NMR (400.1MHz,CDCl$_3$):$\delta=4.19$ (s,1H),4.29 (s,2H),6.54 (d,$J=8.8$Hz,2H),7.10 (d,$J=8.4$Hz,2H),7.24～7.35 (m,5H);$^{13}$C NMR (100.6MHz,CDCl$_3$):$\delta=48.38,109.46,114.00,122.18,127.37,128.69,129.06,138.84,146.52$;MS (E.I.,70 eV) m/z (rel. int.) 218 (6),217 (33),216 (6),111 (5),92 (8),91(100),75 (5),65

## 【实验指导】

1. 在制备亚胺的过程中,当反应到一定程度后,可以将分水器下端的密封口打开,放出一部分甲苯。

2. 加硼氢化钠的过程是放热放氢气过程,在加入过程中要敞口,不能封闭,要在通风好的地方进行,并且由于反应过程中有氢气释放出,因此实验的地方不能有明火。为防止反应过于激烈,硼氢化钠要少量多次加入。

## 【思考题】

1. 回流分水反应中,如何判断脱水反应是否进行彻底了?

2. 使用硼氢化钠时,应该注意哪些事项?

3. 酸洗碱洗的过程中,产物是如何转化的? 产物存在于哪相中?

4. 酸洗碱洗的目的是什么? 除去了那些杂质?

## 实验四十六　磺胺类药物对氨基苯磺酰胺的制备

对氨基苯磺酰胺,又名磺胺,为白色颗粒或粉末状结晶,分子式为 $C_6H_8N_2O_2S$,分子量为 172.22,熔点为 $164.5\sim166.5℃$,无臭,味微苦,微溶于冷水、乙醇、甲醇、丙酮,易溶于沸水、甘油、盐酸、氢氧化钾及氢氧化钠溶液,不溶于苯、氯仿、乙醚和石油醚。最早的磺胺是染料中的一员,在某次偶然的机会,人们发现这种红色的染料对细菌具有很强的抑制作用,从而将它应用于药物。磺胺是磺胺类药物的最基本结构,也是药性的基本结构,是一类用于预防和治疗细菌感染性疾病的化学治疗药物,是现代医学中常用的一类抗菌消炎药。

## 【实验预习要求】

1. 通过对氨基苯磺酰胺的制备,掌握酰氯的氨解和乙酰氨基衍生物的水解。

2. 巩固回流、脱色、重结晶等基本操作。

## 【实验原理】

磺胺的合成方法有如下几种:

1. 苯胺法

反应式如下:

$$H_3C\overset{O}{\overset{\|}{C}}-\overset{H}{\overset{|}{N}}-\underset{\phantom{x}}{\bigcirc} \xrightarrow{2HOSO_2Cl} H_3C\overset{O}{\overset{\|}{C}}-\overset{H}{\overset{|}{N}}-\bigcirc-SO_2Cl \xrightarrow{NH_3}$$

$$H_3COCHN-\bigcirc-SO_2NH_2 \xrightarrow{NH_3 \cdot H_2O} H_2N-\bigcirc-SO_2NH_2$$

2. 氯苯法

反应式如下:

（反应式：氯苯 → 对氯苯磺酸 → 对氯苯磺酰氯 → 对氯苯磺酰胺 → 对氨基苯磺酰胺）

$$\text{Cl}-C_6H_5 \xrightarrow{SO_3} \text{Cl}-C_6H_4-SO_3H \xrightarrow{HSO_3Cl} \text{Cl}-C_6H_4-SO_2Cl \xrightarrow{NH_4OH} \text{Cl}-C_6H_4-SO_2NH_2 \xrightarrow[Cu_2O]{NH_4OH} H_2N-C_6H_4-SO_2NH_2$$

### 3. 二苯脲法

反应式如下：

$$C_6H_5-NH_2 \xrightarrow[\text{加热}]{NH_2CONH_2} C_6H_5-NHCONH-C_6H_5$$

$$\xrightarrow{ClSO_3H} ClO_2S-C_6H_4-NHCONH-C_6H_4-SO_2Cl \xrightarrow{NH_4OH}$$

$$H_2NO_2S-C_6H_4-NHCONH-C_6H_4-SO_2NH_2 \xrightarrow{NaOH} H_2N-C_6H_4-SO_2NH_2$$

本实验采用方法 1。

## 【主要试剂与仪器】

1. 药品：乙酰苯胺，氯磺酸，浓氨水，浓盐酸，碳酸钠。
2. 仪器：锥形瓶，抽滤瓶，烧瓶，布氏漏斗。

## 【实验装置图】

实验装置如图 3.13 所示。

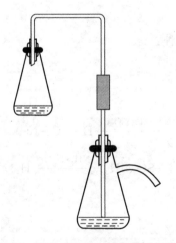

图 3.13　制备对乙酰氨基苯磺酰氯装置

**【实验步骤】**

1. 对乙酰氨基苯磺酰氯的制备

反应装置如图 3.13 所示。将 5g 干燥的乙酰苯胺将入到干燥的 250mL 锥形瓶中,用温火加热溶解乙酰苯胺,搅拌油状物以让溶解物附在锥形瓶底部。瓶壁上若有少量水汽凝结,应用干净的滤纸吸去。冰浴冷却锥形瓶使油状物固化,一次性迅速加入 12.6mL 氯磺酸(密度 1.77g/mL),然后立即连接预先配置好的氢氧化钠溶液收集氯化氢气体装置。反应很快发生,若反应过于剧烈,可用冰水冷却,当反应变缓后,可轻轻摇晃锥形瓶使固体全部溶解。然后用蒸气浴加热锥形瓶 10min 使反应完全。将反应瓶在冰水浴中充分冷却后,于通风橱中在充分搅拌下缓慢地将冷却的反应物倒入到装有 80g 碎冰的烧杯中。用冷水洗涤锥形瓶并将洗涤液倒入到烧杯中。搅拌数分钟,并尽量打碎块状的沉淀物,然后真空抽滤混合物,并用少量冷水洗涤粗产物乙酰胺基苯磺酰氯。抽干,立即进行下一步反应。

2. 对乙酰氨基苯磺酰胺的制备

在通风橱中将获得的乙酰氨基苯磺酰氯加入到 125mL 的锥形瓶中,在搅拌下慢慢加入 23mL 浓氨水,立即发生放热反应,并生成白色糊状物。加完后,继续搅拌 15min,使反应完全。然后加入 10mL 水在石棉网上小火搅拌加热 10min 以除去多余的氨。得到的混合物直接用于下一步的合成。

3. 对氨基苯磺酰胺的制备

将粗产物转移至圆底烧瓶中,然后加入 4mL 浓盐酸,在石棉网上小心加热回流混合物 0.5h。然后在室温冷却后,得到几乎澄清的溶液。如果有固体重新析出,测试一下溶液的酸碱性,若不呈酸性则酌情外加适量盐酸,并继续将混合物煮沸 15min 分钟,直到在室温冷却后没有固体析出。将滤液转移到大烧杯中,在搅拌下缓缓地加入碳酸钠固体,直到恰呈碱性。在中和过程中,会析出对氨基苯磺酰胺产物。冰浴充分冷却混合溶液,然后真空抽滤混合物,用少量的冰水洗涤。用水重结晶粗产物(每克产物需 12mL 的水)。所得的对氨基苯磺酸酰胺为白色叶片状晶体,熔点为 165～166℃。

**【实验指导】**

1. 由于氯磺酸忌水,遇水反应非常剧烈,所以在实验开始加热溶解乙酰苯胺后,要将烧瓶内壁的水擦除,以防加入氯磺酸后将氯磺酸分解等。氯磺酸有强烈的腐蚀性,遇空气会冒出大量的氯化氢气体,故取用时必须特别注意不能碰到皮肤和水。含氯磺酸的废液也不能倒入水槽。

2. 氯磺化反应较为剧烈,将乙酰苯胺凝结成块状后再反应,可使反应较为缓和。这是由于减少反应面积使反应过于剧烈时,应适当冷却。

3. 实验装置要密封,导气管可连接倒扣的漏斗以防止倒吸,否则可能因倒吸而引起严重的事故。

4. 反应完毕,将对氨基苯磺酰氯的反应液慢慢地倒入碎冰中,这是为了防止局部过热而使其水解。这一步要尽可能慢地进行,因为反应剩余的氯磺酸会和水发生反应,这是实验成功的关键。

5. 用碳酸钠中和盐酸时有大量的二氧化碳气体产生,故需不断搅拌,以免溢出。此外,产品可溶于过量碱中,故中和时必须控制碳酸钠的用量,以免降低产量。

## 【思考题】

1. 为什么苯胺要乙酰化后再氯磺化? 可否直接氯磺化?
2. 比较苯磺酰氯与苯甲酰氯的水解反应难易,为什么?
3. 为什么氨基苯磺酰胺易溶于过量的碱液中?

## 实验四十七　1-甲基-3-正丁基咪唑溴化物的合成

1-甲基-3-正丁基咪唑溴化物(1-butyl-3-methylimidazolium bromide),室温下为无色或淡黄色黏稠的油状液体,分子式为 $C_8H_{15}N_2Br$,分子量为 219.12,折光率为 1.545,密度为 $1.30g/cm^3$,熔点为 69~70℃,不溶于乙酸乙酯、乙醚、石油醚等,溶于氯仿、丙酮、二氯甲烷、二甲亚砜、二甲基甲酰胺、水等。由于其蒸气压低、电化学窗口宽、溶解性能好,作用一种新型的绿色有机溶剂广泛地被用于有机合成反应中。经过设计和修饰的一些衍生物可作为优异的催化剂或催化剂配体而应用于多种类型的有机催化反应中,可很好地解决均相反应中催化剂的回收利用问题。

## 【实验预习要求】

1. 了解离子液体的组成、种类与性质。
2. 熟练回流冷凝、减压蒸馏、抽滤与洗涤等操作。
3. 巩固波谱解析技巧。

## 【实验原理】

离子液体是指在室温或接近室温下呈现液态的、完全由阴阳离子所组成的盐,也称为低温熔融盐。离子液体作为离子化合物,其熔点较低主要是因其结构中某些取代基的不对称性使离子不能规则地堆积成晶体所致。它一般由有机阳离子和无机阴离子组成。常见的阳离子有季铵盐离子、季鏻盐离子、咪唑盐离子和吡咯盐离子等,常见的阴离子有卤素离子、四氟硼酸根离子、六氟磷酸根离子、高氯酸根离子等。

一般而言,离子化合物熔解成液体需要很高的温度才能克服离子键的束缚,这时的状态叫做"熔盐"。离子化合物中的离子键随着阳离子半径增大而变弱,熔点也随之下降。如果再通过进一步增大阳离子或阴离子的体积和结构的不对称性,削弱阴阳离子间的作用力,就可以得到室温条件下的液体离子化合物。

离子液体种类繁多,改变阳离子与阴离子的不同组合,可以设计出不同的离子液体。离子液体的合成大体上有两种基本方法:直接合成法和分步合成法。在直接合成法中,通过酸碱中和反应或季胺化反应等即可一步合成所需的离子液体,操作简便,副产物少,产品易纯化。分步合成法则适用于具有特殊阴离子结构的离子液体的制备,一般首先通过季胺化反应制备出含目标阳离子的卤盐,然后用含有目标阴离子的金属盐置换卤素离子或加入 Lewis 酸来得到目标阴离子的离子液体。在置换反应中常使用银盐,通过产生卤化银的沉淀来深化置换平衡。在此置换过程中必须尽可能地使反应进行完全,确保没有卤素阴离子残留,否则离子液体的物性将受到很大影响。

由于咪唑盐离子液体一般在室温下呈液体状态,且容易制备,对空气稳定,因而已成为研究和应用最多的一类离子液体。本实验首先合成阳离子部分的前体 1-甲基咪唑,然后采用直接合成法,将其与正溴丁烷进行季铵化反应,得到 1-甲基-3-正丁基咪唑溴化物。反应式如下:

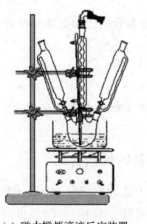

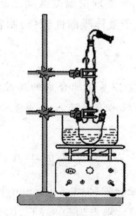

## 【主要试剂与仪器】

1. 试剂:41％乙二醛水溶液,37％甲醛水溶液,25％氨水,25％甲胺水溶液,溴代正丁烷,乙酸乙酯。

2. 仪器:三口烧瓶,圆底烧瓶,球形冷凝管,温度计套管,恒压滴液漏斗,控温油浴锅,克氏蒸馏头,直形冷凝管,燕尾接受管,温度计,干燥管,磁力搅拌器,锥形瓶等。

## 【实验装置】

实验装置如图 3.14 所示。

(a) 磁力搅拌滴液反应装置　　　　　　　　(b) 磁力搅拌回流反应装置

图 3.14　制备 1-甲基-3-正丁基咪唑溴化物的主要装置

## 【实验步骤】

1. 1-甲基咪唑的合成

将四口烧瓶中间一口接上球形冷凝管,其余三口分别接温度计和两个恒压滴液漏斗,反应系统放置在控温油浴锅上（如图 3.14（a）所示）。向四口烧瓶中依次加入 41％的乙二醛水溶液（6.93g）和 37％的甲醛水溶液（40.3g），混合物搅拌均匀后加热至 50℃。

向两支恒压滴液漏斗中分别加入 25％氨水（8.4g）和 25％甲胺水溶液（5.54g），两者同时缓缓滴加进四口烧瓶，保持一定的滴加速度使两者同时滴加完毕，混合液 50℃保温反应 6 小时。反应结束后，将反应装置改装为减压蒸馏装置，先蒸去体系中的水分，然后在 4000Pa 的压力下收集 100～110℃馏分，产物为无色或略发黄的透明液体。

2. 1-甲基-3-正丁基咪唑溴化物的合成

在室温下，将 1-甲基咪唑（3.4mL）与溴代正丁烷（9mL）置于圆底烧瓶中，安装球形冷凝管后反应液加热回流 24h（如图 3.14（b）所示）。

反应结束后，趁热用乙酸乙酯洗涤（3×2mL），静置后滗出上层有机溶剂，以除去未反应的原料。再加入乙酸乙酯（10mL）到烧瓶中继续加热搅拌，冷却后反应液在冰箱中冷冻 12h，析出白色固体，倾倒出上层有机溶剂后，将白色固体于 90℃下旋转蒸发 5h，得到的产物在真空干燥箱中于 60℃下干燥 12h，即可到浅黄色黏稠状透明液体。产品的红外和核磁谱图见附图 82 至附图 84。

## 【实验指导】

1. 合成 1-甲基咪唑时，氨水和甲胺水溶液的滴加速度要控制好，尽可能同时开始滴加、同时滴加完毕。

2. 在减压蒸馏过程中，最好使用毛细管来产生气化中心，通过调节 T 型夹的开合程度控制沸腾的剧烈程度；没有毛细管时也可用搅拌子代替，但切不可用沸石。

3. 减压蒸馏收集产物时，前馏分应用燕尾接受管分别收集在不同的接收器中，当温度计示数稳定后，收集理论温度区间±2℃之间的馏分。

4. 由于离子液体吸潮性较强，制备时应在球形冷凝管的上端加装干燥管。

## 【思考题】

1. 请写出 1-甲基咪唑合成的反应机理。

2. 将硝酸银水溶液滴入 1-甲基-3-正丁基咪唑溴化物的水溶液中将会产生什么现象？为什么？

## 实验四十八　2,4,5-三苯基咪唑的合成

2,4,5-三苯基咪唑（2,4,5-triphenylimidazole），分子式为 $C_{21}H_{16}N_2$，分子量为 296.37，熔点为 273～276℃，沸点为 508.6℃，闪点为 272.6℃，密度为 1.153g/cm³，可溶于强酸。三取代咪唑广泛存在于天然产物与药物中间体的结构中，例如 P38 激酶抑制剂、洛沙坦等都含有这种化学结构。此外，三芳基取代咪唑具有除草、抑制真菌、抗血栓、抗炎、镇痛等生理活性。

## 【实验预习要求】

1. 了解取代咪唑的合成方法与生物活性。

2. 熟练回流冷凝、重结晶、抽滤洗涤等操作。

3. 掌握安息香重排反应的机理。

## 【实验原理】

二苯乙二酮与苯甲醛在氨源的存在下发生缩合反应生成 2,4,5-三苯咪唑,反应的机理如下:

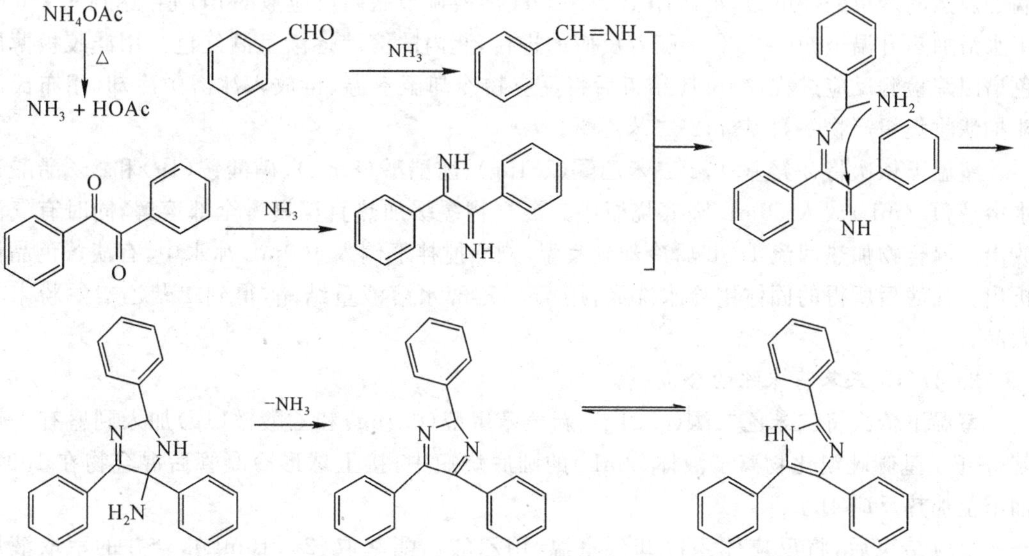

该反应一般需要在质子酸或 Lewis 酸的催化下进行,但在本实验中采用中性的 1-甲基-3-正丁基咪唑溴化物为反应介质时,该缩合反应不需要使用任何外加的酸性催化剂。这样不仅减少了环境污染,同时离子液体可回收后反复使用,避免了挥发性有机溶剂的使用,具有绿色合成的价值。

原料二苯乙二酮的合成可以通过氧化 2-羟基-1,2-二苯乙酮获得,而后者可由苯甲醛经安息香缩合反应制得。最初该缩合反应需要在氰化钠的催化下进行,后来的实验发现该反应也可在维生素 $B_1$ 的催化下顺利完成,从而避免了剧毒试剂的使用。反应路线如下:

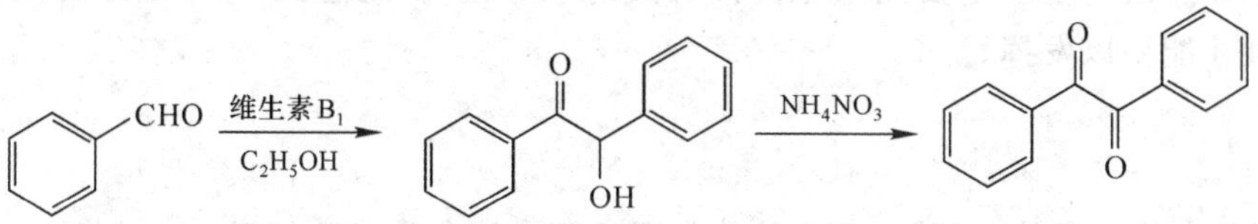

将 2-羟基-1,2-二苯乙酮氧化成二苯乙二酮的氧化剂很多,例如有浓硝酸、硫酸铜、三氯化铁等,在本实验中选用硝酸铵为氧化剂。

## 【主要试剂与仪器】

1. 试剂:新蒸苯甲醛,维生素 $B_1$,10%NaOH 水溶液,硝酸铵,冰醋酸,醋酸铜,95%乙醇,75%乙醇,10%氨水,硫酸钠。

2. 仪器:50mL 圆底烧瓶,球形冷凝管,抽滤瓶,布氏漏斗,250mL 烧杯,滤纸,表面皿,试管,量筒,玻璃棒,薄层色谱硅胶板。

**【实验步骤】**

1. 二苯乙二酮的制备

在冰盐浴下,将维生素 $B_1$(1g)置于圆底烧瓶中,依次加入蒸馏水(2mL)和95％乙醇(8mL),随后逐滴加入冷却的10％NaOH 溶液(4mL),待混合物的 pH 达到9～10时,小心滴加新蒸的苯甲醛(5mL),再次用10％NaOH 溶液调节瓶内反应液的 pH 值,达到9～10时用水浴加热升温至60～75℃。随着反应的进行,瓶内的溶液逐渐呈酒红色。用硅胶板薄层色谱跟踪检测反应进程,待反应结束后将反应物冷却至室温,再放入冰浴中冷却,用布氏漏斗抽滤收集粗产物 2-羟基-1,2-二苯乙酮。

室温下依次将 2-羟基-1,2-二苯乙酮(2.15g)、冰醋酸(8mL)、硝酸铵(1g)和2％醋酸铜水溶液(1.4mL)放入50mL 圆底烧瓶中。混合物缓缓加热直至慢慢全部溶解,同时有气泡放出。混合物加热回流1.5h 后冷却到室温,剧烈搅拌下倒入100mL 冰水中,有淡黄色晶体析出。抽滤后所得的固体用冷水洗涤,用75％乙醇水溶液重结晶,得到二苯乙二酮粉末状微晶。

2. 2,4,5-三苯基咪唑的合成

室温下依次将二苯乙二酮(0.21g)、新蒸苯甲醛(0.16g)和乙酸铵(1g)加入到盛有 1-甲基-3-正丁基咪唑溴化物离子液体(2mL)的圆底烧瓶中,接上球形冷凝管后混合物在100℃油浴上加热反应4h。

反应结束后,将反应体系冷却到室温,用乙酸乙酯萃取(2×10mL),合并的萃取液用10％氨水溶液洗涤后,加入硫酸钠干燥。干燥完毕后抽滤,滤液用旋转蒸发仪旋干,固体产物用乙醇/水(7：1)重结晶,得到白色晶体即为 2,4,5-三苯基咪唑。

**【实验指导】**

1. 进行安息香缩合时,一定要用新蒸的苯甲醛,否则氧化生成的苯甲酸是不能发生该缩合反应的。

2. 维生素 $B_1$ 在空气中很容易被氧化变质,使用前一定要密闭冷藏保存,现配现用。

3. 在加入苯甲醛之前一定要测量瓶内混合液的 pH 值,使之达到9～10,此时维生素 $B_1$ 的催化活性才能得以发挥。

**【思考题】**

1. 查阅有关书籍或文献,试写出氰化钠催化下安息香缩合反应的机理。

2. 查阅有关书籍或文献,试写出维生素 $B_1$ 的结构式,并了解它催化安息香缩合反应的原理。

3. 在由 2-羟基-1,2-二苯乙酮氧化生成二苯乙二酮的过程中,反应体系有气泡产生,请问释放的是什么气体?

# 第4章 设计性实验

## 4.1 参考实验及设计实验要求

### 实验四十九 参考对甲苯胺合成对氯甲苯设计邻甲苯胺合成邻氯甲苯

对氯甲苯,又名 4-氯甲苯、1-氯-4-甲苯、4-氯-1-甲苯等,为无色油状液体,微溶于水,可溶乙醇、乙醚、丙酮、苯及氯仿。对氯甲苯是许多化工产品的合成原料和中间体,在农药、染料、医药等多方面都有极其重要的应用。如对氯甲苯是制造氰戊菊酯、多效唑、烯效唑和氟乐灵、禾草丹、杀草隆等农药的中间体;也可以制造对氯苯甲醛,用作染料和医药中间体;制造对氯苯甲酰氯,是医药消炎通的中间体;制造对氯苯甲酸,为染料和纺织整理剂的原料。

【实验分析】

对氯甲苯的生产方法主要有两种:一种是氯化法,通过甲苯的芳环氯化制得,但该方法会生成两种异构体——对氯甲苯和邻氯甲苯,二者比例接近 1:1,产率不高,分离纯化也较繁琐,一般用于工业生产;另一种是芳香重盐取代法,本实验拟采用该方法进行制备。

芳香族伯胺在强酸性介质中与亚硝酸发生重氮化反应,得到芳香重氮盐,芳香重氮盐在氯化亚铜、溴化亚铜和氰化亚铜的存在下发生 Sandmeyer 反应,重氮基可分别被氯、溴原子和氰基所取代,生成芳香族氯化物、溴化物和芳腈。本实验以对甲苯胺为原料,经重氮化得重氮盐,然后在氯化亚铜的催化作用下氯化得目标产物对氯甲苯。具体的反应式如下:

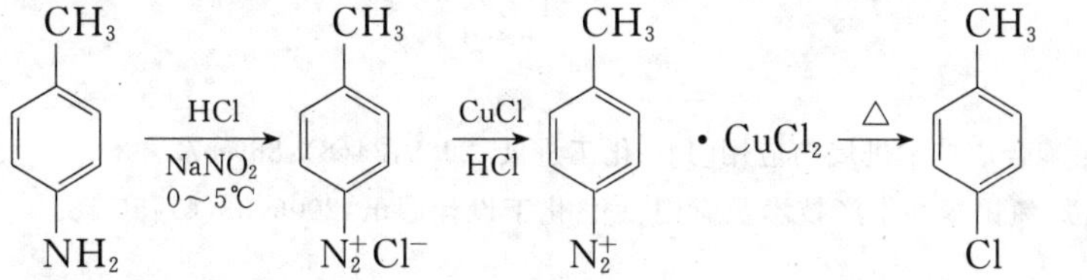

$$2CuSO_4 + 2NaCl + NaHSO_3 + 2NaOH \longrightarrow 2CuCl\downarrow + 2Na_2SO_4 + NaHSO_4 + H_2O$$

【仪器和试剂】

1. 仪器:圆底烧瓶、烧杯、水蒸汽蒸馏装置、蒸馏头、直形冷管、接液管。
2. 试剂:对甲苯胺、苯、浓盐酸、亚硝酸钠、淀粉-碘化钾试纸、结晶硫酸铜($CuSO_4 \cdot 5H_2O$)、氯化钠、亚硫酸氢钠、氢氧化钠、无水氯化钙。

**【实验步骤】**

在 500mL 圆底烧瓶中加入 30g 结晶硫酸铜、9g 氯化钠及 100mL 水,加热至 60～70℃ 使固体溶解,趁热加入由 7g 亚硫酸氢钠与 4.5g 氢氧化钠及 50mL 水配成的溶液,边加边摇,溶液由原来的蓝绿色变为浅绿色或无色,并析出白色沉淀,置于冷水浴中冷却,静置分层,尽量倾去上层溶液,再用水洗涤沉淀两次,得到白色粉末状的氯化亚铜。加入 50mL 冷的浓盐酸,使沉淀溶解,塞紧瓶塞,置冰水浴中冷却备用。

在烧杯中加入 30mL 浓盐酸、30mL 水及 10.7g 对甲苯胺,加热、搅拌,使对甲苯胺溶解,稍冷后置于冰水中冷却,使其温度控制在 0～5℃。搅拌下慢慢滴加由 7.7g 亚硝酸钠与 20mL 水配置而成的溶液,注意控制滴加速度,使温度始终保持在 0～5℃。当亚硝酸钠溶液滴加完毕后,取 1～2 滴反应液在淀粉-KI 试纸上检验,试纸呈深蓝色,表示亚硝酸钠已足量,继续搅拌反应 5～10min。

将制好的对甲苯胺重氮盐溶液,慢慢倒入冷的氯化亚铜溶液中,边加边振摇烧瓶,反应体系变为橙红色,加完后在室温下放置 15～30min,然后用水浴慢慢加热至 60℃,并保温约 30min,直至不再有气体逸出。用水蒸气蒸馏,蒸出对氯甲苯。分出油层,水层每次用 15mL 苯萃取两次。将苯萃取液与油层合并,依次用 10%氢氧化钠溶液、水、浓硫酸、水各 10mL 洗涤,再经无水氯化钙干燥后在油浴上蒸去苯,收集 158～162℃馏分,产量 7～9g,收率为 57%～73%。

**【实验指导】**

1. 由于氯化亚铜在空气中易被氧化,故以新鲜制备为宜。在操作上是将冷的重氮盐溶液慢慢加入较低温度的、等物质量的氯化亚铜溶液中。

2. 亚硫酸氢钠的纯度,最好在 95%以上。如果纯度不高,按此比例配方时,则还原不完全,且由于碱性偏高,生成部分氢氧化亚铜,使沉淀呈土黄色。在实验中若发现氯化亚铜沉淀中杂有少量黄色沉淀,应立即加几滴盐酸,稍加振荡即可除去。

3. 氯化亚铜在空气中遇热或光易被氧化,重氮盐久置易分解,为此,二者的制备应同时进行,且在较短的时间内进行混合。氯化亚铜用量较少会降低对氯甲苯产量(因为氯化亚铜与重氮盐的物质的量比是 1∶1)。

**【参考文献】**

[1] 张培毅.氯甲苯合成技术进展与应用[J].化工进展,2005,24(8):869-872,934.
[2] 石绍军,吴卫.氯甲苯的生产技术及应用[J].化工设计通讯,2006,32(4):56-58.

**设计实验**

试参考以上的实验分析及实验步骤,由邻甲苯胺合成邻氯甲苯。

## 实验五十　参考由对甲苯胺为原料合成苯佐卡因设计
## 以对甲苯胺为原料合成苯佐卡因

本实验以对硝基甲苯或对甲苯胺为原料合成苯佐卡因,根据不同的原料,设计合成苯佐卡因的不同路线。

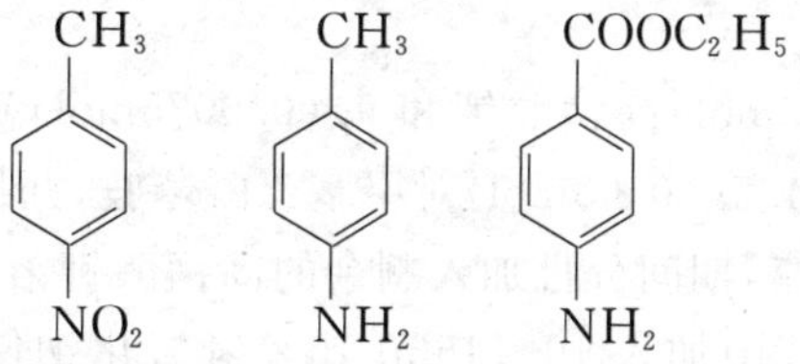

对硝基甲苯　　对甲苯胺　　　苯佐卡因

苯佐卡因,又名对氨基苯甲酸乙酯,白色晶体粉末,熔点为 88～90℃,易溶于醇、醚、氯仿,能溶于杏仁油、橄榄油、稀酸,极微溶于水。苯佐卡因干燥的结晶性质稳定,但水溶液置于暗处时仍然很容易分解或被氧化。苯佐卡因为局部麻醉剂,外用为撒布剂,用于手术后创伤止痛、溃疡痛等;也可以作为紫外线吸收剂,其对光和空气具有化学稳定性,对皮肤安全,用于防晒类化妆品。苯佐卡因可由对硝基甲苯或对甲苯胺为原料制得。

## 【实验分析】

苯佐卡因的合成可以根据不同的原料设计不同的合成路线,通常使用的原料包括对硝基甲苯、对甲苯胺等。以对硝基甲苯为原料合成时,先将对硝基甲苯氧化成对硝基苯甲酸,再经乙酯化后还原即得苯佐卡因;以对甲苯胺为原料时,经酰化、氧化、水解、酯化一系列反应合成苯佐卡因。

通过比较发现,以对硝基甲苯为原料合成苯佐卡因是一条比较经济合理的路线,但是采用对甲苯胺为原料合成苯佐卡因原料易得,操作方便。

以采用对甲苯胺为原料合成苯佐卡因为例。

以对甲苯胺为原料的合成路线如下:

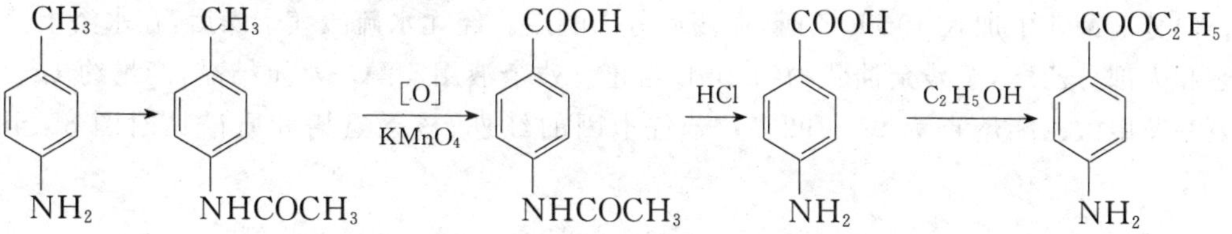

## 【仪器和试剂】

1. 仪器:烧杯,圆底烧瓶,回流冷凝管,水浴锅,抽滤瓶,布氏漏斗,真空水泵,分液漏斗,熔点仪。

2. 试剂:对甲苯胺,冰醋酸,高锰酸钾,硫酸镁晶体,乙醇,锌粉,盐酸,硫酸,氨水,10% 碳酸钠溶液,乙醚,95% 乙醇,无水硫酸镁。

## 【实验步骤】

### 1. 对甲基乙酰苯胺

在 100mL 圆底烧瓶中加入 5.35g(0.1mol)对甲苯胺和 7.2mL(0.125mol)冰醋酸及少许锌粉(约 0.05g),微热使其溶解,装上刺型分馏柱,缓慢加热使对甲苯胺溶解,然后逐渐升高温度达到 100～110℃,反应 1.5h,蒸出大部分水和剩余的乙酸,温度下降,结束反应。趁热将反应液倾入 200mL 冷水中,有白色固体析出。冷却,抽滤,用 10mL 冷水洗涤后抽干。

### 2. 对乙酰氨基苯甲酸

在烧杯中将 12g(0.0063mol)高锰酸钾和 9g(0.0075mol)硫酸镁溶解于 350mL 水中。在 500mL 圆底烧瓶中加入 4.5g(0.03mol)对甲基乙酰苯胺，并加入约三分之一上述已经配好的高锰酸钾溶液，加热回流，期间分批加入剩余的高锰酸钾溶液。加完后，继续在 85℃搅拌 15min。回流完后，反应液中加入 10～15mL10％氢氧化钠使反应液呈碱性，趁热过滤。将无色透明的滤液用稀硫酸酸化至弱酸性，则有白色粉末状对乙酰氨基苯甲酸洗出，抽滤，固体用少量水洗涤，压干。产量约 4.5g。纯对乙酰氨基苯甲酸为针状结晶，熔点 265℃。

### 3. 对氨基苯甲酸

称量上一步得到的对乙酰氨基苯甲酸，将每克湿产物用 5mL18％的盐酸进行水解。将反应物置于 250mL 圆底烧瓶中，缓慢回流 30min。待反应物冷却后，加入 30mL 冷水，然后用 10％氨水中和，使反应混合物对石蕊试纸恰成碱性，切勿使氨水过量。每 30mL 最终溶液加入 1mL 冰醋酸，充分振荡后置于冰浴中骤冷结晶。抽滤收集产物，干燥。纯对氨基苯甲酸的熔点为 186～187℃。

### 4. 对氨基苯甲酸乙酯

在 100mL 圆底烧瓶中加入 2g(0.015mol)对氨基苯甲酸和 25mL 95％乙醇，使大部分固体溶解后，将烧瓶置于冰浴中冷却，加入 2mL 浓硫酸，立即产生大量沉淀，将反应混合物水浴加热回流 1h，并时加振荡。

将回流后的反应混合物倾入烧杯中，冷却后分批加入 10％碳酸钠溶液中和（约需 12mL），可观察到有气体逸出，并产生泡沫，直至加入碳酸钠溶液后无明显气体释放。反应混合物接近中性时，检查溶液的 pH 值，再加入少量碳酸钠溶液至 pH 为 9 左右。在中和过程中产生少量固体沉淀。将溶液倾倒入分液漏斗中，并用少量乙醚洗涤固体后并入分液漏斗。向分液漏斗中加入 40mL 乙醚，振荡后分出醚层。经无水硫酸镁干燥后，在水浴上蒸去乙醚和大部分乙醇，至残余油状物约 2mL 为止。残余液用乙醇—水重结晶，产量约 1g。纯对氨基苯甲酸乙酯熔点为 91～92℃。苯佐卡因的红外、核磁氢谱和质谱见附图 85 至附图 87。

## 【实验指导】

1. 对甲基乙酰苯胺难溶于水，可溶于醇，易溶于热醇。

2. 高锰酸钾为强氧化剂，其在碱性或酸性介质中分别有如下反应：

$$2KMnO_4 + H_2O \longrightarrow 2KOH + 2MnO_2 + 3[O]$$

$$2KMnO_4 + 3H_2SO_4 \longrightarrow K_2SO_4 + 2MnSO_4 + 3H_2O + 5[O]$$

3. 由于乙酰氨基在碱性介质中会有被水解成氨基的可能，而芳香族伯胺又可进一步被氧化，故在氧化反应中加入适量的硫酸镁可使大部分生成的氢氧化钾变成中性的硫酸钾和氢氧化镁沉淀，上述副作用便可避免。

4. 由于反应激烈，又有沉淀生成，反应时容易发生爆沸现象，因此需要分批加入氧化剂。

5. 氧化作用完全时，反应液呈棕色，但若有稍过量的高锰酸钾存在，反应液也可能呈紫色。

6. 反应生成的二氧化锰易成水合物析出，使抽滤困难。加碱使对乙酰氨基苯甲酸转变成水溶性的盐类,方便抽滤。

7. 滤液中的对乙酰氨基苯甲酸盐遇硫酸后转变成难溶于水的对乙酰氨基苯甲酸,故有沉淀析出。

8. 水洗的目的是除去夹杂在产品中的硫酸盐。

9. 实验中使用的对甲苯胺属于毒害品,会由皮肤接触污染而被吸收,因此操作时需要佩戴防护眼镜和橡胶手套,在通风橱内操作。

## 【参考文献】

[1] 兰州大学,复旦大学. 有机化学实验(第二版)[M]. 北京:高等教育出版社,1994.

[2] 卢忠. 苯佐卡因的制备方法[J]. 数理医药学杂志,2009,13(5):445-446.

[3] 刘小玲,彭梦侠. 多步骤有机合成实验教学研究——苯佐卡因的合成. 实验科学与技术,2010,8(4):12-15.

## 设计实验

试参考以对甲苯胺为原料的合成路线及实验步骤,由对硝基甲苯为原料设计合成苯佐卡因。

## 【实验要求】

1. 以对硝基甲苯为原料制备苯佐卡因。

2. 查阅相关文献,拟定合理的制备路线。

3. 设计可行的实验方案和实验装置,考察原料配比、反应时间和反应温度。

4. 建立合适的产品提纯方法,以及简便、准确的分析检测方法,

5. 分析影响产品色度的因素及改进的办法。

6. 提出实验中可能出现的问题及应对的处理方法。

7. 对硝基甲苯有毒,能经皮肤迅速吸收,吸入其蒸气可中毒。在设计实验时应考虑相关的安全操作问题。

### 实验五十一 参考 5,5-二甲基-1,3-环己二酮的制备设计合成 1,4-环己二酮

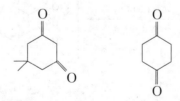

5,5-二甲基-1,3-环己二酮 　1,4-环己二酮

5,5-二甲基-1,3-环己二酮,又名二甲基环己二酮、双甲酮、醛试剂、双美酮等,为白色至绿黄色菱状或针状结晶,熔点为 148~149℃,难溶于水,溶于乙醇、甲醇、氯仿、乙酸、苯和50%醇水溶液,干燥的结晶性质稳定,但水溶液置于暗处时仍然很容易分解或被氧化。5,5-二甲基-1,3-环己二酮可以与醛类形成不溶性的缩合物,而且与不同的醛生成的缩合物熔点不同,与酮类则没有这个性质,因此用来分离或检验醛类。这个性质可用于醛类的鉴定。溶液中与共轭烯醇形式形成互变异构,遇三氯化铁溶液呈红色。该品还可用作呱啶的催化剂

和色层分析试用剂。1,4-环己二酮类化合物是还是一类重要的有机化合物,可用作有机并环杂环化合物的合成原料,如被广泛用于医药、农药及化工产品等的合成,用来制备抗心律不齐药物、抗血栓药物、抗肿瘤药物、镇痛药、杀病毒剂、5-HT 拮抗剂以及除草剂等医药和农药等。

本实验以 5,5-二甲基-1,3-环己二酮为例来说明化合物 1,4-环己二酮的设计合成。

## 【实验分析】

5,5-二甲基-1,3-环己二酮具有 1,3-二羰基,可以通过迪克曼酯缩合等反应来实现它的合成。而具有多羰基的寡碳的化合物一般考虑可以用乙酰乙酸乙酯或者丙二酸二酯来制备。即乙酰乙酸乙酯合成等价物为丙酮,丙二酸二酯合成等价物为乙酸酯。具体反合成分析如下:

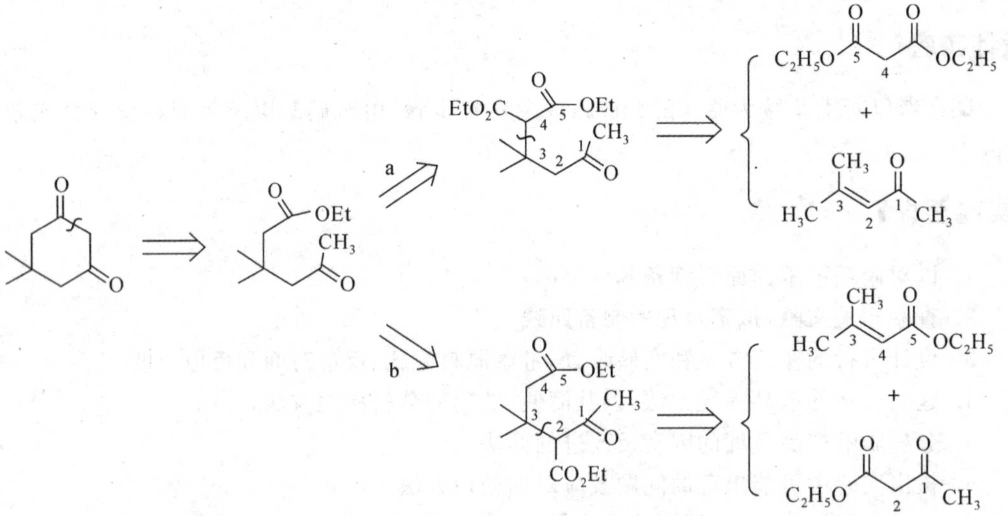

路线 a 通过丙烯酸二乙酯与亚异丙基丙酮来制备,而路线 b 则可以通过乙酰乙酸乙酯与巴豆酸酯来合成。现以路线 a 为例来实现它的合成。具体路线如下:

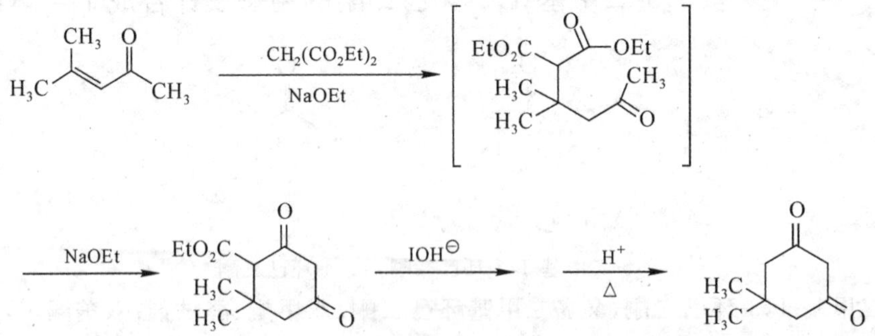

丙二酸二乙酯在醇钠的作用下形成负离子以后与亚异丙基丙酮发生 Michel 加成反应,继续在醇钠的作用下发生关环形成 5,5-二甲基-1,3-环己二酮的主要骨架,再经过皂化、水解、脱羧就得到目标产物。

## 【仪器和试剂】

1. 仪器：三口圆底烧瓶，恒压滴液漏斗，搅拌器，干燥管，回流冷凝管，直形冷管，抽滤瓶，布氏漏斗，滴管。

2. 试剂：无水氯化钙，无水乙醇，金属钠，丙二酸二乙酯，亚异丙基丙酮，氢氧化钾，稀盐酸（浓盐酸与水体积比 1∶2），活性炭。

## 【实验步骤】

在一干燥的、分别装有恒压漏斗和冷凝管的 250mL 三口圆底烧瓶中加入 40mL 无水乙醇，冷凝管上端插入一装有无水氯化钙的干燥管，磁力搅拌下分批加入 2.3g（0.1mol）金属钠，反应迅速。待钠完全溶解后，加入 17g（0.106mol）丙二酸二乙酯，加热回流 15 分钟；稍冷后，通过滴液漏斗慢慢加入 10g（0.102mol）亚异丙基丙酮，溶液回流搅拌 2h。将含有 12.5g（0.22mol）氢氧化钾的 60mL 水溶液加入烧瓶内，继续反应回流 4h。

稍冷后趁热加入慢慢大约 55mL 稀盐酸（浓盐酸与水体积比 1∶2），加热蒸出尽可能多乙醇（约 50mL），冷却。慢慢加入 1g 活性炭及 15mL 稀盐酸，脱色后过滤；滤液中继续加入 5～10mL 稀盐酸，回流至大量气泡消失。冷却，结晶，抽滤，冰水洗涤，晾干可得产物 9.6～12.2g，收率 67%～85%。

## 【实验指导】

1. 若反应产率较低，在实验前必须将亚异丙基丙酮重新蒸馏，收集 126～131℃ 的馏分。

2. 在脱色及酸化的过程中，活性炭及稀盐酸需要注意缓慢加入。

3. 制备醇钠的过程中需要注意金属钠的称量，以及加入的速度。金属钠切成小块易氧化，但形成醇钠速度较快。如果金属钠反应速度较快，可停止搅拌片刻。

4. 在整个加热的过程中需注意恒压漏斗不要和瓶口粘在一起。

## 【参考文献】

[1] 崔彬. 以 5-取代-1,3-环己二酮为合成块的几类杂环化合物的合成[D]. 江苏，江苏科技大学，2011.

[2] 穆启运，杨合情，胡炎荣. 2-甲基-1,3-环己二酮的合成[J]. 陕西师大学报（自然科学版），1991，19（1）：93-94.

[3] BANERJEE B, MANDAL S K, ROY S C. Cerium(IV) Ammonium Nitrate-catalyzed Synthesis of β-Keto Enol Ethers from Cyclic β-Diketones and Their Deprotection[J]. Chemistry Letters, 2006, 35(1)：16-17.

## 设计实验

1,4-环己二酮，为无色片状或针状晶体，熔点 76～78℃，溶于氯仿、乙醇、二氯甲烷等有机溶剂，可溶于水，是一种重要的医药、液晶中间体，也是一种通用试剂。

试参考 5,5-二甲基-1,3-环己二酮的实验分析及实验步骤由 4 碳及以下的原料来设计合成 1,4-环己二酮。

## 【实验要求】

1. 以丁二酸酯为原料制备 1,4-环己二酮 3g,总产率要求达到 30％以上。
2. 查阅相关文献,拟定合理的制备路线。
3. 设计可行的实验方案和实验装置,考察原料配比、反应时间、溶剂等对反应的影响。
4. 建立合适的产品提纯方法,以及简便、准确的分析检测方法,
5. 分析影响产品色度的因素及改进的办法。
6. 提出实验中可能出现的问题及应对的处理方法。

### 实验五十二　参考 2,2,2-三苯基苯乙酮的制备设计合成 3,3-二甲基-2-丁酮

2,2,2-三苯基苯乙酮,又名苯频哪醇酮、四苯基乙酮、三苯基乙酰苯酮。白色固体,熔点为 182～184℃,用作合成中间体。

3,3-二甲基-2-丁酮,又名甲基叔丁基酮、甲基特丁基酮、频哪酮等,为无色液体,具有薄荷味或樟脑气味,沸点为 106℃,微溶于水,溶于醇、醚、丙酮,性质较为稳定,常用作溶剂。频哪酮的化学性质与一般的酮相似,可用金属钠和水使它还原,生成相应的一元醇。频哪酮与次氯酸反应,生成三甲基乙酸;与醛、酮、乙酸酐都容易发生缩合反应,与碱性高锰酸钾水溶液反应,被氧化成三甲基丙酮酸。

目前,随着石油、煤炭等矿物燃料日渐枯竭,开发利用新的可再生能源和提高已有能源的利用效率成为世界各国最为关注的话题。太阳能是可再生能源中最有开发前途的环保能源,利用太阳能光化学合成化学品是当前化学研究的热点。本实验中采用光化学还原代替化学还原,具有绿色化学的特点。

## 【实验分析】

2,2,2-三苯基苯乙酮是一种特殊结构的羰基化合物,可以通过苯频哪醇重排而得,而苯频哪醇又可以由两分子酮发生还原偶联而得。其反合成分析如下:

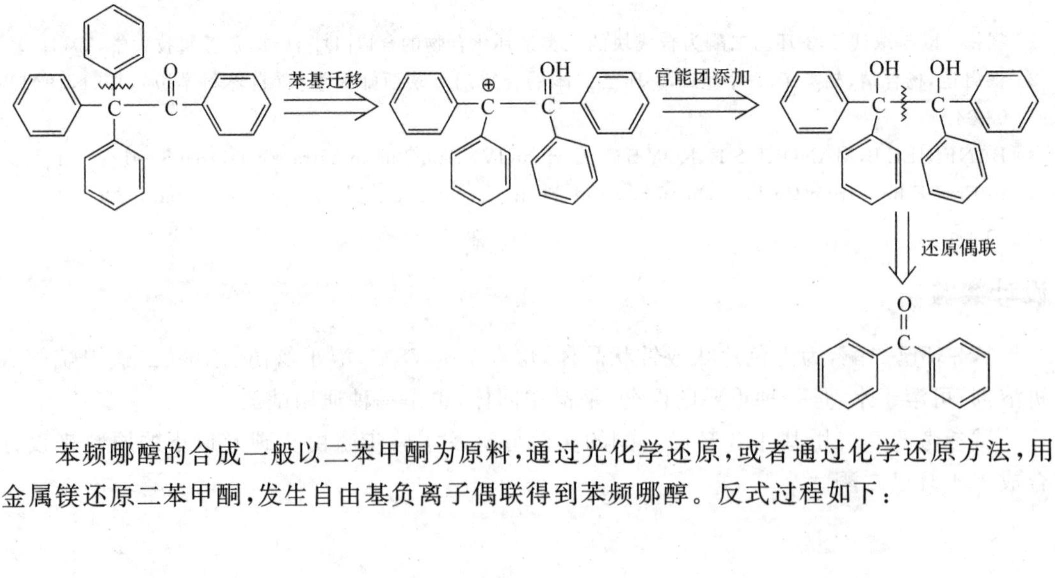

苯频哪醇的合成一般以二苯甲酮为原料,通过光化学还原,或者通过化学还原方法,用金属镁还原二苯甲酮,发生自由基负离子偶联得到苯频哪醇。反式过程如下:

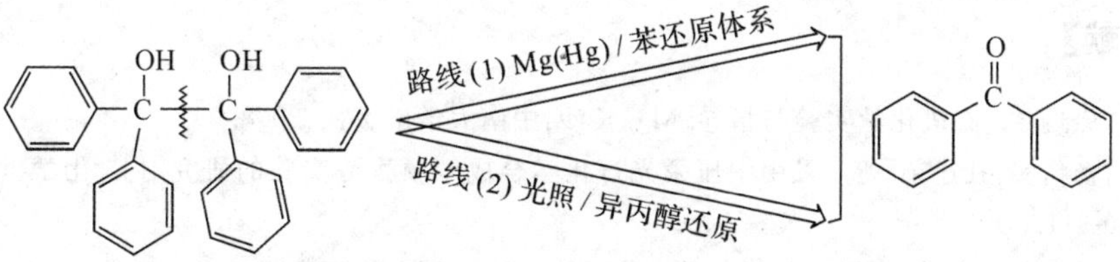

二苯甲酮的光化学还原是研究得比较清楚的光化学反应之一。若将二苯甲酮溶于一种"质子给予体"的溶剂中,如异丙醇,并将其暴露在紫外光中时,会形成一种不溶的二聚体,即苯频哪醇。光还原该反应的光激发波长在 $300\sim350nm$ 之间。一般采用太阳光为光源。由于太阳光能量密度较低,仅为 $1.37\times10^{-5}J/m^2\cdot s$,也可采用 500W 中压汞光灯照射反应体系,可大大加快反应速度。

## 【仪器和试剂】

1. 仪器:大试管,回流冷凝管,水浴锅,抽滤瓶,布氏漏斗,烧杯,滴管,烧瓶,水循环真空泵,500W 中压汞光灯。

2. 试剂:二苯甲酮,异丙醇,冰醋酸,碘,乙醇,冰。

## 【实验步骤】

### 1. 频哪醇的制备

将 2.8g 二苯甲酮和 20mL 异丙醇加入大试管中,在温水浴中使二苯甲酮溶解,向试管内滴加 1~2 滴冰醋酸,充分振荡后再补加异丙醇至试管口,以使得反应在无空气条件下进行。将试管口密封,再将试管置于烧杯中,并放于光照良好的窗台上光照一周。

反应后有无色晶体析出。将大试管置于冰水浴中冷却,使晶体析出完全。抽滤,晶体用少量异丙醇洗涤,干燥后即得无色细小结晶苯频哪醇。进一步纯化可使用少量冰醋酸进行重结晶,得到苯频哪醇纯品。称重,计算产率。

### 2. 2,2,2-三苯基苯乙酮的制备

在圆底烧瓶中加入 1.5g 苯频哪醇,8mL 冰醋酸和 1 粒碘,反应混合物加热回流 10min,稍冷后加入 8mL 95% 的乙醇,充分振摇后,静置冷却,有结晶析出。减压过滤,少量乙醇洗涤结晶,干燥后得到重排产物 2,2,2-三苯基苯乙酮。称重,计算产率。

## 【实验指导】

1. 本实验的光反应步骤应避免空气影响,空气会消耗光反应过程中产生的自由基。因此要将试管密封好。同时,光照强度、溶液的酸碱性和反应时间对产率都有重要影响。

2. 若想加快反应速度,或因天气等原因光照条件不好,可采用 500 W 中压汞光灯照射反应体系,约 7h 即可完成反应。

3. 冰醋酸勿过量。玻璃有微弱碱性,滴加冰醋酸的目的是消除玻璃试管在光照下产生的微量碱,防止苯频哪醇在碱性条件下发生碱裂反应生成二苯甲酮和二苯甲醇。

4. 乙醇、异丙醇等有机溶剂易燃,应注意避免明火。

5. 冰醋酸有腐蚀性和刺激性,不要接触皮肤和眼睛,并避免吸入其蒸气。

## 【参考文献】

[1] 罗一鸣,唐瑞仁. 有机化学实验与指导[M].长沙:中南大学出版社,2008.

[2] 郭丽萍,杨信实,杜小弟,等. 采用中压汞光灯化学合成苯频哪醇实验的研究[J]. 化学世界,2008,49(5):310-311.

[3] 徐家宁.基础化学实验(中册):有机化学实验[M]. 北京:高等教育出版社,2006.

[4] 费塞尔 L F,威廉森 K L 著.有机实验[M]. 左育民,张蕴文译. 北京:高等教育出版社,1986.

[5] BACHMANN W E. Benzopinacol[J]. Organic Syntheses,coll, 1943,2;71.

[6] PITTS Jr,LETSINGER J N,TAYLOR R L,et al. Photochemical Reactions of Benzophenone in Alcohols[J]. J Am Chem Soc,1959,81(5);1068-1077.

## 设计实验

试参考以上的实验分析及实验步骤由尽可能简单的原料来设计合成 3,3-二甲基丁酮。

## 实验五十三　参考从茶叶中提取咖啡因设计从茶叶中提取茶多酚

茶叶中含有多种生物碱,其中以咖啡碱(又称咖啡因)为主,约占 $1\% \sim 5\%$。咖啡因是杂环化合物嘌呤的衍生物,它的化学名称是 1,3,7-三甲基-2,6-二氧嘌呤。含结晶水的咖啡因系无色针状结晶,味苦,能溶于水、乙醇、氯仿等。在 $100℃$ 时失去结晶水,并开始升华,$120℃$ 时升华相当显著,至 $178℃$ 时升华很快。无水咖啡因的熔点为 $234.5℃$,它是弱碱性化合物,易溶于氯仿($12.5\%$)、水($2\%$)及乙醇($2\%$)等,在苯中的溶解度为 $1\%$(热苯为 $5\%$)。它具有刺激心脏、兴奋大脑神经和利尿等作用,因此可作为中枢神经兴奋药,它也是复方阿司匹林(A. P. C)等药物的组成之一。

茶多酚

咖啡因结构式

本实验以从茶叶中提取咖啡因为例说明天然产物中活性物质的提取方法,设计从茶叶中提取茶多酚。

## 【实验分析】

从茶叶中提取、分离咖啡因,实验室常用的方法为提取—升华法和提取—萃取法两种,目前比较先进的有微波萃取—升华法等。提取—升华法利用 $95\%$ 乙醇,在索氏提取器中连续抽提,或用水直接煮沸提取,然后蒸去溶剂,得到粗的咖啡因,然后采取升华的方法,得到较纯的咖啡因;提取—萃取法选用水作为溶剂,加热浸提,再用有机溶剂氯仿,从提取液中萃取出咖啡因。

**【仪器和试剂】**

1. 仪器：索氏抽提器(150mL)，蒸发皿、短颈玻璃漏斗或者升华仪，旋转蒸发仪，循环水真空泵。

2. 试剂：绿茶(10g)，无水乙醇，生石灰，滤纸。

**【实验步骤】**

先把茶叶末在研钵内捣细，用电子天平称取 10g 茶叶末，装入 150mL 索氏提取器的滤纸筒内。滤纸筒的内径刚好与索氏提取器的内壁相切。加入无水乙醇淹没茶叶。在 150mL 圆底烧瓶内加入 50mL 无水乙醇，水浴加热，使热乙醇多次溶解茶叶中的咖啡因。连续抽提 2～3h，直到提取液颜色变浅为止。当提取筒内液体流空时，停止加热。稍冷却后，取下索氏提取器的蒸馏瓶，接入旋转蒸发仪脱溶，浓缩至黏稠液体，回收提取液中的大部分乙醇，直至蒸馏瓶内剩约 10mL 左右黑绿色提取液为止。将残液倾入蒸发皿中，加入 3～4g 生石灰粉，搅拌成浆状，水浴蒸干，压成粉状，稍冷后，擦去边上的粉末。将一张刺有许多小孔且孔刺向上的滤纸盖在蒸发皿上，再在滤纸上罩上一只干燥的、颈部塞一小团疏松棉花、大小合适的玻璃漏斗，用恒温加热夹套小心加热，控制适当温度。当滤纸上出现白色针状结晶时，使升华速度尽可能减慢。当玻璃漏斗出现棕色烟雾时，即表示升华完毕，停止加热。冷却后，取下漏斗，轻轻揭开滤纸，用刮刀将附着在滤纸上下两面及漏斗内壁的咖啡因刮下。残渣经搅拌后，再用较大的火加热片刻，使升华完全，合并几次升华的咖啡因，最后用电子天平称量，测定熔点，可用高校液相色谱进行定量分析。

**【实验指导】**

1. 滤纸筒大小既要紧贴器壁，又要能方便取放，其高度不得超过虹吸管；滤纸包茶叶末时要严谨，防止漏出堵塞虹吸管。滤纸筒上面折成凹形，以保证回流液均匀浸润被萃取物。

2. 当提取液颜色很淡时，即停止提取。

3. 生石灰起吸水和中和作用，以除去部分杂质。

4. 在萃取回流充分的情况下，升华操作的好坏是本实验成功的关键。在升华过程中，始终都需要用小火间接加热。温度太高会使滤纸炭化变黑，并把一些有色物质烘出来，使产品不纯。第二次升华时，火也不能太大，否则会使被烘物大量冒烟，导致产物损失。

**【参考文献】**

高占先.有机化学实验(第四版)[M].北京:高等教育出版社,2004.

**设计实验**

茶多酚(Tea Polyphenols)是茶叶中儿茶素类、丙酮类、酚酸类和花色素类化合物的总称，主要是由儿茶素、黄酮醇、花色素、酚酸及其缩酚酸等组成的有机化合物，其中以黄烷醇类物质(儿茶素)最为重要，占茶多酚总量的 60%～80%，其中含量最高的几种组分为 L-EGCG(50%～60%)、L-EGC(15%～20%)、L-ECG(10%～15%)和 L-EC(5%～10%)。茶多酚在常温下呈浅黄或浅绿色粉末，易溶于温水(40～80℃)和含水乙醇中；稳定性极强，在

pH 值 4～8、250℃左右的环境中,1.5 个小时内均能保持稳定,在三价铁离子下易分解。茶多酚又称茶鞣或茶单宁,是形成茶叶色香味的主要成分之一,也是茶叶中有保健功能的主要成分之一。研究表明,茶多酚等活性物质具解毒和抗辐射作用,能有效地阻止放射性物质侵入骨髓,并可使锶 90 和钴 60 迅速排出体外。还具有抗癌、抗衰老、清除人体自由基、降低血糖血脂等一系列重要药理功能。茶多酚是从茶叶中提取的全天然抗氧化食品,具有抗氧化能力强、无毒副作用、无异味等特点。1989 年被中国食品添加剂协会列入 GB2760—89 食品添加剂使用标准,1997 年列为中成药原料。近年来,茶多酚在食品加工、医药保健、日用化工、农业生产等领域有重要的应用。

试参考茶叶中提取咖啡因的方法,设计从茶叶中提纯纯度大于 85％茶多酚的实验方案。

**【实验要求】**

1. 从绿茶或红茶中提取茶多酚,提取率达到 80％以上。

2. 查阅相关文献,拟定茶多酚提取及纯化方案。

3. 设计可行的实验方案和实验装置,考察提取工艺参数(如萃取剂、料液比、萃取时间等)对提取率和产品质量的影响。

4. 建立合适的产品提纯方法,以及简便、准确的分析检测方法。

5. 分析提纯过程中如何降低茶多酚的氧化,提高产品质量。

6. 提出实验中可能出现的问题及应对的处理方法。

### 实验五十四　参考香豆素-3-甲酸的合成设计制备香豆素衍生物

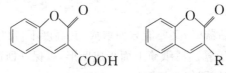

香豆素-3-羧酸　　　香豆素-3-甲酸

香豆素,又名香豆精、1,2-苯并吡喃酮、氧杂茶邻酮、香豆内脂、邻氧萘酮、2H-1-苯并吡喃-2-酮、1,2-苯并吡喃酮,为顺势邻羟基肉桂酸的内酯。其分子式为 $C_{10}H_6O_4$,分子量为190.15,熔点为 190～193℃,水溶性为 13g/L (37℃)白色斜方晶体或结晶粉末,存在于许多天然植物中。它最早于 1820 年从香豆的种子中发现获得,也存在于薰衣草、桂皮的精油中。香豆素类药物是一类口服抗凝药物,它们的共同结构是 4-羟基香豆素。同时,双香豆素还可以用于对付鼠害。当初人们在牧场因抗凝作用导致内出血而致死的牲畜中发现了双香豆素,意识到了这一类物质的抗凝作用,引起了之后对香豆素类药物的研究和合成,从而为医学界多提供了一种重要的凝血药物。常见的香豆素类药物有双香豆素(dicoumarol)、华法林(warfarin,苄丙酮香豆素)和醋硝香豆素(acenocoumarol,新抗凝)。香豆素类药物的作用是抑制凝血因子在肝脏的合成。香豆素类药物与维生素 K 的结构相似。香豆素类药物在肝脏与维生素 K 环氧化物还原酶结合,抑制维生素 K 由环氧化物向氢醌型转化,维生素 K 的循环被抑制。可以说香豆素类药物是维生素 K 拮抗剂,或者是竞争性抑制剂(参见酶)。含有谷氨酸残基的凝血因子Ⅱ、Ⅶ、Ⅸ、Ⅹ的羧化作用被抑制,而其前体是没有凝血活性的,因此凝血过程受到抑制。但它对已形成的凝血因子无效,并且香豆素具有香茅草的香气,是重要的香料,常作为定香剂,可用于配制香水、花露水、香精等,也用于一些橡胶和塑料制品,其衍生物还可以用作农药、杀鼠剂、医药等。由于天然植物中香豆素含量很少,大多数是通过合成获得的。

本实验以香豆素-3-甲酸为例来说明化合物香豆素衍生物的设计制备。

## 【实验分析】

1868 年,Perkin 首次用水杨醛和乙酸酐为原料,在乙酸钠或乙酸钾存在下环合加成,得到香豆素,该方法也被称为 Perkin 合成法。该法一直是工业上生产香豆素的主要方法。长期以来,人们对这一方法进行了很多研究与改进,如改善反应条件和配料比,使香豆素的收率逐渐提高。具体路线如下:

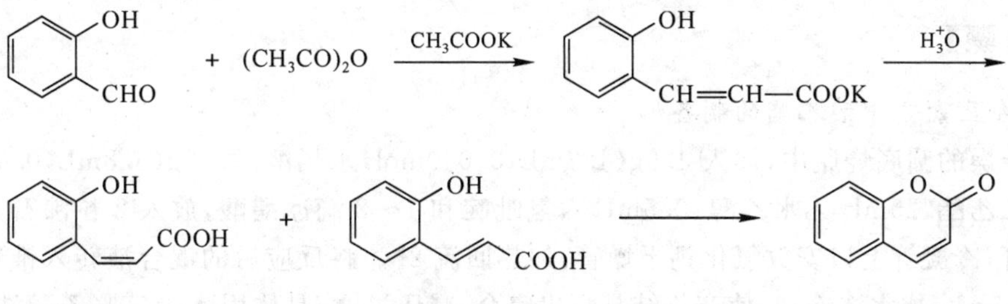

Perkin 法具有反应时间长、反应温度高、产率有时较低等缺点。由于香豆素类化合物结构的特殊性,目前其是染料、农药、医药以及功能材料等专业的研究热点。本实验中香豆素-3-甲酸为苯中并六元不饱和内酯结构,并带有一个羧基,羧基可以通过酯基水解得到,而内酯环可以通过分子内的酯环反应制备,而与苯环相连的不饱和键可以与水杨醛和含有活泼亚甲基的乙酸衍生物(如乙酚乙酸、丙二酸、氰基乙酸等)发生 Knoevenagal 反应制备,具体反合成分析如下:

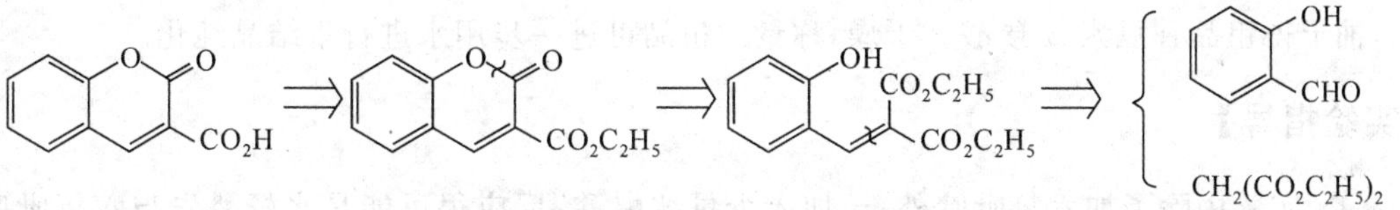

在有机碱催化作用下促进羟醛缩合反应的方法称作 Knoevenagel 反应,该法将 Perkin 法中的酸酐改为活泼亚甲基化合物,需要有一个或两个吸电子基团增加亚甲基氢的活泼性,同时,采用碱性较弱的有机碱作为反应介质避免了醛的自身缩合,扩大了缩合反应的原料使用范围。具体路线如下:

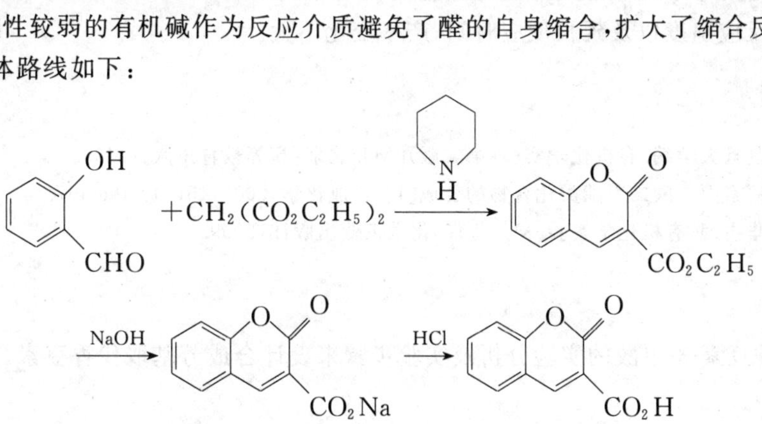

以水杨醛和丙二酸二乙酯在六氢吡啶催化下发生 Knoevenage 缩合反应制得香豆素-3-羧酸酯,然后在碱性条件下水解,酸化,制得目标产物。本实验中除了要加入有机碱六氢吡啶外,还需加入少量冰醋酸。其机理尚不完全清楚,可能是水杨醛与六氢吡啶在酸催化下形成亚胺类化合物,亚胺类化合物再与丙二酸酯的碳负离子发生加成反应。

## 【仪器和试剂】

1. 试剂:水杨醛 4.9g(4.2mL,0.040mol),丙二酸二乙酯 7.25g(6.8mL,0.045mol),无水乙醇,六氢吡啶,冰醋酸,95%乙醇,氢氧化钠,浓盐酸,无水氯化钙,沸石。

2. 仪器:圆底烧瓶、回流冷凝管、干燥管、锥形瓶、减压过滤装置、熔点测定仪。

## 【实验步骤】

1. 香豆素-3-甲酸乙酯的制备

在干燥的圆底烧瓶中,加入 4.9g(4.2mL,0.040mol)水杨醛、7.25g(6.8mL,0.045mol)丙二酸二乙酯、25mL 无水乙醇、0.5mL 六氢吡啶和 1~2 滴冰醋酸,放入 2 粒沸石,安装回流冷凝管,冷凝管上口安放氯化钙干燥管,加热回流 2h。将反应后的混合液转入锥形瓶内,加水 3~5mL,冰水浴冷却,使产物结晶析出完全,减压过滤,晶体用冰的 50%乙醇洗涤 2 次(每次 3~5mL),最后将晶体压紧,尽量抽干。将精品香豆素-3-甲酸乙酯干燥,称量,计算此步反应的产率,粗品可用 25%乙醇重结晶。测定粗品熔点,检测其纯度。

2. 香豆素-3-羧酸的制备

在圆底烧瓶中,加入 4.0g 香豆素-3-甲酸乙酯、3.0g 氢氧化钠、20mL 乙醇和 10mL 水,再加入 2 粒沸石。装上回流冷凝管,加热回流,待酯和氢氧化钠全部溶解后,再继续回流加热 15min。将反应后得液体趁热倒入由 15mL 浓盐酸和 50mL 水混合而成的稀盐酸中进行酸化,有大量白色晶体析出,冰水浴冷却,使晶体析出完全,减压过滤,少量冰水洗涤晶体 2 次,抽干得粗品香豆素-3-羧酸。干燥,称量。粗品可进一步用水进行重结晶纯化。

## 【实验指导】

1. 实验中除了加六氢吡啶外,还加入少量冰醋酸,反应很可能是水杨醛先与六氢吡啶在酸催化下形成亚胺化合物,然后再与丙二酸二乙酯的负离子反应。

2. 用冰过的 50%乙醇洗涤可以减少酯在乙醇中的溶解。

3. 升高反应温度以及延长反应时间,产率变化不大。

## 【参考文献】

[1] 兰州大学,复旦大学编.有机化学实验(第二版)[M].北京:高等教育出版社,1992.

[2] 祁刚等.香豆素丙二酸二甲酯类化合物的合成[J].合成化学,2007,15(4):466-467.

[3] 王玉良,陈华主编.有机化学实验[M].北京:化学工业出版社,2009.

### 设计实验

试参考香豆素-3-甲酸的实验分析及实验步骤来设计合成芳基取代香豆素。

## 【实验要求】

1. 以取代水杨醛为原料制备芳基取代香豆素。
2. 查阅相关文献，拟定合理的制备路线。
3. 设计可行的实验方案和实验装置，考察原料配比、反应时间等对反应的影响。
4. 建立合适的产品提纯方法，以及简便、准确的分析检测方法。
5. 提出实验中可能出现的问题及应对的处理方法。
6. 试写出 Knoevenagel 法制备芳基取代香豆素的反应机理。

## 实验五十五　参考三苯基氯甲烷的制备设计合成 4,4′-二甲氧基三苯氯甲烷

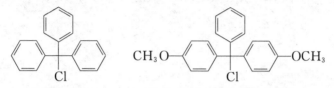

三苯基氯甲烷　　　　　4,4′-二甲氧基三苯氯甲烷

三苯基氯甲烷(triphenylmethyl chloride)是一种类白色结晶，熔点为 $110 \sim 112℃$，沸点为 $230 \sim 235℃/20mmHg$，不溶于水，易溶于苯、二硫化碳、石油醚，微溶于醇、醚，吸水后变为三苯甲醇。

三苯基氯甲烷是极活泼的卤代烃，由于三苯基甲基碳正离子的稳定性相当高，它发生亲核取代反应极为容易，如水解、醇解、氨解、腈解等反应活性比一般氯代烃高出很多。其反应主要按 $SN_1$ 历程进行：(1)C—Cl 键异裂，形成稳定的三苯基甲基碳正离子；(2)三苯基甲基碳正离子再与亲核试剂(如水)结合形成产物(如三苯甲醇)。

三苯基氯甲烷是医药化工领域中常用的基本有机原料之一，在有机化工与药物合成过程中，可以用作核苷、单糖或多糖等化合物中所带的伯羟基选择性保护基，以及多肽合成中的基本化学试剂。

本实验以三苯基氯甲烷为例来设计合成 4,4′-二甲氧基三苯氯甲烷。

## 【实验分析】

制备三苯基氯甲烷最常用的方法是在无水三氯化铝或氯化铁的催化下，由四氯化碳与苯反应制得[1]。也可在过氧化物存在下，由三苯甲烷与五氯化磷或磺酰氯反应制备。还可以由三苯甲醇制备。由三苯甲醇制备三苯基氯甲烷，比较常见的方法是与五氯化磷、乙酰氯、氯化氢反应[2]。

4,4′-二甲氧基三苯氯甲烷可以苯甲醚为原料，经过格氏反应等过程制备而得。反应式如下：

$$CH_3O—\langle\ \rangle +Br_2 \xrightarrow{0 \sim 5℃} CH_3O—\langle\ \rangle—Br + HBr\uparrow$$

$$CH_3O—\langle\ \rangle—Br + Mg \xrightarrow[微回流]{乙醚} CH_3O—\langle\ \rangle—MgBr$$

$$2CH_3O\text{—}\bigcirc\text{—}MgBr + \bigcirc\text{—}\overset{\overset{O}{\|}}{C}\text{—}OCH_3 \xrightarrow{\text{回流}} CH_3O\text{—}\bigcirc\text{—}\overset{\overset{OMgBr}{|}}{\underset{\underset{\bigcirc}{|}}{C}}\text{—}\bigcirc\text{—}OCH_3 + CH_3OMgBr$$

$$CH_3O\text{—}\bigcirc\text{—}\overset{\overset{OMgBr}{|}}{\underset{\underset{\bigcirc}{|}}{C}}\text{—}\bigcirc\text{—}OCH_3 \xrightarrow[\text{水溶液}]{20\%NH_4Cl} CH_3O\text{—}\bigcirc\text{—}\overset{\overset{OH}{|}}{\underset{\underset{\bigcirc}{|}}{C}}\text{—}\bigcirc\text{—}OCH_3 + Mg(OH)Br$$

$$CH_3O\text{—}\bigcirc\text{—}\overset{\overset{OH}{|}}{\underset{\underset{\bigcirc}{|}}{C}}\text{—}\bigcirc\text{—}OCH_3 + H_3C\text{—}\overset{\overset{O}{\|}}{C}\text{—}Cl \xrightarrow{\text{回流}} CH_3O\text{—}\bigcirc\text{—}\overset{\overset{Cl}{|}}{\underset{\underset{\bigcirc}{|}}{C}}\text{—}\bigcirc\text{—}OCH_3 + CH_3COOH$$

## 【仪器和试剂】

1. 仪器：三口烧瓶，球形冷凝管，气体吸收装置，分液漏斗，机械搅拌装置。
2. 试剂：三苯甲醇，苯，石油醚，氯化氢气体。

## 【实验步骤】

以文献[3]报道的方法为参考，合成三苯基氯甲烷。

在 100mL 圆底烧瓶中加入 3.0g 三苯甲醇，再加入 30mL 石油醚和 12mL 乙酰氯，装上带有无水氯化钙干燥管的球形冷凝管，干燥管出口连接气体吸收装置，回流 1.5h。

拆去冷凝管，换上蒸馏头，蒸出石油醚和未反应的乙酰氯，在冰盐浴冷却下有白色晶体析出。迅速抽滤，并用少量石油醚洗涤结晶。真空干燥后得白色晶体约 2.0g，密封后存放于干燥器中。

## 【实验指导】

1. 本实验所用氯化氢气体需经过干燥管，否则会使产率降低。
2. 溶剂苯需经脱噻吩处理。噻吩的存在会引起产率降低，且使产物的颜色加深。
3. 苯层浓缩的程度要掌握好，浓缩不够，会降低产率；浓缩过度，则会降低产品的纯度。

## 【参考文献】

[1] 黄枢，谢如刚，田宝芝，等. 有机合成试剂制备手册[M]. 成都：四川大学出版社，1988.
[2] 晏日安，李晔. 由三苯甲醇高效制备三苯基氯甲烷[J]. 化学世界，2002，(9)：502-503.
[3] 刘宝殿. 化学合成实验[M]. 北京：高等教育出版社，2005.

## 设计实验

4,4′-二甲氧基三苯氯甲烷(4,4′-dimethoxytrityl chloride，DMTCl)，是桃花红色结晶性粉末，熔点为 123~125 ℃，是有效的基团保护剂、消除剂、核苷与核苷酸的羟基保护剂。

参考三苯基氯甲烷的合成方法，设计合成 4,4′-二甲氧基三苯氯甲烷。

## 【实验要求】

1. 以苯甲醚为原料合成 4,4′-二甲氧基三苯氯甲烷,总收率达到 60％以上。

2. 查阅相关文献,拟定合理的制备路线。

3. 设计可行的实验方案和实验装置,考察原料配比、反应时间、溶剂等对反应的影响。

4. 建立合适的产品提纯方法,以及简便、准确的分析检测方法。

5. 分析影响产品色度的因素及改进的办法。

6. 提出实验中可能出现的问题及应对的处理方法。

### 实验五十六　参考四溴双酚 A 的制备设计合成 4,4′-(环戊烷-1,1-二基) 双(2,6-二溴苯酚)

本实验以四溴双酚 A 为例来设计合成 4,4′-(环戊烷-1,1-二基)双(2,6-二溴苯酚)。

四溴双酚 A　　　　　　　4,4′-(环戊烷-1,1-二基)双(2,6-二溴苯酚)

四溴双酚 A(tetrabromobisphenol A)是一种白色粉末,熔点为 184℃,沸点为 316℃(分解),可溶于甲醇、乙醇和丙酮,亦可溶于氢氧化钠水溶液,微溶于水。四溴双酚 A 是在双酚 A 分子结构中的两个苯环上各引入两个溴原子而形成的,并以此为原料来合成四溴双酚 A 环氧树脂。四溴双酚 A 环氧树脂不仅保持了原双酚 A 型环氧树脂的各种特点,而且当用明火点燃时,虽能受迫燃烧,可在燃烧时能产生不可燃的溴化氢气体,覆盖在燃烧表面,起到隔绝氧气的作用,因而一旦外加火源撤离,马上就会自动熄灭,故又叫自熄性环氧树脂[1]。

随着人们对含卤素阻燃剂热分解产物研究的深入,人们逐渐认识到这类阻燃剂的局限性。但四溴双酚 A 是少数仍在使用的含溴阻燃剂之一,具有阻燃效果好、热稳定性高和与树脂互溶性好等特点[2]。作为反应型阻燃剂,四溴双酚 A(TBBA)被大量应用于溴化环氧树脂、溴化聚碳酸酯、溴化酚醛树脂、溴化不饱和树脂等。作为添加性阻燃剂,四溴双酚 A 与三氧化二锑协同使用,被广泛应用于工程塑料 ABS、HIPS、PP、PBT 等的阻燃。作为反应中间体,四溴双酚 A 被应用于合成重要的阻燃剂四溴双酚 A 双(2,3-二溴丙基)醚(简称八溴醚,OBDPO)。四溴双酚 A(TBBA)还可以直接用于覆铜板的阻燃。

## 【实验分析】

四溴双酚 A 一般是以双酚 A 为原料,经溴化制得。溴化剂和溶剂一直是研究的重点,文献报道四溴双酚 A 的合成方法有多种,有乙醇—水体系的全溴法,有 $Br_2$ 作溴化剂、$Cl_2$ 作氧化剂的通氯溴化法,以及 $Br_2$ 作溴化剂、$H_2O_2$ 作氧化剂的 $Br_2$-$H_2O_2$ 法等[3]。文献[2]报道了以氯苯为溶剂,以液溴/双氧水为溴化剂,采用釜式连续法合成四溴双酚 A 的方法。文献[3]以双酚 A(BPA)为原料,用溴化钠作溴化剂,氯酸钠作氧化剂,合成四溴双酚 A。此法避免了直接使用液溴,溶剂用量少,回收容易,具有安全、经济、无污染的优点。反应式为:

$$3HO—\!\!\!\underset{\underset{CH_3}{|}}{\overset{\overset{CH_3}{|}}{C}}\!\!\!—OH\ +12NaBr+4NaClO_3+12HCl\longrightarrow$$

$$3HO—\!\!\!\underset{\underset{CH_3}{|}}{\overset{\overset{CH_3}{|}}{C}}\!\!\!—OH\ +16NaCl+12H_2O$$

## 【仪器和试剂】

1. 仪器:三口烧瓶,球形冷凝管,恒压滴液漏斗,机械搅拌器,分液漏斗,圆底烧瓶,直形冷凝管,锥形瓶,抽滤瓶,布氏漏斗。

2. 试剂:双酚 A,四氯化碳,溴化钠,十二烷基磺酸钠,浓盐酸,次氯酸钠,亚硫酸氢钠,KI-淀粉试纸,冰醋酸,浓硫酸,苯酚,环戊酮,溴,二氯甲烷。

## 【实验步骤】

以文献[3]报道的方法作参考,合成四溴双酚 A。

在三口瓶中加入 4.6g 双酚 A(BPA)和 14mL $CCl_4$ 溶剂,搅拌,再加入 9.1g NaBr 和 10mL0.1％的十二烷基磺酸钠水溶液、9mL 浓盐酸。慢慢滴加 3.4g $NaClO_3$ 的水溶液 13mL。在室温下反应 3h 后,再加热回流 2h。

反应结束后,加入一定量的饱和 $NaHSO_3$ 溶液除去未反应的溴和氧化剂(用淀粉-KI 试纸检验)。加入 50mL 水,蒸馏回收 $CCl_4$。冷却后,析出四溴双酚 A 晶体,减压过滤,用 100mL 水分次洗涤滤饼,真空干燥,得淡黄色光亮晶体。

用 70％～80％的醋酸重结晶,得到纯白色固体。

## 【实验指导】

1. 回流时间对反应有很大影响,双酚 A 的溴代反应是分步进行的,并生成一、二、三和四溴化物,而溴原子的引入使苯环钝化,因此生成四溴化物是最难的一步。如果不加热回流,那么反应大部分停留在一、二、三溴化物阶段,产品杂质多,收率低。

2. 在滴加 $NaClO_3$ 水溶液时,会有少量溴挥发,一定要注意通风。

## 【参考文献】

[1] 程定海,山桂云. 四溴双酚 A 的合成研究[J]. 西华师范大学学报(自然科学版),2003,24(4):440-442.

[2] 王新胜,李春英,李效军. 连续法合成四溴双酚 A[J]. 化学试剂,2010,32(6):567-569.

[3] 李姣娟,龚建良等. 四溴双酚 A 合成新工艺[J]. 南华大学学报(理工版),2003,17(4):65-67.

[4] ZHOU Y, JIANG C, ZHANG Y. Structural Optimization and Biological Evaluation of Substituted Bisphenol A Derivatives as β-Amyloid Peptide Aggregation Inhibitors [J]. J med chem, 2010, 53(15): 5449-5466.

## 设计实验

4,4′-(环戊烷-1,1-二基)双(2,6-二溴苯[4,4′-(cyclopentane-1,1-diyl)bis(2,6-dibromophenol)〕的合成,可参考四溴双酚 A 的合成方法,通过苯酚与环戊酮缩合生成 4,4′-(环戊烷-1,1-二基)双苯酚〔4,4′-(Cyclopentane-1,1-diyl)diphenol〕,再经溴代而成。

制备 4,4′-(环戊烷-1,1-二基)双(2,6-二溴苯酚)的反应式如下:

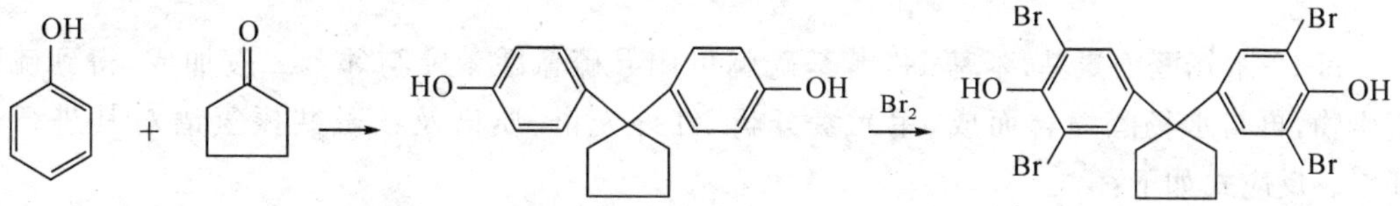

## 【实验要求】

1. 以苯酚和环戊酮为原料合成 4,4-(环戊烷-1,1-二基)双(2,6-二溴苯酚),总收率达到 60% 以上。

2. 查阅相关文献,拟定合理的制备路线。

3. 设计可行的实验方案和实验装置,考察原料配比、反应时间、溶剂等对反应的影响。

4. 建立合适的产品提纯方法,以及简便、准确的分析检测方法。

5. 分析影响产品色度的因素及改进的办法。

6. 提出实验中可能出现的问题及应对的处理方法。

### 实验五十七　参考 N-(2-水杨醛缩氨基)苯基-N′-苯基硫脲的制备设计合成水杨醛缩肼基二硫代甲酸苄酯类 Schiff 碱

本实验以 N-(2-水杨醛缩氨基)苯基-N′-苯基硫脲为例来设计合成水杨醛缩肼基二硫代甲酸苄酯类 Schiff 碱配体。

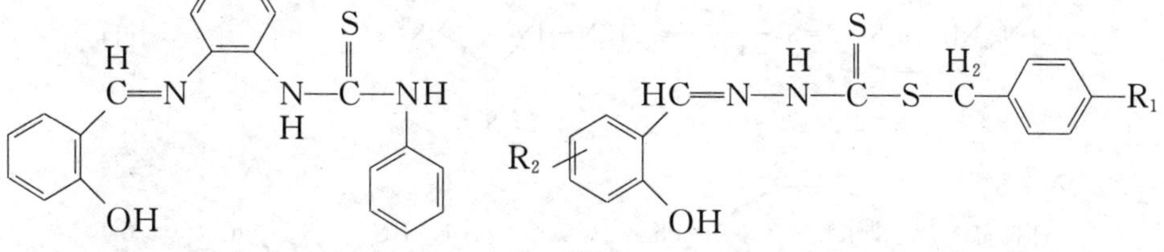

N-(2-水杨醛缩氨基)苯基-N′-苯基硫脲　　　水杨醛缩肼基二硫代甲酸苄酯

Schiff 碱是指由含有醛基和氨基的两类物质通过缩合反应而形成的含亚胺基或甲亚胺基的一类有机化合物。它涉及加成、重排和消去等过程,反应物立体结构及电子效应都起着重要作用。反应机理如下:

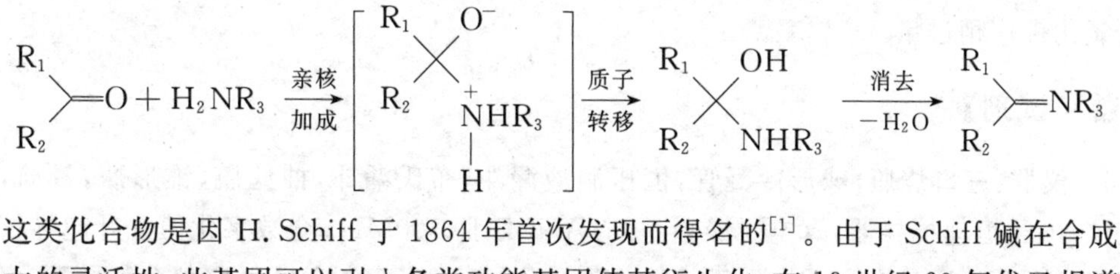

这类化合物是因 H. Schiff 于 1864 年首次发现而得名的[1]。由于 Schiff 碱在合成上具有很大的灵活性,此基团可以引入各类功能基团使其衍生化,在 19 世纪 60 年代又报道了它与金属形成的配合物[2-3],特别是近年来,Schiff 碱及其配合物在医药和农药、缓蚀剂、催化剂、有机合成、新材料开发和研制领域以及分析化学方面的研究取得了重大进展,并得到了

广泛应用,使其成为配位化学和有机化学的研究热点。

以 N-(2-水杨醛缩氨基)苯基-N′-苯硫脲的设计合成为例。

## 【实验分析】

N-(2-水杨醛缩氨基)苯基-N′-苯基硫脲可用异硫氰酸苯酯与邻苯二胺加成,得到硫脲衍生物,再与水杨醛缩合而成,用元素分析、红外光谱、质谱及核磁共振氢谱对其进行表征[4]。反应式如下:

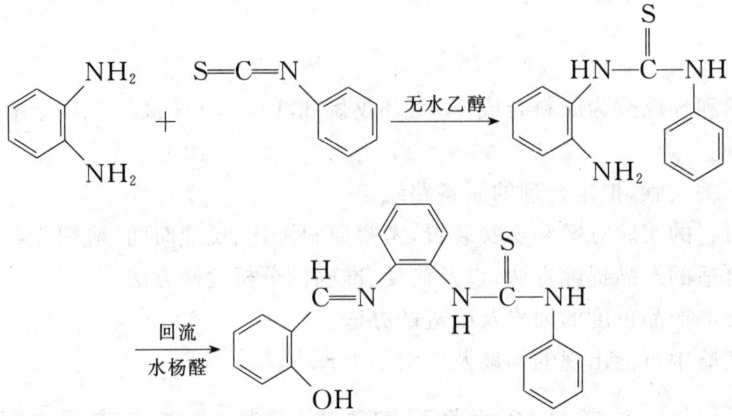

肼基二硫代甲酸酯由于具有 N、S 等富电子原子而本身具有优良的配位性能,它又是合成 1,2,4-三唑类化合物的重要中间体,还可与其他的醛酮缩合形成具有各种结构的 Schiff 碱。水杨醛缩肼基二硫代甲酸苄酯类 Schiff 碱由肼基二硫代甲酸酯与水杨醛缩合而成。制备肼基二硫代甲酸酯的反应机理[5]如下:

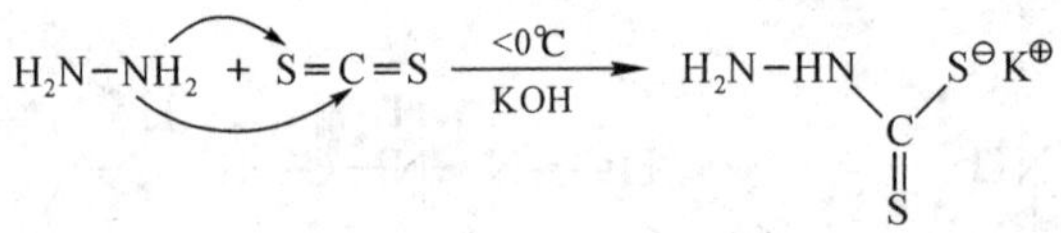

反应(1)为在碱性条件下水合肼对二硫化碳的亲核加成,反应(2)为肼基二硫代甲酸钾盐对苄卤的亲核取代,最终得到产品肼基二硫代甲酸酯。根据反应机理,体系应呈碱性,因此氢氧化钾应稍过量。

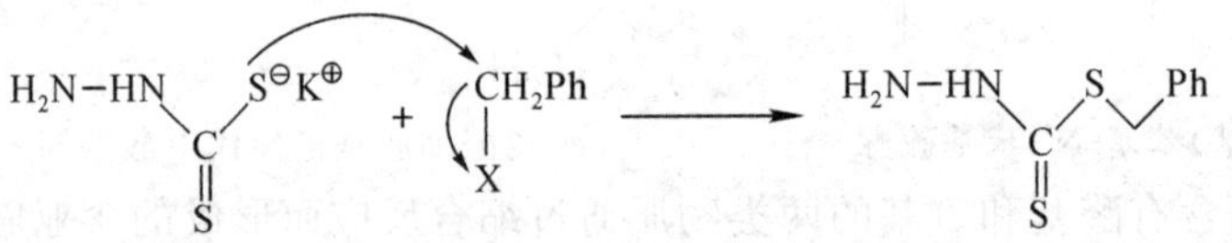

## 【仪器和试剂】

1. 仪器:三口烧瓶,球形冷凝管,恒压滴液漏斗,布氏漏斗,抽滤瓶,锥形瓶,量筒,熔点测定仪,电子恒速搅拌器,真空干燥箱。AVANCE Ⅲ 500MHz 全数字化傅立叶超导核磁共振谱仪(德国 Bruker 公司,内标 TMS),Waters 1525 型高效液相色谱仪(美国 Waters 公司),Carlo Erba1106 型元素分析仪(意大利 Carlo Erba 公司),Varian Saturm1200 中型四极杆质谱仪(美国 Varian 公司),TENSOR27 型红外光谱仪(德国 Bruker 公司),X-6 型显微熔点测定仪(北京和众视野科技有限公司)。

2. 试剂:无水乙醇,邻苯二胺,异硫氰酸苯酯,水杨醛,氮气。

## 【实验步骤】

1. 中间体 N-(2-氨基)苯基-N′-苯基硫脲的合成

取 2.0g(18.5mmol)邻苯二胺和 40mL 无水乙醇置于 150mL 三口烧瓶中,在 20℃恒温水浴中搅拌。待邻苯二胺完全溶解后,滴加 2.2mL 异硫氰酸苯酯(18.5mmol)与 10mL 无水乙醇配成的溶液。滴加不久便有白色固体析出。待滴加完毕后,继续反应 30min,析出大量白色固体。抽滤,用无水乙醇洗涤,真空干燥,得产品 3.7g,收率 82.3%。经液相色谱检测,纯度 98.5%,m. p. 148~149℃。IR(KBr),$\nu/cm^{-1}$:3473($\nu_{Ar-NH_2}$),3146、2978($\nu_{-N-H}$),1384($\nu_{-C-S}$),1590($\delta_{Ar-NH_2}$),765($\nu_{Ar-NH_2}$);MS(m/z):243($M^+$,24),210(100),150(20),108(46),77(38);元素分析 $C_{13}H_{13}N_3S$,实测值(计算值)/%:C 64.28(64.20),H 5.47(5.35),N 17.23(17.28),S 13.02(13.17)。

2. N-(2-水杨醛缩氨基)苯基-N′-苯基硫脲的合成

取 1.2g(5.0mmol)N-(2-氨基)苯基-N′-苯基硫脲和 100mL 无水乙醇于三口烧瓶中,在 $N_2$ 保护下搅拌,加热至 80℃,待完全溶解后(为浅黄色透明溶液),加入 0.63mL(6.0mmol)水杨醛,回流 10min 后,即析出大量黄色固体,继续反应 2.5h。反应结束后,趁热过滤,产品真空干燥,得亮黄色晶体 1.4g,收率 80.7%,m. p. 182~183℃;IR(KBr),$\nu/cm^{-1}$:3283($\nu_{Ar-OH}$),1297($\delta_{Ar-OH}$),3147、2977($\nu_{-N-H}$),1614($\nu_{-C-N}$),1384($\nu_{-C-S}$);MS(m/z):347($M^+$,12),254(20),211(100),196(73),150(38),119(47),77(41);$^1$HNMR(DMSO-$d_6$,500MHz),$\delta$(ppm):6.95~7.63(13H,m,ArH),8.88(1H,m,N=CH),9.49、9.90(2H,s,C—NH),12.65(1H,m,OH)。元素分析 $C_{20}H_{17}ON_3S$,实测值(计算值)/%:C 69.24(69.16),H 4.83(4.90),N 12.17(12.10),S 9.18(9.22)。

3. 液相色谱检测方法

液相色谱分析条件:柱子为 Inertsil ODS-3V 250×4.6mm,5 $\mu$m;柱温为 35℃;流动相为甲醇:水=8:2;流速为 1.0mL/min;检测波长为 UV254nm;进样量为 20$\mu$L。

将样品 2.5mg 溶解在 5mL 流动相中,按上述条件取样分析。

## 【实验指导】

1. 在合成中间体 N-(2-氨基)苯基-N′-苯基硫脲时,温度若高于 60℃,收率很低,所得的固体中原料邻苯二胺含量很高,这可能是由于该中间体在高温下不稳定、易分解造成的。将反应后的母液放置两天后,又有白色固体析出,熔点 142~143℃,该白色固体主要是二缩合产物,含量在 80%以上。

2. 在合成 N-(2-水杨醛缩氨基)苯基-N′-苯基硫脲时,如果采用先用水杨醛与邻苯二胺缩合反应,再与异硫氰酸苯酯反应的方法,其结果将是水杨醛与邻苯二胺在 10~40℃范围内反应,很容易生成一缩合(单希夫碱)与二缩合(双希夫碱)的混合物,而且不易将其分离;当升高温度时,反应产物主要是以二缩合为主。

因此,采用异硫氰酸苯酯与邻苯二胺缩合再与水杨醛缩合合成目标产物的方法,可以得到纯度很高的中间体 N-(2-氨基)苯基-N′-苯基硫脲,直接用于下一步的反应。

**【参考文献】**

[1] 游效曾,孟庆金,韩万书. 配位化学进展[M]. 北京:高等教育出版社,2000.

[2] 朱万仁,陈 渊,李家贵. 含水杨基新型希夫碱的合成与表征[J]. 化学世界,2008,(5):282-285.

[3] YAMADA S. Advancement in Stereochemical Aspects of Schiff Base Metal Complexes[J]. Coordin Chem Rev,1999,190:537-555.

[4] 贾真,戚晶云,贺攀,等. N-(2-水杨醛缩氨基)苯基-N'-苯基硫脲的合成研究[J]. 化学试剂,2010,32 (4):359-361.

[5] 郑启升,赵吉寿,王金城,等. 一锅法合成肼基二硫代甲酸苄酯的研究[J]. 化学试剂,2007,29(11): 684-686.

## 设计实验

设计合成结构中含有 N、O、S 配位原子的新型 Schiff 碱有机金属配体($2a \sim 2h$,Scheme1),并用紫外光谱、红外光谱、质谱及元素分析等对其结构进行表征。反应式如下:

$$NH_2NH_2 + CS_2 + \text{(} R_1\text{—}C_6H_4\text{—}CH_2Br\text{)} \longrightarrow NH_2NHC(S)\text{—}S\text{—}CH_2\text{—}C_6H_4\text{—}R_2 \quad 1(a,b)$$

| Comp | 1a | 1b |
|------|----|----|
| $R_1$ | H | $NO_2$ |

$$\longrightarrow R_2\text{—}C_6H_3(OH)\text{—}CH\text{=}N\text{—}NH\text{—}C(S)\text{—}S\text{—}CH_2\text{—}C_6H_4\text{—}R_1 \quad 2(a\sim h)$$

| Comp | 2a | 2b | 2c | 2d | 2e | 2f | 2g | 2h |
|------|----|----|----|----|-----|-----|-----|-----|
| $R_1$ | H | H | H | H | $NO_2$ | $NO_2$ | $NO_2$ | $NO_2$ |
| $R_2$ | H | 5-Cl | 5-Me | 5-OMe | H | 5-Cl | 5-Me | 5-OMe |

**【实验要求】**

1. 以取代的溴化苄为原料,制备水杨醛缩肼基二硫代甲酸苄酯类 Schiff 碱配体,总收率达到 60% 以上。

2. 查阅相关文献,拟定合理的制备路线。

3. 设计可行的实验方案和实验装置,考察原料配比、反应时间、溶剂等对反应的影响。

4. 建立合适的产品提纯方法,以及简便、准确的分析检测方法。

5. 分析影响产品色度的因素及改进的办法。

6. 提出实验中可能出现的问题及应对的处理方法。

## 实验五十八 参考 3-叔丁胺基-2-(吡啶基)-6-甲基咪唑[1,2-a]并吡啶的制备 设计合成 5-(1-环己胺基-3-苯脲基)-6-(2-吡嗪基)咪唑[2,1-b] 并噻唑-3-羧酸乙酯

本实验以 3-叔丁胺基-2-(吡啶基)-6-甲基咪唑[1,2-a]并吡啶的合成为例,设计合成 5-(1-环己胺基-3-苯脲基)-6-(2-吡嗪基)咪唑[2,1-b]并噻唑-3-羧酸乙酯。

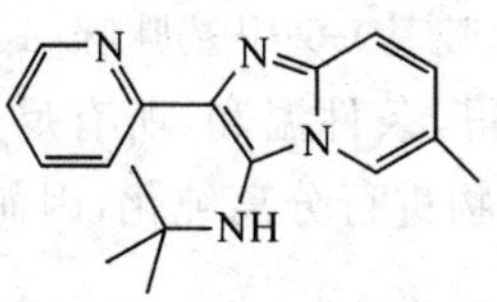

3-叔丁胺基-2-（吡啶基）-6-甲基咪唑 [1,2-a] 并吡啶

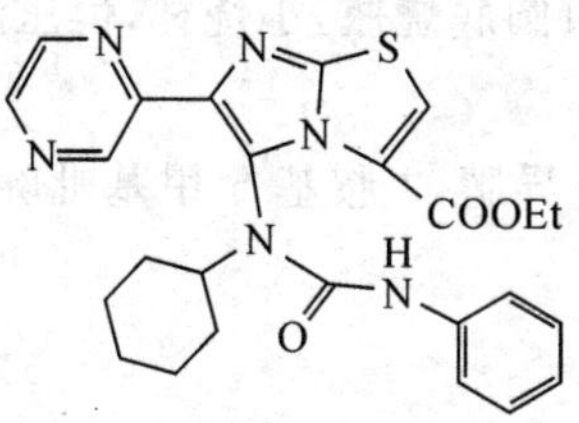

5-（1-环己胺基-3-苯脲基）-6-（2-吡嗪基）咪唑 [2,1-b] 并噻唑-3-羧酸乙酯

3-叔丁胺基-2-(吡啶基)-6-甲基咪唑[1,2-a]并吡啶,分子量为 280.37,分子式为 $C_{17}H_{20}N_4$,为浅黄色结晶,熔点为 156～158℃,难溶于水、乙醚、石油醚、正己烷等,易溶于乙醇、丙酮、氯仿、四氢呋喃等。它具有黏膜保护、心脏起搏、抑制细菌和真菌、苯并杂䓬受体拮抗等作用,也是合成嘌呤的重要中间体。

### 【实验分析】

从 2-胺基-5-甲基吡啶出发,3-叔丁胺基-2-(吡啶基)-6-甲基咪唑[1,2-a]并吡啶的合成可由两条途径实现,其合成路线如下:

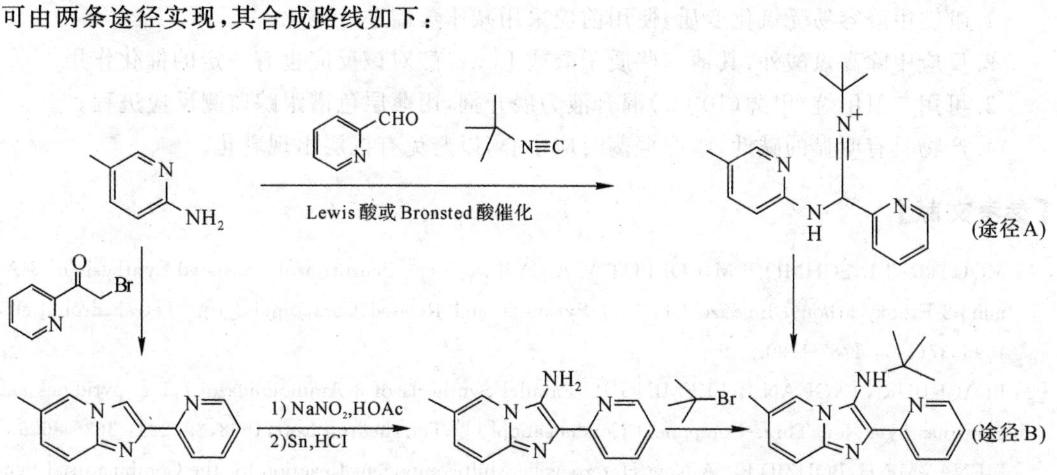

在途径 A 中,2-胺基-5-甲基吡啶在 Lewis 酸或 Brönsted 酸催化下与 2-吡啶甲醛缩合,

生成的亚胺中间体受到叔丁基异腈的亲核加成后得到腈亚胺正离子活性中间体,后者继而发生分子内的闭环反应与异构化过程,然后生成 3-叔丁胺基-2-(吡啶基)-6-甲基咪唑[1,2-a]并吡啶。

在途径 B 中,2-胺基-5-甲基吡啶与 ω-溴代-2-吡啶乙酮首先发生胺基上的亲核取代,得到的中间体继而进行羰基上的分子内亲核加成与脱水反应,环化生成 6-甲基-2-吡啶基咪唑[1,2-a]并吡啶,后者经历亚硝化反应与还原反应后在咪唑环的 3-位引入氨基。该氨基与叔丁基溴作用得到 3-叔丁胺基-2-(吡啶基)-6-甲基咪唑[1,2-a]并吡啶。

由于途径 A 中的反应原料易得,条件温和,所有反应物可通过"一锅煮"的方式进行反应,也只需经过一次操作即可对产物进行分离纯化,因而合成效率高。在本实验中采用该途径提供的合成方法。

## 【仪器和试剂】

1. 仪器:三口圆底烧瓶,单口圆底烧瓶,小烧杯,恒压滴液漏斗,搅拌器,抽滤瓶,布氏漏斗,滴管。

2. 试剂:2-吡啶甲醛,叔丁基异腈,2-胺基-5-甲基吡啶,甲醇,二氯甲烷,饱和盐水,饱和谷氨酸水溶液,乙醚,正己烷。

## 【实验步骤】

室温下依次将 2-吡啶甲醛(0.62g,5.79mmol)和叔丁基异腈(0.5mL,4.42mmol)加入到 2-胺基-5-甲基吡啶(0.425g,3.84mmol)的甲醇溶液中(8mL),随后加入 1M 高氯酸的甲醇溶液(0.38mL),混合物在室温下搅拌反应 18h。反应结束后,反应液用二氯甲烷(50mL)稀释,加水(50mL)分相,有机层依次用饱和谷氨酸溶液(20mL)和饱和盐水洗涤。有机层经无水硫酸镁干燥后过滤,滤液在旋转蒸发仪上浓缩,除去溶剂,所得残余物依次用乙醚和正己烷重结晶,得到浅黄色晶状固体 0.821g,产率 76%。

## 【实验指导】

1. 吡啶甲醛容易受氧化变质,使用前应采用减压蒸馏进行纯化。

2. 反应中除高氯酸外,其他一些质子酸或 Lewis 酸对该反应也有一定的催化作用。

3. 可用二氯甲烷/甲醇(10∶1)混合液为展开剂,用薄层色谱跟踪监测反应进程。

4. 产物具有明显的碱性,萃取振荡时应小心,以避免有机层出现乳化。

## 【参考文献】

[1] MOUTOU J L,SCHMITT M,COLLOT V A. A Two-Steps Benzotriazole-Assisted Synthesis of 3-Amino-2-Ethoxycarbonyl Imidazo[1,2-a] Pyridines and Related Compounds[J]. Tetrahedron Lett,1996,37(11):1787-1790.

[2] BLACKBURN C,GUAN B,FLEMING P. Parallel Synthesis of 3-Aminoimidazo[1,2-a]pyridines and pyrazines by a New Three-Component Condensation[J]. Tetrahedron Lett,1998,39(22):3635-3638.

[3] BIENAYMÉ H,BOUZID K. A New Heterocyclic Multicomponent Reaction for the Combinatorial Synthesis of Fused 3-Aminoimidazoles[J]. Angew Chem Int Ed,1998,37(16):2234-2237.

## 设计实验

参考 3-叔丁胺基-2-(吡啶基)-6-甲基咪唑[1,2-a]并吡啶的实验分析及实验步骤,设计合成 5-(1-环己胺基-3-苯脲基)-6-(2-吡嗪基)咪唑[2,1-b]并噻唑-3-羧酸乙酯。

## 【实验要求】

1. 从 2-胺基噻唑-4-羧酸乙酯出发合成 5-(1-环己胺基-3-苯脲基)-6-(2-吡嗪基)咪唑[2,1-b]并噻唑-3-羧酸乙酯,要求产率达到 30％以上。

2. 选择合适的开展剂,包括溶剂种类与比例,通过薄层色谱对反应进程进行跟踪。

3. 考察反应中原料配比、反应时间、溶剂种类、催化剂种类与用量等对反应的影响。

4. 建立合适的产品提纯方法,以及简便、准确的分析检测方法,

5. 提出实验中可能出现的问题及应对的处理方法。

# 4.2　设计实验参考方案

## 【实验五十的参考方案】

以文献报道的方法作参考,以对硝基甲苯为原料合成苯佐卡因,可以有以下两种合成路线。

路线一:

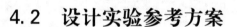

路线二:

参考以对甲苯胺为原料合成苯佐卡因的设计路线和实验步骤,结合以上两条路线,设计以对硝基甲苯为原料合成苯佐卡因的合理实验方案。

## 【参考文献】

[1] 兰州大学,复旦大学.有机化学实验(第二版)[M].北京:高等教育出版社,1994.

[2] 丁常泽.苯佐卡因的实验室合成方法研究[J].当代化工,2009,38(3):228-229.

[3] 张斌,许莉勇.苯佐卡因合成方法的改进[J].浙江工业大学学报,2004,32(2):143-145.

## 【实验五十一的参考方案】

以文献报道的方法作参考,以丁二酸二乙酯为原料,用乙醇钠为碱来合成 1,4-环己二酮。反应过程如下:

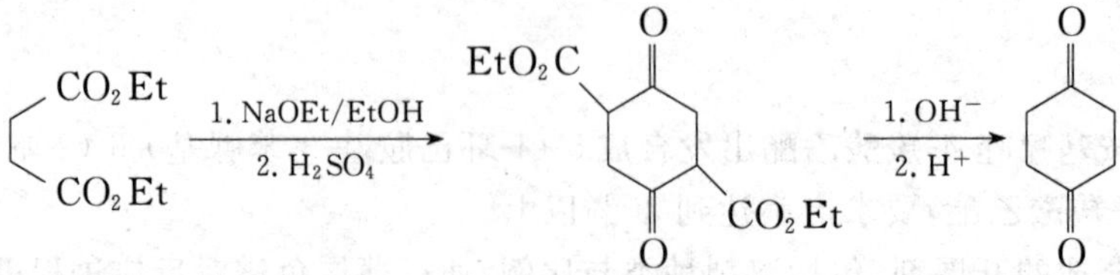

在现制备的乙醇钠三口瓶中,加入丁二酸二乙酯,搅拌回流。反应完全后蒸出溶液中的乙醇,慢慢滴加稀硫酸溶液,继续反应一段时间后,过滤,水洗,干燥,得淡黄色固体。乙酸乙酯重结晶得淡红色固体。

上述固体皂化水解脱羧基得淡黄色固体,用四氯化碳重结晶,得到纯白色固体,熔点为 77～79℃。

### 【参考文献】

NIELSEN A T,CARPENTER W R. 1,4-cyclohexanedione[J]. Organic Syntheses,1965,45:25;Coll, 1973,5:288.

## 【实验五十三的参考方案】

由于茶多酚易溶于热水,因此本实验首先用热水在一定温度下将茶多酚从茶叶中提取出来;然后对茶叶浸提液盐析处理除去部分杂质;再利用某些金属离子与茶多酚形成的络合物在一定 pH 值下溶解度最低的特性,将茶多酚从浸提液中沉淀出来,并高效地与咖啡碱等杂质分离;经过稀酸转溶将茶多酚游离出来后,用对茶多酚具有很好选择性的有机溶剂再次对其进行萃取分离;最后将茶多酚萃取液通过真空浓缩、真空干燥得到茶多酚精品。

### 【参考文献】

黄德丰,黄灿梁,王梅雪等编著. 化工小商品生产法[M]. 长沙:湖南科学技术出版社,1989.

## 【实验五十四的参考方案】

以文献报道的方法作参考,以取代水杨醛和苄基酸为原料,在吡啶或三乙胺等碱性条件下加热环合加成制得,此外还可以用水杨醛和含有活泼亚甲基的苯乙腈发生 Knoevenagal 反应制备得到 3-苯基香豆素。反应式如下:

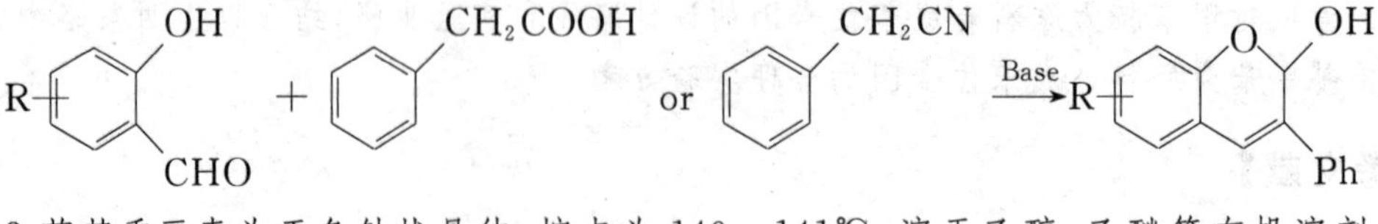

3-苯基香豆素为无色针状晶体,熔点为 140～141℃,溶于乙醇、乙醚等有机溶剂,微溶于水,遇碱则开环水解,可用作有机合成试剂。

## 【参考文献】

[1] Jin L F,et al. Synthesis,characterization and crystal structure of 3-carboxy Coumarin[J]. J Cent China Normal Univ（Nat Sci）,2006,40(3):403-406.

[2] 秦省军等.香豆素衍生物的绿色合成[J]. 现代化工,2007,36(6)：623-626.

[3] 马文辉等.香豆素类荧光传感器[J]. 化学进展,2007,19(9):1258-1266.

## 【实验五十五的参考方案】

以参考文献报道的方法作参考,合成 4,4′-二甲氧基三苯氯甲烷。

1. 对溴苯甲醚的合成

在装有机械搅拌、回流冷凝管和恒压滴液漏斗的 100mL 三口烧瓶中,加 11mL（0.1mol）苯甲醚和 40mL 四氯化碳混合液。

用冰盐浴将温度控制在 0～5℃,从恒压滴液漏斗中滴加 4.1mL（0.08mol）溴和 80mL 四氯化碳混合液。反应放出的溴化氢气体用氢氧化钠水溶掖吸收。滴完溴后用 4mL 四氯化碳冲洗滴液漏斗,并加入反应液中。

加毕,撤去冰盐浴,继续搅拌下用水浴温热至 50℃,约 1 小时后反应液的颜色基本褪去。加 3.0mL 2N 氢氧化钠水溶液,搅拌至反应液呈无色。分出水层,再用 2×30mL 蒸馏水洗涤,分出有机层,用无水硫酸钠干燥。常压蒸馏,收集 213～223℃馏分,得产物 13.0g,收率 88.0%。

2. 4,4′-二甲氧基三苯氯甲烷（DMTCl）的合成

在 100mL 三口瓶中装上机械搅拌、恒压滴液漏斗、带氯化钙干燥管的回流冷凝管,加 1.3g（0.05mol）干燥镁屑及两小粒碘。在滴液漏斗中加 7.5mL 对溴苯甲醚（0.06mol）和 12.5mL 无水乙醚的混合液。先向反应瓶中滴入 2～3mL,搅拌下待碘的紫色消失、反应液出现混蚀时继续滴加对溴苯甲醚溶液。滴加速度控制在使反应液保持轻微回流。

滴完后,继续回流至镁屑基本消失,反应液呈黄褐色。此时,再向反应液中滴加 3.1mL（0.025mol）苯甲酸甲酯和 7.5mL 无水苯的混合液,回流 1h。冷却,在冰水浴冷却下滴加 12.5mL 20%氯化铵水溶液。

过滤,分出有机层。用 20%（V/V）的硫酸溶解沉淀,并用 2×5mL 苯萃取。合并有机相,用 12mL 50%硫酸钠溶液和 12mL 水各洗一次。常压蒸馏以除去有机溶剂和水。将残留液冷却至室温后,滴加 12.5mL 乙酰氯。微热保持回流,反应液逐渐变成深紫红色。放出的氯化氢气体用氢氧化钠溶液吸收。

反应液冷却后放入冰箱过夜。过滤,用石油醚洗涤。真空干燥,得产品 6.2g,产率 70.0%。m. p. 119～121℃。用红外光谱和核磁共振氢谱进一步表征。

## 【参考文献】

宗建超,孙顺能,俞难庭,等. DNA 合成用化学试剂的研究（Ⅱ）——DMTCl 的合成和应用[J]. 化学试剂,1989,11(6):361-362,346.

## 【实验五十六的参考方案】

以参考文献报道的方法作参考,合成 4,4′-(环戊烷-1,1-二基)双(2,6-二溴苯酚)。

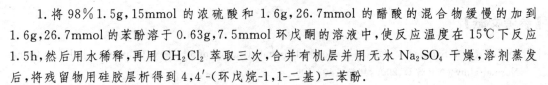

1. 将 98％1.5g,15mmol 的浓硫酸和 1.6g,26.7mmol 的醋酸的混合物缓慢的加到 1.6g,26.7mmol 的苯酚溶于 0.63g,7.5mmol 环戊酮的溶液中,使反应温度在 15℃下反应 1.5h,然后用水稀释,再用 $CH_2Cl_2$ 萃取三次,合并有机层并用无水 $Na_2SO_4$ 干燥,溶剂蒸发后,将残留物用硅胶层析得到 4,4′-(环戊烷-1,1-二基)二苯酚.

2.4,4′-(环戊烷-1,1-二基)双(2,6-二溴苯酚)的制备

向 2.94mmol 4,4′-(环戊烷-1,1-二基)二苯酚和 5mL 醋酸的混合物中缓慢加入 1.88g,11.76mmol 的 $Br_2$,加毕后在室温下反应 12h,溶剂蒸发后,将残留物用醋酸重结晶得到纯的 4,4′-(环戊烷-1,1-二基)双(2,6-二溴苯酚)。

## 【参考文献】

ZHOU Y,JIANG Ch Y,ZHANG Y P,et al. Structural Optimization and Biological Evaluation of Substituted Bisphenol A Derivatives as β-Amyloid Peptide Aggregation Inhibitors[J]. Journal of Medicinal Chemistry,2010,53(15):5449-5466.

## 【实验五十七的参考方案】

1. 肼基二硫代甲酸苄酯的合成

将 11.2g(0.2mol)KOH 溶于 70mL90％的乙醇溶液中,在搅拌下缓慢滴加 10mL 水合肼,在低温槽里保持溶液温度为 −15～−10℃,在不断搅拌下加入 15mL(0.2mol)二硫化碳,得黄色油状液体,分离后溶于 60mL40％的乙醇并置于低温槽中,搅拌下缓慢滴加 23mL (0.2mol)溴化苄,反应 1h,有白色晶体析出,过滤,分别用水和乙醇洗涤,真空干燥,得肼基二硫代甲酸苄酯,收率为 90％。

2. 水杨醛缩肼基二硫代甲酸苄酯的合成

取 3.96g(0.02mol)肼基二硫代甲酸苄酯和 40mL 无水乙醇于三口烧瓶中,加热搅拌,待完全溶解后,加入 2.4mL(0.024mol)水杨醛的乙醇溶液,回流 20min 后,即析出大量固体,继续反应 1h。反应结束后,趁热过滤,产品真空干燥,得产物。

## 【参考文献】

苏新立,贾真,刘秋平,等. 水杨醛缩肼基二硫代甲酸苄酯类 Schiff 碱配体的合成[J]. 化学试剂,2011,33 (6):500-502.

## 【实验五十八的参考方案】

根据文献报道的方法,以 2-胺基噻唑-4-羧酸乙酯为原料,采用 Ugi 三组分串联反应,在 $Sc(OTf)_3$ 催化下与吡嗪甲醛和环己基异腈进行"一锅煮"反应,得到的中间体与苯基异氰酸酯反应生成目标产物 5-(1-环己胺基-3-苯脲基)-6-(2-吡嗪基)咪唑[2,1-b]并噻唑-3-羧酸乙酯。反应过程如下:

（反应式图）

## 【参考文献】

BLACKBURN C,GUAN B,FLEMING P,et al. Parallel Synthesis of 3-Aminoimidazo[1,2-a]pyridines and pyrazines by a New Three-Component Condensation[J]. Tetrahedron Lett,1998,39:3635-3638.

# 第 5 章　研究性实验

本章编写了 9 个研究性实验,在本章最后为每个实验提供了详细的参考方案。

## 5.1　实验要求

### 实验五十九　1,3-二(1-(3,5-二甲基吡唑))-2-丙醇的合成

【实验要求】

通过文献资料查阅,以 2,4-戊二酮为起始原料制备 1,3-二(1-(3,5-二甲基吡唑))-2-丙醇,其结构如下:

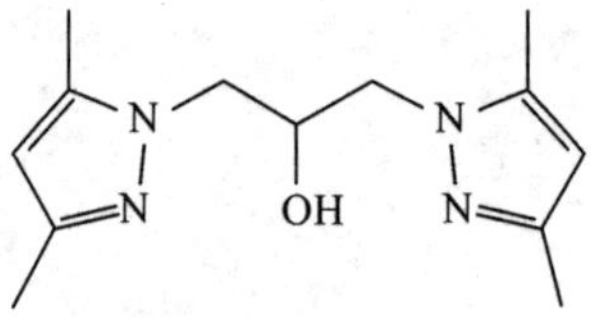

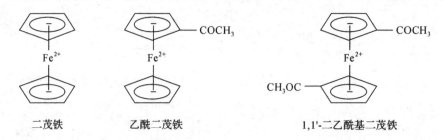

### 实验六十　二茂铁及其乙酰化衍生物的合成

【实验要求】

通过文献资料查阅,以环戊二烯为起始原料制备二茂铁及其乙酰化衍生物。

二茂铁　　　　乙酰二茂铁　　　　1,1'-二乙酰基二茂铁

### 实验六十一　Wieland-Miescher 酮的合成

【实验要求】

通过文献资料查阅,以 1,3-环己二酮为起始原料制备 Wieland-Miescher 酮。

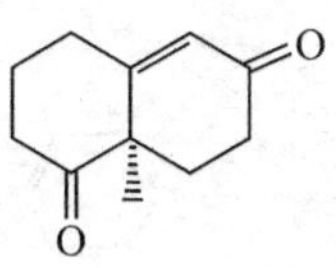

Wieland-Miescher 酮 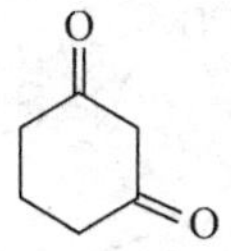　　　　　1,3-环己二酮

## 实验六十二　Baylis-Hillman 反应——2-(羟(4-硝基苯基)甲基)丙烯酸 甲酯的合成

### 【实验要求】

通过文献资料查阅,以 4-硝基苯甲醛和丙烯酸甲酯为原料,在三甲胺催化下合成 Bayl-is-Hillman 加合物 2-(羟(4-硝基苯基)甲基)丙烯酸甲酯。

## 实验六十三　3,5-双三氟甲基苯乙酮的合成

### 【实验要求】

通过文献资料查阅,以 1,3-双三氟甲基苯为起始原料制备 3,5-双三氟甲基苯乙酮。

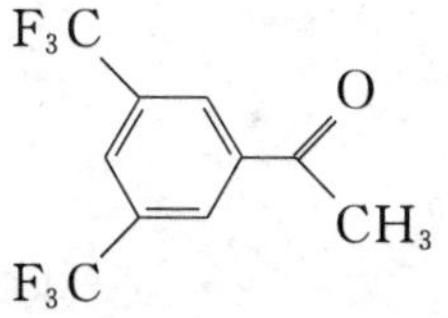

3,5-双三氟甲基苯乙酮 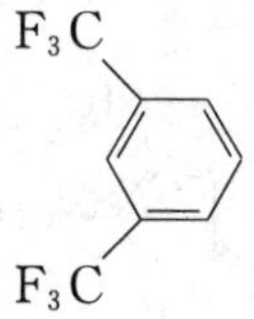　　　1,3-双三氟甲基苯

## 实验六十四　L-脯氨酰基甘氨酸的合成

### 【实验要求】

通过文献资料查阅,以 L-脯氨酸为起始原料制备 L-脯氨酰基甘氨酸。

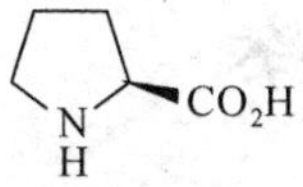

L-脯氨酸 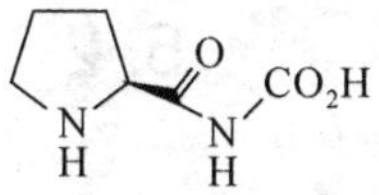　　　　　　　　L-脯氨酰基甘氨酸

## 实验六十五　安息香绿色催化氧化制备苯偶酰

### 【实验要求】

通过文献资料的查阅,制备双水杨醛缩乙二胺合金属配合物[M(Salen)](M＝Co,Cu,Zn),然后以该配合物作催化剂,氧化安息香制备苯偶酰。

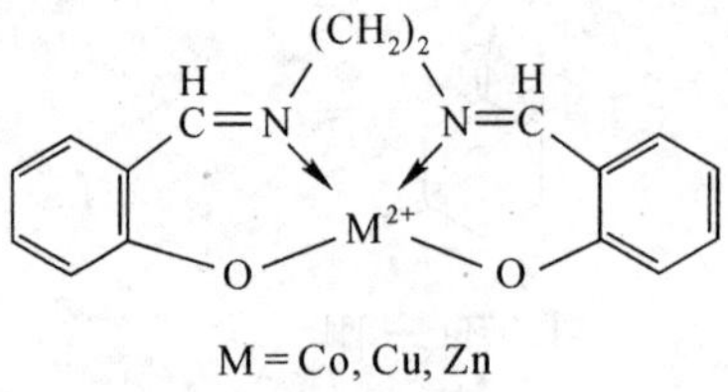

M = Co, Cu, Zn

双水杨醛缩乙二胺合金属配合物

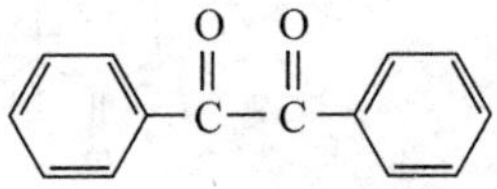

苯偶酰

## 实验六十六　2,2′-二氨基-6,6′-二甲基联苯的合成与表征

### 【实验要求】

通过文献资料查阅,以 2-甲基苯胺为起始原料制备 2,2′-二氨基-6,6′-二甲基联苯。

## 实验六十七　6-甲氧基-3-甲基-吲哚-2-甲酸乙酯的合成

### 【实验要求】

通过文献资料查阅,以间甲氧基苯胺为起始原料制备 4-甲氧基-3-甲基-吲哚-2-甲酸乙酯。

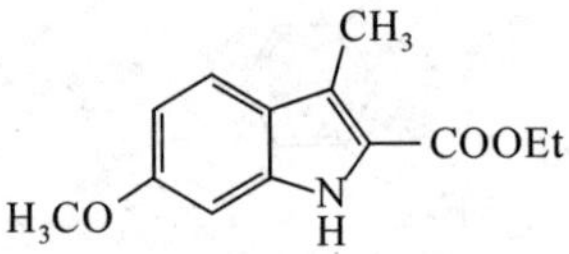

6-甲氧基-3-甲基-吲哚-2-甲酸乙酯

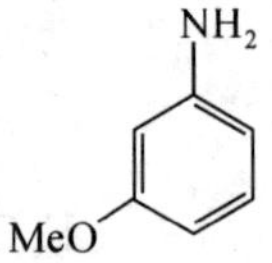

间甲氧基苯胺

# 5.2　参考方案

### 【实验五十九的参考方案】

吡唑类多齿配体配位化学因其配体具有较强的螯合能力和变化多样的新颖结构,以及其配合物具有作为聚合反应催化剂和生物模板等特殊的应用前景而得到迅速发展。多吡唑烷作为一类含氮多齿配体,能与多种主族元素以及过渡金属形成配合物。自 Trofimenko 等合成新型的多吡唑硼烷和多吡唑烷配体以来,多吡唑烷类配合物在过渡金属化学、金属有机化学以及生物无机化学等领域得到了广泛的发展与应用。人们已经合成了许多结构新颖的金属配合物,并初步研究了它们在烯烃聚合等方面显现的催化性能。基于二吡唑烷而衍生的 N,N,O 配体,能与金属形成具有新颖结构和独特功能的多齿配位化合物,它们还可作为

生物酶活性中心应用于小分子模拟和过氧化物酶模拟催化酚的氧化聚合等领域。

## 【实验分析】

1. 目标化合物可以由 1,3-二氯-2-丙醇与两个吡唑化合物的 1-位 N 原子通过取代反应来合成。

2. 对于中间体 3,5-二甲基吡唑,则可以通过原料 2,4-戊二酮与水合肼通过环化反应来实现。

逆合成分析如下:

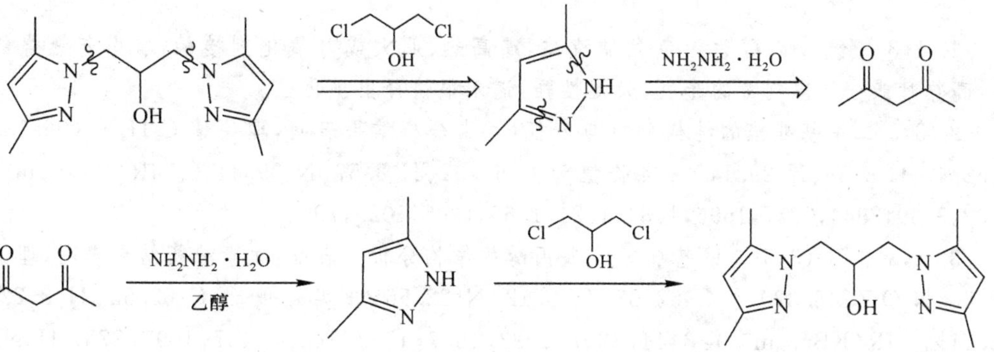

## 【实验具体方案】

合成目标化合物的反应机理是:在强碱作用下 3,5-二甲基吡唑脱去 N-H 上的 H 质子变成负离子,两个负离子分别作为亲核试剂进攻 1,3-二氯-2-丙醇的 1-位和 3-位上的 C 发生 $S_N2$ 亲核取代反应。文献报道的类似二吡唑烷醇配体的合成方法一般有两种:一是采用相转移催化法,在相转移催化剂(TBAB 或四正丁基氢氧化氨)和 NaOH 的共同作用下,以甲苯为溶剂回流反应制备目标产物;二是采用直接合成法,将反应原料混合于乙醚中经 $N_2$ 保护下回流 3 d 后得到目标产物,此方法存在反应时间较长和产物难以分离的缺点,因而大大地影响了产物的纯度和产率。本实验对目标化合物二吡唑烷醇的合成方法进行了改进:用四氢呋喃(THF)代替乙醚作溶剂,提高了回流反应温度,反应体系温度的提高大大缩短了反应时间,从 3 d 缩短到 8h;用 NaOH 代替 NaH 作脱去 N—H 上质子的碱性试剂,无需无水无氧操作,使得操作技术更加方便、简单、安全,且产率没有降低。用 $CH_2Cl_2$ —正己烷混合溶剂重结晶纯化得到目标化合物,此化合物溶于甲醇、乙醇、丙酮、二氯甲烷和氯仿等常见溶剂,但不溶于水。

## 【实验步骤】

1. 3,5-二甲基吡唑的合成

称取 0.05mol(5.00g)2,4-戊二酮于 50mL 的圆底烧瓶中,加入 20mL 95% 的乙醇溶剂,磁力搅拌下,用常压滴液漏斗缓慢滴入 0.06mol(3.53g)85% 的水合肼的 10mL 95% 的乙醇溶液,滴完后,加热至 80℃回流反应 4h,冷却至室温,减压蒸馏除去溶剂,析出固体,抽滤,得到的粗产物用 50% 的乙醇重结晶,得到无色片状结晶体 4.32g,产率为 90%。熔点为 105.9~106.6℃。对合成中间体进行元素分析及红外光谱测试。

2. 1,3-二(1-(3,5-二甲基吡唑))-2-丙醇的合成

称取 8g(0.084mol)3,5-二甲基吡唑于 250mL 的圆底烧瓶中,加入 80mL 四氢呋喃,磁力搅拌下加入 3.5g(0.084mol)NaOH,加热回流反应 2h,然后用针管吸取 4mL(0.042mol)1,3-二氯-2-丙醇,缓慢滴加到反应液中,继续反应 6h。接着将反应液冷却至室温,过滤,旋转蒸发除去多余的溶剂得黏稠状物,加入适量的乙醇加热溶解,再加入适量的去离子水,放置冰箱冷却结晶,析出白色针状体,抽滤,真空干燥,用 $CH_2Cl_2$-正己烷重结晶,得白色固体产物 3.36g,产率为 65%,熔点为 106~107℃。对产物进行元素分析、红外光谱及核磁测试。

## 【实验指导】

1. 1,3-二氯-2-丙醇为无色黏稠液体,遇高热、明火或与氧化剂接触,有引起燃烧的危险,高热时能分解出剧毒的光气,吸湿性强,遇水很快释出氯化氢。

2. 3,5-二甲基吡唑的结构分析与表征:元素分析结果表明,理论值 $C_5H_8N_2$(96.13)为 C 62.47、H 8.39、N 29.14%;实验值为 C 62.02、H 8.57、N 29.41%。IR(KBr,$cm^{-1}$):3202,3039,2944,2877,1596,1484,1424,1365,1307,1029,799。

3. 1,3-二(1-(3,5-二甲基吡唑))-2-丙醇的结构分析与表征:元素分析结果表明,理论值 $C_{13}H_{20}N_4O$ (248.32)为 C 62.88、H 8.12、N 22.56%;实验值为 C 62.52、H 8.22、N 22.71%。IR(KBr,$cm^{-1}$):3444,3207,2922,1637,1552,1463,1437,1095,773。[1]H NMR (400MHz,$CDCl_3$,25℃,$\delta$ppm):2.15 (6H,s,pyz-3),2.20 (6H,s,pyz-5),3.9~4.1(4H,d,$J=2.4Hz$),4.3 (1H,m,—CH),5.4 (1H,d,$J=3.6Hz$,—OH),5.8 (2H,s,pyz-4)。

## 【参考文献】

[1] TROFIMENKO S. Boron-Pyrazole Chemistry[J]. J Am Chem Soc,1966,88(8):1842-1844.

[2] TSUJI S,SWENSON D C,JORDAN R F. Neutral and cationic palladium (II) bis (pyrazolyl) methane complexes[J]. Organometallics, 1999, 18(23), 4758-4764.

[3] STIBRANY R T,KNAPP S,POTENZA J A,et al. Product of a DMF Aminalization,Bis[bis(3,5-dimethylpyrazol-1-yl)(dimethylamino)methane]copper(II)Perchlorate-Bis(dichloromethane)[J]. Inorg Chem,1999,38(1):132-135.

[4] EDWARD R T. Structure,Spectroscopic and Angular-overlap Studies of Tris(pyrazol-1-yl)methane Complexes[J]. J Chem Soc Dalton Trans,1993(4):509-515.

[5] JALON F A,MANZANO B R,OTERO A. Synthesis and Fluxional Behaviour of Allylpalladium Complexes with Poly(pyrazol-l-yl)methane Ligands[J]. J Organomet Chem,1995,494(1):179-185.

[6] HIGGS T C,JI D,CZERNUSZEWICZ R S. The Fe(III),Co(III),and V(III) Complexes of the "Heteroscorpionate" Ligand (2-Thiophenyl) bis (pyrazolyl) methane [J]. Inorg Chem, 1998, 37 (10): 2383-2392.

[7] GAMEZ P,von HARRAS J,ROUBEAU O. Synthesis and Catalytic Activities of Copper(II) Complexes Derived from a Tridentate Pyrazole-containing Ligand,X-Ray Crystal Structure of [Cu$_2$(μ-dpzhp-O,N,N′)$_2$][Cu(MeOH)Cl$_3$]$_2$[J]. Inorg Chim Acta,2001,324(1):27-34.

[8] ZHANG G F,ZHOU Q P,DOU Y L. Synthesis,Structural Characterization and Catalytic Activities of Dicopper(II) Complexes Derived from Tridentate Pyrazole-based N$_2$O Ligands[J]. Appl Org Chem, 2007,21(12):1059-1065.

[9] PLEIER A K,GLAS H,GROSCHE M. Microwave Assisted Synthesis of 1-Aryl-3-dimethylaminoprop-

2-enones：A Simple and Rapid Access to 3(5)-Arylpyrazoles[J]. Synthesis,2001,1:55-62.

## 实验六十的参考方案

### 【实验简介】

二茂铁在常温下是有樟脑气味的橙色晶体,熔点为 173～174℃,沸点为 249℃,高于 100℃易升华,能溶于苯、乙醚和石油醚等有机溶剂,基本不溶于水,化学性质稳定。二茂铁 具有芳香性,其茂基环上能发生多种取代反应,特别是亲电取代反应比苯更容易,可在环上 形成多种取代基的衍生物。二茂铁已广泛用作火箭燃料添加剂、汽油抗震剂、硅树脂和橡胶 的热化剂、紫外光的吸收剂等。

纯乙酰二茂铁熔点文献值为 85℃。1,1′-二乙酰基二茂铁熔点为 130℃。

### 【实验分析】

本实验是在无水无氧的条件下合成二茂铁。二茂铁具有芳香化合物的显著特性,可以 与亲电试剂如乙酸酐或乙酰氯发生 Friedel-Crafts 反应。根据反应条件的不同,形成的二茂 铁衍生物可以是单乙酰基取代物或双乙酰基取代物。反应产物可以采用不同的分离方法进 行分离纯化。

### 【实验具体方案】

以环戊二烯为起始原料,在无水无氧的惰性环境下,以四氢呋喃为溶剂,将三氯化铁还 原为氯化亚铁;在二乙胺存在下,氯化亚铁与环戊二烯反应而生成二环戊二烯合铁即二 茂铁。

二茂铁与乙酸酐可发生 Friedel-Crafts 反应,根据反应条件的不同形成取代个数不同的 产物。例如,以磷酸、氢氟酸、三氟化硼等为催化剂,主要生成产物为单取代产物乙酰二茂 铁,由于乙酰基的吸电子钝化作用,使第二个乙酰基进攻另一个茂环生成 1,1′-二乙酰基二 茂铁;以无水三氯化铁为催化剂,酰氯或酸酐为酰化剂,当酰化剂与二茂铁的物质的量比为 2:1 时,反应产物以 1,1′-二取代产物为主。

当生成的产物中同时具备单取代和二取代产物时,可以采用重结晶或柱色谱等方法对 粗产物进行纯化。

$$2FeCl_3 + Fe \longrightarrow 3FeCl_2$$

$$FeCl_2 + 2 \underset{}{\text{[环戊二烯]}} \xrightarrow{(C_2H_5)_2NH} \text{[二茂铁]}$$

$$\text{[二茂铁]} \xrightarrow[\text{催化剂}]{(CH_3CO)_2O} \text{[乙酰二茂铁]} \xrightarrow[\text{催化剂}]{(CH_3CO)_2O} \text{[二乙酰基二茂铁]}$$

## 【实验步骤】

### 1. 二茂铁的合成

(1) 无水氯化亚铁的制备

按照设计安装实验装置,通氮气,整个系统处于干燥无氧的状态。在反应瓶中加入 25mL 纯净干燥的四氢呋喃,边搅拌边分批加入无水氯化铁 8.0g(0.03mol),反应液开始逐渐变为棕色。从导气口迅速加入 1.4g(0.025mol)还原铁粉,继续通氮气。在氮气保护下回流 4.5h。

(2) 环戊二烯的解聚

环戊二烯久存后会聚合为二聚体,使用前应重新蒸馏解聚为单体。在步骤(1)回流期间,解聚环戊二烯。

在 100mL 圆底烧瓶内加入约 40mL(0.3mol)双环戊二烯,加入沸石,安装分馏柱和冷凝管等,接受瓶用冰水冷却。缓慢加热回流,收集 42～44℃的馏分。当烧瓶中残留少许时停止分馏。如果收集的馏分因潮气而显浑浊,可加入少许无水氯化钙干燥。

(3) 二茂铁的合成

在步骤(1)回流结束后,用减压蒸馏蒸出四氢呋喃回收,蒸完后停止加热,撤去热源,换上新接受瓶,待反应瓶冷却后,用冰水冷却反应瓶,通氮气条件下滴加环戊二烯(8.3mL)(0.1mol)－二乙胺(20mL)溶液,滴加过程中保持反应瓶温度在 20℃以下。滴加完毕后在室温下继续强烈搅拌 4～6h,静置过夜。

改用减压蒸馏蒸除二乙胺。用回流装置,以石油醚为萃取剂加热回流萃取 3 次(每次 20mL),合并萃取液。趁热抽滤。将滤液蒸发近干,得二茂铁粗产品。

二茂铁粗产品可用石油醚或环己烷重结晶,重结晶后产品经真空干燥。

二茂铁产物可以通过测得的红外光谱图与核磁共振谱图对照鉴定,其红外谱图及核磁共振谱图见附图 88 和附图 89。

### 2. 乙酰二茂铁的合成

在 100mL 三口烧瓶中,加入 1g(0.0054mol)二茂铁和 10.8mL(0.10mol)乙酸酐,在磁力搅拌和冷水浴下缓慢滴加 2mL 85% 磷酸。滴加完毕后将装有氯化钙的干燥管塞住三口瓶瓶口。控制水浴温度在 55～60℃加热搅拌 25min 左右,然后将反应混合物倾入成有 40g 碎冰的 400mL 烧杯中,并用 10mL 冷水涮洗烧瓶,涮洗液并入烧杯。在搅拌下,分批加入固体碳酸钠至溶液呈中性。将中和后的反应混合液置于冰浴中冷却 15min,抽滤,得橙黄色固体粗品,用 30mL 冰水洗涤 3 次,压干后真空干燥。

产物可用石油醚(60～90℃)重结晶;也可以用柱色谱进行分离,将干燥后的粗产物溶于二氯甲烷,用 $Al_2O_3$ 柱处理,先用石油醚淋洗,收集淋洗液得到二茂铁,再用石油醚-乙酸乙酯(3:7)淋洗得到乙酰二茂铁。产物的红外谱图和核磁共振谱图见附图 90 和附图 91。

## 【实验指导】

1. 制备二茂铁时,环戊二烯的解聚应在实验当天进行。

2. 乙酰二茂铁的制备过程中,固体碳酸钠中和反应混合液时会逸出大量二氧化碳,出现激烈的鼓泡现象,注意小心操作!最好用 pH 试纸检验溶液的酸碱性。

3. 乙酰二茂铁的反应可以用薄层色谱进行反应终点的跟踪,可以采用二氯甲烷作为溶解乙酰二茂铁的溶剂和展开剂。经展开后移动距离最大的为二茂铁,依次为乙酰二茂铁和 1,1'-二乙酰基二茂铁。

4. 二茂铁易升华,测熔点时要封管。

5. 反应温度过高会导致副产物 1,1'-二乙酰基二茂铁的增加和反应混合物颜色加深。

6. 该实验使用的乙酸酐具有腐蚀性,二乙胺和磷酸都具有强烈刺激性和腐蚀性,对以上药品的操作应在通风橱中进行,操作时应佩戴耐酸碱手套和防护口罩。

## 【参考文献】

[1] 兰州大学,复旦大学.有机化学实验(第二版)[M].北京:高等教育出版社,1994.

[2] 浙江大学化学系.大学化学基础实验(第二版)[M].北京:科学出版社,2010.

# 实验六十一的参考方案

## 【实验简介】

Wieland-Miescher 酮的分子量为 178.23,分子式为 $C_{11}H_{14}O_2$。Wieland-Miescher 酮存在于许多具有生物活性的天然产物的骨架中,如萜类、甾体、生物碱等。因此,在现代天然产物全合成中有超过 50 种化合物用它作为起始原料,特别是倍半萜、二萜以及胆固醇等天然产物的合成原料。用它作为起始原料合成的天然产物往往具有抗癌、抗菌、抵抗神经变性和免疫调节等作用。比如紫杉醇全合成就是从 Wieland-Miescher 酮开始的;长叶烯全合成也是用 Wieland-Miescher 酮做原料。因此,Wieland-Miescher 酮是一种非常重要的具有广泛作用的天然产物的中间体。

## 【实验分析】

1. α,β-不饱和酮一般可以通过 β 羟基的消除得到,β 羟基羰基化合物则可以通过 Aldol 反应来合成。

2. 对于 1,5-二羰基化合物来说可以通过羰基 α 位对共轭羰基化合物的 Michael 加成反应来实现。

3. 1,3-二羰基化合物的 α 位的烷基,可以通过比较活泼的卤代烷烃的烷基化来制备。

## 【实验具体方案】

以 1,3-环己二酮为起始原料,经过 α 位 C 的烷基化可以得到 2-甲基-1,3-环己二酮。在这里需要注意的是由于 1,3-二酮主要以烯醇的形式存在,在烷基化时存在着碳和氧的竞争,极易产生大量氧烷基化的产物,所以关于 C-2 烷基化的合成中烷基化试剂都是比较活泼的卤代物(如碘甲烷、苄基溴、烯丙基溴)以及极易发生 Michael 加成的底物。

得到化合物 2 后经过酸或者碱的催化,都可以得到 Michael 加成的产物,只是反应时间及条件不同。再在有机碱或者无机碱的条件下就可以得到消旋的 Wieland-Miescher 酮。如需得到手性的产物,可用手性试剂如手性脯氨酸或在酶的催化下,就可以实现产物的光学纯的合成。

## 【实验步骤】

将 1.14g(0.05 mol)金属 Na 溶在 25mL 甲醇中,搅拌使金属钠完全溶解。冷却至室温,向该溶液中加入 5.6g(0.05 mol)的 1,3-环己二酮及 8.46g(0.06mol)碘甲烷。加热回流 3.5h。蒸除溶剂,残余物质用乙醚萃取。浓盐酸酸化萃取物,滤除固体,干燥。粗产品用硅胶柱层析进行分离,得产物 2-甲基-1,3-环己二酮 1.5g,收率 67%。

在 100mL 圆底烧瓶中加入 1.26g 化合物 2-甲基-1,3-环己二酮及 30mL 蒸馏水,充分搅拌溶解后,加入 0.1mL 乙酸、10mg 对苯二醌以及 1.42 克甲基乙烯基酮,在 72~75℃下反应 1h。冷却至室温,加入 1.03g NaCl。将上述液体转移至分液漏斗中,加入 40mL 乙酸乙酯萃取,水层用乙酸乙酯 20mL 反萃 2 次,合并有机层并用饱和食盐水洗涤 2 次,用无水硫酸钠干燥。过滤,减压浓缩并真空干燥得淡黄色粗产物 2.0g。

将上述粗产物溶于 10mL 甲苯,加入 0.1mL 吡咯后加热回流 1h。冷却后加入 40mL 乙醚萃取,以稀盐酸洗涤 1 次,水洗 2 次。水相 30mL 乙醚反萃 1 次。合并有机相,水洗 2 次,饱和食盐水 1 次,无水硫酸钠干燥。减压浓缩后,柱层析得产物三酮 Wieland-Miescher 酮 1.1g,2 步收率 63%。熔点为 47~50℃。

## 【实验指导】

1. 步骤一中的甲醇钠需现制现用,防止醇钠的水解。在制备过程中注意金属钠的称量、加入速度及废弃钠的处理。由于碳原子和氧原子烷基化的竞争及醇钠与水的分解,需注意整个体系及仪器的要求。

2. 在萃取时需要注意区分有机层及水层,同时要能分别产物是在水层还是有机层。注意步骤一和步骤二中萃取的区别。

3. 步骤二中的酸碱都可以催化该反应,可以选择合适的多种试剂催化该反应。

4. 环化过程中如若产物有部分羟基未消除形成共轭烯酮,可将化合物至于甲苯或苯中加入 PTS 回流片刻即可。

5. 如需得到光学纯的产物,可以在环化过程中选择脯氨酸或者酶作为手性催化剂,[α]D＝＋97.3°(toluene,c 1.0)。

## 【参考文献】

[1] 张成路,刘林,邹立伟,等.1,3-环己二酮的甲基化反应的研究[J].辽宁师范大学学报,2005(28):320-323.

[2] MA K,ZHANG C,LIU M. First Total Synthesis of (＋)-Carainterol A[J]. Tetrahedron Lett,2010,51(14):1870-1872.

[3] KOSSLICK H,PITSCH I,DEUTSCH J. Improved Large Mesoporous Ordered Molecular Sieves-Stabilization and Acid/Base Functionalization[J]. Catal Today,2010,152(1):54-60.

[4] BRADSHAW B,ETXEBARRIA-JARDI G,BONJOCH J. Efficient Solvent-Free Robinson Annulation Protocols for the Highly Enantioselective Synthesis of the Wieland-Miescher Ketone and Analogues[J]. Synth Catal,2009,351(14－15):2482-2490.

# 实验六十二的参考方案

## 【实验简介】

Baylis 和 Hillman 于 1972 年在一篇德国专利中首次提出了 Baylis-Hillman(简称 B-H)反应:在催化剂,特别是在叔胺的催化下,α,β-不饱和酯、腈、酮或酰胺可以和醛等通过碳—碳键形成反应生成分子中具有多官能团的产物。在所列举的几种碱中,DABCO (1,4-diazabicyclo[2.2.2]octane)成为最常用的催化剂。

EWG＝CO$_2$R',CN,COR' 等共轭吸电基

碱:

(DABCO)

随着对 B-H 反应过程、机理以及在有机合成上应用的研究,B-H 反应受到了越来越多的重视。在 DABCO 催化下,苯甲醛与丙烯酸甲酯发生 B-H 反应的机理如下所示:

该反应具有一些明显的特点,如反应选择性好(化学的、区域的以及立体的)、产物具有多个能进一步转换的官能团,参加反应的分子的所有原子都进入了产物的分子组成,没有小分子副产物生成,是一个典型的原子经济反应,并且非常符合从源头上解决污染,适应绿色化学要求,加之反应条件温和,可用来合成许多具有生物活性的分子和天然产物,是应用广泛的有机合成反应之一。但该反应也具有明显的缺点,如反应产率低,而且反应速度慢,往往需要几天甚至几十天。这给它的广泛应用带来了很大的不便。

　　在最近的 20 多年,化学工作者们针对 B-H 反应的缺点从不同角度采用多种手段进行了多方面的探索和改进,在加快反应速度、提高反应产率以及 B-H 产物的转化率上取得了一定的突破与进展。在以往的 B-H 反应中,常用的溶剂为乙腈、四氢呋喃、二氯甲烷等。为了提高反应的速率,人们一直在努力寻求合适的催化剂,如胺类催化剂、有机膦催化剂、硫族化合物催化剂、$TiCl_4$ 催化剂,其中研究与应用最多的是胺类催化剂。此外,随着对反应研究的深入,发现除一些常规溶剂可作为反应介质外,一些非传统溶剂在 B-H 反应中的应用有利于加快 B-H 反应速度和提高 B-H 反应产率,这是改善 B-H 反应进行过程和拓展其应用前景的重要途径之一。

## 【实验分析】

　　1. 醛:根据 B-H 反应特点,可选择强吸电基取代的芳醛,以增强醛基活性,加快反应速度。

$$RCHO \Rightarrow EWG \underline{\qquad} CHO, \quad EWG = X_3C, X(F, Cl, Br, I), NO_2, etc.$$

　　2. α,β-不饱和羰基化合物:可以是 α,β-不饱和酮和酯等,本实验采用丙烯酸甲酯作为底物。

$$ \Rightarrow $$

　　3. 催化剂:可选用文献研究报道较多叔胺作为催化剂;本实验以三甲胺作催化剂。

$$催化剂 \Rightarrow R_3N$$

　　4. 溶剂:使用四氢呋喃、乙腈、二氯甲烷等传统溶剂。为了解决反应速度慢等问题,可加入少量水或直接使用甲醇等极性溶剂。

## 【实验具体方案】

　　以对硝基苯甲醛和丙烯酸甲酯为起始原料,使用 33%(w/v)三甲胺水溶液作为催化剂,在室温下实现 Baylis-Hillman 反应,制得加合物 2-(羟(4-硝基苯基)甲基)丙烯酸甲酯。如果需得到手性的产物,可采用手性胺或手性有机膦等手性试剂,就可以获得具有一定光学活性的产物。

　　由于所使用的原料水溶性差,而三甲胺水溶液中含水量较大,因此反应混合物呈非均相体系,这对反应速度会有较大影响。为了解决这个问题,应加入适量低碳醇、乙腈、四氢呋喃或二氧六环等极性溶剂,增强互溶性,使非均相混合物在形成均相反应体系,使反应顺利进行。本实验中,采用加入乙醇作为溶剂的实验方案。

$$O_2N-\langle\!\!\!\!\!\!\!\!\!\!\!\!\!\!\!\bigcirc\!\!\!\!\!\!\!\rangle-CHO + \text{（丙烯酸甲酯）} \xrightarrow[\text{乙醇,室温}]{33\%三甲胺} O_2N-\langle\!\!\!\!\!\!\!\!\bigcirc\!\!\!\!\!\!\rangle-\text{（产物）}$$

## 【实验步骤】

向 100mL 反应瓶中,加入 7.55g 对硝基苯甲醛(0.05mol)和 8.61g 丙烯酸甲酯(9.0mL,0.1mol)。然后加入 40mL 无水乙醇,磁力搅拌下使反应物全溶。将 12mL 33%三甲胺水溶液(0.06mol)缓慢加入反应瓶中,形成澄清透明的反应液。用 TLC 跟踪反应进程,室温下搅拌反应约 3.5h,反应结束。

减压浓缩,除去大部分乙醇。残余物转移到分液漏斗中,加入 50mL 氯仿和 15mL 水,充分振荡,静置后分液。水层用 20mL 氯仿萃取两次,萃取液与有机层合并。

将所得有机相用无水硫酸镁干燥。蒸除溶剂和低沸点杂质。所得粗产物经硅胶柱层析进行分离,得到 2-(羟(4-硝基苯基)甲基)丙烯酸甲酯黄色粉末,约 10g 左右,产率约 80%,熔点为 71～73 ℃。

## 【实验指导】

1. 三甲胺和丙烯酸甲酯均有一定的毒性,三甲胺有腐蚀性,在操作过程中要尽可能小心,避免洒漏。

2. 如果加入三甲胺水溶液后不能形成澄清溶液,可补加适量乙醇,增强原料的溶解性。

3. 可使用旋转蒸发仪完成减压浓缩的过程。浓缩的目的是除去乙醇,以便于氯仿萃取,因此,不一定要蒸干混合物中的所有溶剂。

## 【参考文献】

[1] BAYLIS A B,HILLMAN M E D. German Patent 2155113,1972[P]. Chem Abstr,1972,77：34174.

[2] CAI J,ZHOU Z,ZHAO G. Dramatic Rate Acceleration of the Baylis-Hillman Reaction in Homogeneous Medium in the Presence of Water[J]. Org Lett,2002,4(26)：4723-4725.

[3] BASAVAIAH D,REDDY B S,BADSARA S S. Recent Contributions from the Baylis-Hillman Reaction to Organic Chemistry[J]. Chem Rev,2010,110 (9)：5447.

[4] DECLERCK V,MARTINEZ J,LAMATY F. Aza-Baylis-Hillman Reaction[J]. Chem Rev,2009,109 (1)：1-48.

[5] 张爱民,王伟,林国强. Baylis-Hillman 反应的研究进展[J]. 有机化学,2001,21(2)：134-143.

# 实验六十三的参考方案

## 【实验简介】

3,5-双三氟甲基苯乙酮 3,5-Di(trifluoromethyl)acetophenone [30071-93-3]的分子量为 256.14,分子式为 $C_{10}H_6F_6O$,沸点为 95～98 ℃ (15mmHg),密度为 1.422g/mL 在 25℃,折射率 $n_D^{20}$ 为 1.4221。3,5-双三氟甲基苯乙酮是一个重要的含氟活性中间体,可用于医药、特种功能材料的合成。

## 【实验分析】

1. 由于 1,3-双三氟甲基苯的芳环上含有两个吸电子基团—$CF_3$ 存在,易发生 5 位的间位取代,引入卤素基团,获得活性中间体。

2. 通过格氏化反应制成镁试剂。

3. 用酸酐与格利雅试剂反应,经水解,在 1,3-三氟甲基苯的 5 位引入乙酰基,制备 3,5-双三氟甲基苯乙酮。

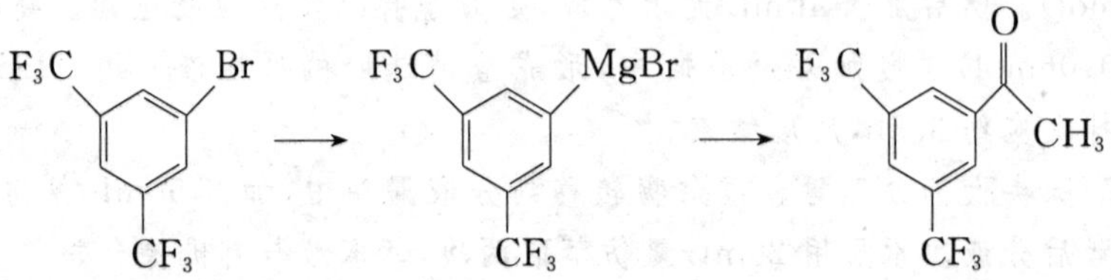

## 【实验具体方案】

以 1,3-双(三氟甲基)苯为原料,在 96%～98% 的浓硫酸介质中与 1,3-二溴-5,5-二甲基乙内酰脲(1,3-dibromo-5,5-dimethyl-2,4-imidazoidinedion,简称 DBDMH,俗名二溴海因)发生间位取代,合成关键中间体 1-溴-3,5-双(三氟甲基)苯。这一步合成要注意,合成过程中要控制好反应温度,尽量减少 1,2-二溴-3,5-双(三氟甲基)苯和 1,4-二溴-3,5-双(三氟甲基)苯副产物的产生,所得粗产物可以采用减压精馏获得高纯度的 1-溴-3,5-双(三氟甲基)苯。反应过程为

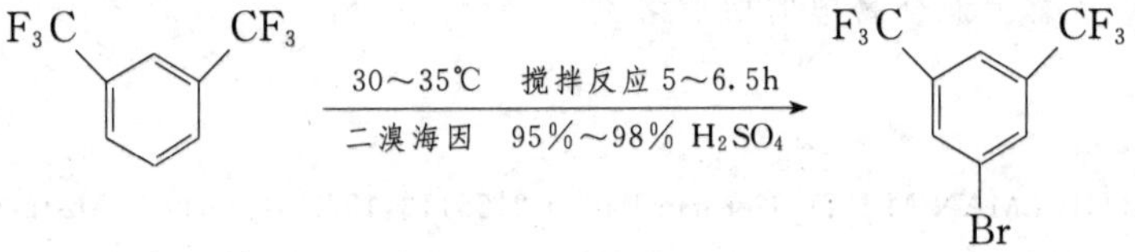

副反应为

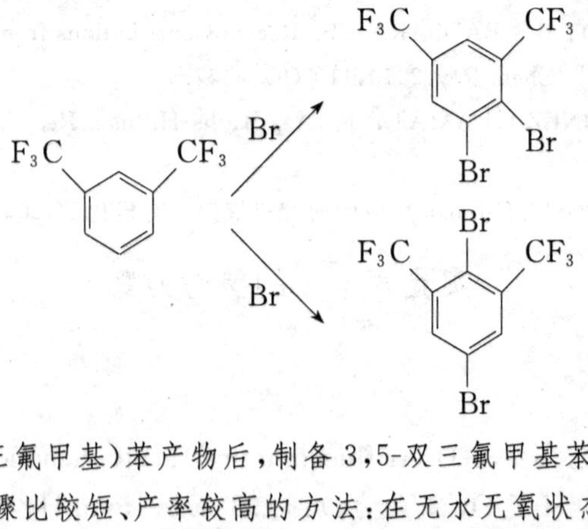

得到 1-溴-3,5-双(三氟甲基)苯产物后,制备 3,5-双三氟甲基苯乙酮的方法比较多。这里介绍一种合成工艺步骤比较短、产率较高的方法:在无水无氧状态下,通过格氏反应将中间体转化为高活性的 3,5-双(三氟甲基)溴苯的镁试剂,在低温下加酰化试剂乙酸酐,经水解、分离,可以直接得到 3,5-双三氟甲基苯乙酮。注意该方法对仪器和操作要求比较苛刻。

反应过程如下：

**【实验步骤】**

#### 1. 3,5-双(三氟甲基)溴苯的制备

搭好并调试好实验装置,称取(62g,0.22mol)N′,N-二溴-5,5-二甲基乙内酰脲,即二溴海因,通过纸漏斗先加入一小部分,然后开动搅拌加入 44.8mL(82g,0.8mol)95%浓硫酸,并用冰水浴冷却(在二溴因与浓硫酸量较大时应同时采取冰水浴冷却,以避免两者反应剧烈,放出溴气体及反应体系温度过高)。浓硫酸加完后,再将未加完的二溴海因补加入三口烧瓶,并充分搅拌,使两者能混合均匀。待两者混合均匀后迅速加入 32mL(42g,0.2mol)1,3-双(三氟甲基)苯,并使整个装置处于常压液封状态。注意观察反应现象,控制好搅拌及反应温度。在反应前一阶段通过冰水浴来控制反应温度30~35℃为宜。随着反应进行,反应体系颜色逐渐由白色加深到橙红,而二溴海因也从浑浊状过渡到悬浮小颗粒状直至完全溶解,同时伴有一定的红棕色溴气体逸出。当二溴海因全部溶解后(约反应 3~4h)反应温度开始回落,此时可通过温水浴来控制反应温度在 30~35℃范围。水浴保温使反应原料1,3-双(三氟甲基)苯充分转化完后,停止反应。整个反应过程约 6.5h。反应进程可用气相色谱(2m,10%SE-30,100→200℃)进行跟踪分析。

以 3 倍产品质量的 1,2-二氯乙烷分三次萃取产品,合并三次萃取液,先用 10%的 NaOH(约 1/4 体积比)将有机层洗至碱性,此时有机层从红色褪至白色,而 NaOH 层在上层呈淡绿色,分液漏斗分离。再依次以 1/2 体积比的水分两次洗有机相,分离除去上层水层。最后以 1/4 体积比的饱和食盐水洗有机相,此时有机相呈澄清,采用减压精馏,可得纯度为 99%的产品,收率达 93%。沸点为 90~94℃/11~14kPa。

核磁共振:—$^1$HNMR:$\delta=7.79$ (2H. q,$J=0.6$Hz). 7.83 (1H. sept. $J=0.8$Hz);—$^{19}$FMNR:$\delta=-63.6$。

#### 2. 3,5-双三氟甲基苯乙酮的制备

搭好并调试实验装置,要求仪器安装牢固,连接紧密,不漏气,搅拌灵活。调试完毕后通冷却水,并通入高纯氮气 5~10min 以排除系统中的水气和空气。

在氮气保护下,在 500mL 的三口圆底烧瓶中,加入镁粉(5.10g,0.21mol)和四氢呋喃(200mL),加热回流。再在滴液漏斗中加入 29.3g(0.098mol)3,5-双(三氟甲基)溴苯和30mL 四氢呋喃,混匀。在持续通氮气保护状态下,边搅拌边缓慢滴加 5mL 该混合溶液,约需 2min 以上,并加入 1~2 小粒碘引发反应,格氏反应(Grignard)开始。反应完毕后,再将余下的溴化物混合溶液滴加,控制反应温度 0~20℃(若室温较低可先用 30℃温水浴同时加热引发,待反应开始后撤去温水浴。假如反应剧烈,通过缓慢或停止加入溴化物溶液控制反应放热),需 1h 以上。所有溴化物加完后,将暗褐色反应液加热回流 30min。反应进行的

程度通过 HPLC 控制。当溴化物少于 1‰时,认为格氏反应完全。

用水浴将反应物冷却到室温后,转移到另一个 1L 漏斗中。用四氢呋喃(10mL)洗涤。保持−15℃,将溶液加入到乙酸酐(40mL)的四氢呋喃(40mL)溶液中,需 1h 以上。在水浴中,将暗褐色混合物升温至 10℃,加入水(300mL),需 3min 以上。搅拌下,滴加 50%氢氧化钠溶液,直到溶液 pH=8,且能保持 5min 不变。加入 300mL 甲基叔丁基醚分层,水层进一步用 150mL 甲基叔丁基醚萃取三次。合并有几层,真空浓缩回收四氢呋喃和甲基叔丁基醚,常压蒸馏,收集 150～189℃馏分,大部分在 187～189℃,得到无色油状物 20.7g,收率为 82%。

## 【实验指导】

1. 步骤一中若一次将二溴海因加完,则加入酸后二溴海因易结块,不能与硫酸充分混合,影响反应效果。

2. 步骤一的反应时间为 6.5h,若再延长,会增加副产物,转化率提高并不明显。

3. 在萃取时需要注意区分有机层及水层,同时要能分别产物是在水层还是有机层。

4. 步骤二反应是在无水、无氧状态下进行的,操作时要注意装置的密封性,四氢呋喃也要做无水处理,也可以用无水无醇乙醚作溶剂;镁经砂皮打磨处理至表面光亮。

5. 步骤二的反应是个放热反应,可以通过控制加入溴化物的速度来控制反应。

# 实验六十四的参考方案

## 【实验简介】

L-脯氨酰基甘氨酸的分子量为 158.07,分子式为 $C_6H_{10}N_2O_3$。L-脯氨酰基甘氨酸是一个典型的小分子二肽酶,而二肽酶作为最简单的肽,由两个氨基酸组成。其分子中仅包含一个肽键,它们是一类重要的生命物质。蛋白质可由酸、碱或酶水解,在水解过程中蛋白质逐步降解成为蛋白胨、多肽、三肽和二肽等越来越小的蛋白质碎片,直到最后成为氨基酸混合物。其中二肽酶是对作用于二肽肽键的外切水解酶类的统称。通常情况下其底物是由肽键连接的两个氨基酸残基所组成的二肽化合物,并要求两两相邻氨基酸残基上的 α-氨基和 α-羧基同时存在。二肽酶在体内通常在肠黏膜细胞中产生并可分泌于胞外,把二肽水解为游离的氨基酸后,由肠壁吸收进入血液到达肝脏。根据组成二肽的氨基酸不同,水解二肽成为两个单独氨基酸的二肽酶也不同,只能对含有脯氨酸或羟脯氨酸的二肽进行水解。而含脯氨酸的小分子二肽酶的合成及分析工作,有助于了解由亚氨基形成的酶键的性质、脯氨酸氮戊环的构型及其对酶链转折的影响等。

## 【实验分析】

1. L-脯氨酰基甘氨酸可以由羧基保护的甘氨酸酯与氨基保护的 L-脯氨酸与发生缩合反应来合成。

2. 对于羧基保护的甘氨酸来说可以通过羧基与醇发生酯化反应来实现。

3. L-脯氨酸的氨基保护可以选用保护基团氯甲酸苄酯,既能较为高效地保护氨基,又能方便快速地离去。

（化学反应式图）

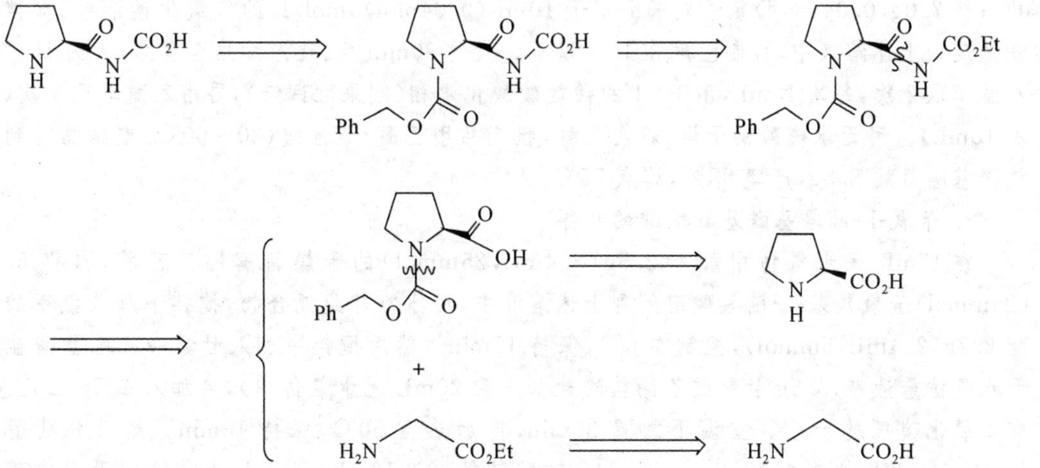

**【实验具体方案】**

以甘氨酸为原料，通入干燥的氯化氢进行酯化反应，产物用无水乙醇重结晶可得甘氨酸乙酯盐酸盐；以 L-脯氨酸为原料，在氢氧化钠溶液中，与氯甲酸苄酯反应，经酸化，粗产品用乙醚/石油醚重结晶得到苄氧羰基保护的脯氨酸；然后上述两个化合物在三乙胺和氯甲酸乙酯条件下发生缩合反应，经水解，Pd/C 去保护基，得到目标产物。反应过程如下：

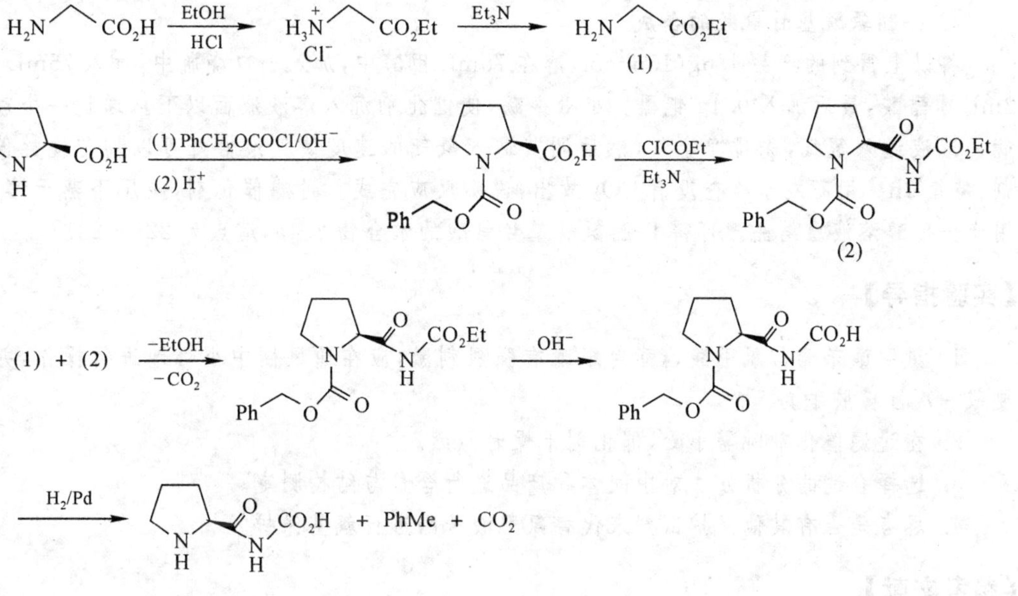

（反应过程图）

**【实验步骤】**

1. 甘氨酸乙酯盐酸盐的制备

将 15g(0.2mol) 甘氨酸溶于 100mL 无水乙醇，通入 10g 干燥的氯化氢进行酯化反应，产物用无水乙醇重结晶得甘氨酸乙酯盐酸盐 18.5g，产率为 60%，熔点为 144℃。

2. 苄氧羰基脯氨酸的制备

将 4.6g(0.04mol)L-脯氨酸溶解在 10mL 4mol/L 的氢氧化钠溶液中，冰水浴冷却到

0℃；将 7.0g(0.041mol)氯甲酸苄酯溶于 10mL(0.04mol)4mol/L 的氢氧化钠溶液，搅拌下分批滴入上述溶液中，控制温度在 10℃ 以下。大约 30min 后，逐渐加热至室温，大约 1h。用乙醚萃取 2 次，每次 15mL，用 1∶1 的稀盐酸酸化水相（刚果红试纸），再用乙醚萃取 4 次（每次 10mL）。用无水硫酸钠干燥，蒸去乙醚，粗产品用乙醚/石油醚（30～60℃）重结晶得到苄氧羰基脯氨酸 8.8g，产率 88%，熔点 75℃。

3. 苄氧-L-脯氨基酰基甘氨酸的制备

在 15mL 无水氯仿中加入 2.5g(3.4mL，25mmol)的干燥新蒸的三乙胺，再将 6.2g(25mmol)苄氧羰基-L-脯氨酸溶解到上述溶液中，用冰冷却此混合物，搅拌下加入氯甲酸乙酯 2.7g(2.4mL，5mmol)，控制在 0℃，保持 15min。然后搅拌中加入甘氨酸乙酯盐酸盐的无水氯仿悬浊液（3.5g 甘氨酸乙酯盐酸盐加入到 20mL 无水氯仿中），再加入 2.5g 三乙胺，有二氧化碳气体产生。室温下放置 30min，再加热至 50℃，保持 10min。然后分别用水 15mL、1mol/L 的盐酸 10mL、0.5mol/L 碳酸氢钠（2×10mL）、10mL 水洗涤。无水硫酸钠干燥，减压蒸除氯仿，得到油状苄氧-L-脯氨酰基甘氨酸乙酯 8.3g。

配置 1mol/L 氢氧化钠(20mL)和丙酮(10mL)的混合溶液，将得到的油状产物全部溶解于其中。室温下放置 1h 后，减压蒸馏除去绝大部分丙酮，然后用 1∶1 盐酸酸化溶液（刚果红试纸检验），乙酸乙酯萃取，无水硫酸钠干燥。减压蒸馏除去溶剂，剩下的油状物在少量乙酸乙酯中缓慢结晶（可加入少量的乙醚），放置过夜，得到苄氧-L-脯氨酰基甘氨酸 5.3g。产率为 69%，熔点为 122～123℃。用水重结晶可得熔点为 125℃ 的产物。

4. L-脯氨酰基甘氨酸的合成

将以上得到的产品 4.6g(15mmol)溶在 75mL 甲醇中，加入三口烧瓶中，加入 75mL 水、2mL 冰醋酸，最后加入 0.4g 钯黑。小心振荡，使催化剂沉入溶液液面以下。通过一个玻璃管向溶液通入氢气，先排净空气，然后调节通入氢气的速度使气泡恰好可以均匀搅拌催化剂，持续 2h。用石灰水检查没有 $CO_2$ 放出，说明反应完成。过滤催化剂，减压下蒸干溶液，用水—甲醇溶液重结晶。可得 L-脯氨酰基甘氨酸的水合物 2.4g，熔点为 226～227℃。

## 【实验指导】

1. 氯甲酸苯酯与氯甲酸乙酯对眼睛有强烈刺激，应在通风橱中小心地进行操作，并且要戴一次性橡胶手套。

2. 在过滤催化剂时需小心，催化剂干燥时易燃。

3. 选择合适的分析方法对中间体和产品进行含量与结构测定。

4. 思考是否有其他保护试剂来代替氯甲酸苄酯进行氨基保护。

## 【参考文献】

[1] GREENSTEIN J P，WINITZ M. Chemistry of the Amino Acids[M]. New York：John Wiley and Sons，1961.

[2] 张静，涂伟萍. D,L-对羟基苯甘氨酸的合成研究[J]. 应用化工，2003，32(5)：46-48.

## 实验六十五的参考方案

### 【实验简介】

席夫碱是一类非常重要的配体,通过改变连接的取代基、变化电子给予体的原子本性及其位置,便可开拓出许多从链状到环状、从单齿到多齿的性能迥异、结构多变的席夫碱配体。这些配体可以与周期表中大部分金属离子形成不同稳定性的配合物。目前,研究较多的是水杨醛及其衍生物的席夫碱,其中水杨醛缩胺类双席夫碱是一类有代表性的离域 π 共轭有机分子,在合成上具有极大的灵活性和强络合作用,因其具有良好的电子转移性质而成为人们研究的热点。

苯偶酰即二苯基乙二酮,又叫联苯酰、联苯甲酰,黄色棱形结晶。熔点为 $95\sim96℃$,沸点为 $346\sim348℃$(分解)、$188℃$($1.6kPa$),相对密度为 $1.084$($102/4℃$),能溶于醇、醚、氯仿、乙酸乙酯、苯、硝基苯,不溶于水。苯偶酰是合成药物苯妥英钠的中间体,亦可用于杀虫剂及紫外线固化树脂的光敏剂,在医药、香料、日用化学品生产中有着广泛的应用。

### 【实验分析】

乙二胺有两个反应活性相同的氨基,与水杨醛缩合而成的席夫碱结构稳定,其金属配合物可以有二配位的直线型、四配位的四面体型或平面四边形等不同的配位数和配位构型,这种有机化合物倍频系数大的特点与无机化合物稳定性好的特点结合起来,可以合成性能良好的非线性光学材料。

水杨醛与乙二胺按照 $SN_2$ 的反应机理生成席夫碱配体。反应中乙二胺作为亲核试剂,氮原子从离去基团氧原子背面进攻中心碳原子,生成产物后构型反转,氮原子处于原来氧原子的对面。此类席夫碱具有一个 N、N、O、O 构成的空腔,它失去两个酚羟基上的氢后,与 Ni、Mn 等过渡金属离子形成稳定的四齿配合物。配合物的稳定性随配位原子数的增加而增大。

双水杨醛缩乙二胺合金属配合物(M(Salen))的制备方程式如下:

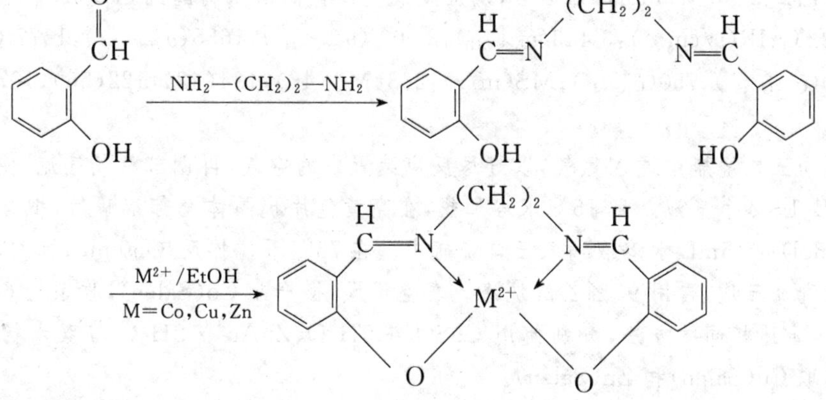

### 【实验具体方案】

苯偶酰的合成常用安息香(苯偶姻)氧化合成,常见的氧化方法有铬酸盐氧化法、硝酸氧化法、高锰酸盐氧化法、氯化铁氧化法、硫酸铜氧化法等。这些氧化方法存在的主要问题是：铬酸盐氧化法，反应时间长达十多个小时并且反应液中含有高价铬，铬污染不可避免；硝酸氧化法，不但反应激烈，放出大量氧化氮气体危害健康，造成酸雨，而且反应后产生大量废酸，回收则增加成本，排放则污染环境；高锰酸盐氧化法，反应相对剧烈，难以控制，得到的产物中副产物比较多；氯化铁氧化法中 $FeCl_3 \cdot 6H_2O$ 是优良氧化剂，然而该工艺反应时间比较长，且 $FeCl_3 \cdot 6H_2O$ 易吸潮，难以保存，又易与水溶液形成胶体，给后处理带来不便；硫酸铜氧化法，氧化剂一次性消耗，反应操作繁杂，分离提纯困难，环境污染物排放量大。而且这些氧化剂被还原后，一般都不回收，增加了生产成本。

本实验从绿色化学的理念出发，研究用双水杨醛缩乙二胺合金属配合物（M(Salen)）（M＝Co,Cu,Zn）作催化剂，用空气氧化安息香合成苯偶酰，并对催化剂进行回收利用，从而降低了生产成本，极大地减少了废液的排放，开辟了绿色化合成苯偶酰的新途径。

Salen 催化剂催化氧化安息香的反应方程式如下：

$$
\underset{\text{H}}{\underset{|}{\overset{\overset{\text{O OH}}{||\ |}}{C_6H_5-C-C-C_6H_5}}} \xrightarrow[\text{O}_2]{\text{催化剂}} \underset{}{\overset{\overset{\text{O O}}{||\ ||}}{C_6H_5-C-C-C_6H_5}}
$$

催化剂为 Co(Salen)，Cu(Salen) 和 Zn(Salen)

## 【主要试剂与仪器】

1. 试剂：安息香，水杨醛，乙二胺，乙醇，二氯甲烷，氮气，氢氧化钾，$CuSO_4 \cdot 5H_2O$，$ZnAc_2 \cdot 2H_2O$，$CoAc_2 \cdot 2H_2O$，N,N-二甲基甲酰胺（DMF），无水硫酸镁。

2. 仪器：三口烧瓶，球形冷凝管，布氏漏斗，抽滤瓶，锥形瓶，分液漏斗，量筒，电子恒速搅拌器，真空干燥箱，旋转蒸发仪（RE2000 型），熔点测定仪（X-6 型），红外光谱仪，质谱仪。

## 【实验步骤】

1. Salen 催化剂的制备

在 250mL 三口烧瓶中加入 80mL 95％乙醇和 16mL 水杨醛（0.18mol）。在搅拌下，再加入 5mL 乙二胺（0.075mol），片刻后，反应生成亮黄色的双水杨醛缩乙二胺片状晶体。m.p. 121～122℃；IR($\upsilon/cm^{-1}$):3 443($\upsilon_{Ar-OH}$),2 900 ($\upsilon_{-C-H}$),1635($\upsilon_{-C=N}$),1577 （苯环骨架振动），980($\delta_{-C-H}$),750($\delta_{Ar-H}$);MS(m/z):268($M^+$,46),134(42),122(56),107(100),77(73)。

然后，向三口烧瓶中通入氮气，以赶尽反应装置中的空气，再调节氮气气流，使气流速度稳定在每秒 1～2 个气泡。用 75℃水浴加热，在亮黄色片状晶体全部溶解后，把含 19g 醋酸钴（0.076mol）的 15mL 水溶液滴入三口烧瓶中。在 75℃下搅拌反应 50min，抽滤，得暗红色固体，用水洗涤三次，再用 95％乙醇洗涤。真空干燥，得产品 Co(Salen)，收率为 65％。

采用与上述相同的方法，分别使用 $CuSO_4 \cdot 5H_2O$、$ZnAc_2 \cdot 2H_2O$ 与双水杨醛缩乙二胺配合，制取 Cu(Salen) 和 Zn(Salen)。

2. 苯偶姻催化氧化反应

在装配有搅拌器、回流冷凝管和空气导管的三口烧瓶中，加入 10.8g（0.05mol）苯偶姻和 60mLDMF（N,N-二甲基甲酰胺），溶解后加入 1g Co(Salen)催化剂、2gKOH，水浴加热，通入空气进行氧化,利用薄层色谱跟踪反应进程。反应结束后,冷却到室温,调节反应液 pH 为 3～4,加入 150mL 水,即析出固体,抽滤,水洗。

粗品用 80% 乙醇重结晶,得黄色针状晶体苯偶酰。m. p. 94～96℃(文献值为 95～96℃)。IR($v$/cm$^{-1}$):3064,1660,1595,1580,1450,795,720,690,675。$^1$H NMR($\delta$):7.16～7.92(m,Ar—H)。MS(m/z):210(M$^+$,73),105(100),77(100)。苯偶酰的红外光谱图见附图 92。

3. Salen 催化剂的回收套用

将苯偶姻催化氧化反应后的滤液用 CH$_2$Cl$_2$ 分次萃取,萃取液用无水硫酸镁干燥,用旋转蒸发仪回收 CH$_2$Cl$_2$,残液为含 Salen 催化剂的 DMF 溶液。

补加少量 DMF 后,投入苯偶姻、KOH,进行下一批苯偶姻催化氧化反应,如此将 Salen 催化剂重复利用。

## 【实验指导】

1. 反应时间对安息香催化氧化反应的影响

对 Co(Salen)、Cu(Salen)和 Zn(Salen)三种催化剂,分别采用不同的反应时间,研究对安息香的催化氧化反应的影响。从反应结果来看,Co(Salen)催化剂的活性最好,反应进行 45min 后,产物收率达到 78%,再延长时间,收率反而下降,可能是氧化的副产物增加。Cu(Salen)和 Zn(Salen)催化剂的活性相对较差,反应时间要长一些,导致副产物的增加,产物的收率降低。

2. 反应温度对安息香催化氧化反应的影响

选用活性最好的 Co(Salen)作催化剂,反应时间为 45min,寻求最佳反应温度,产率在 80℃时最高。随着温度提高,产物收率略有下降,但相差很小。因此,为节省能源,Co(Salen)在 80℃条件下便可得到高的催化效果。

3. 催化剂套用对安息香催化氧化反应的影响

三种催化在利用到第四次后,收率都明显下降。主要原因是催化剂的催化效果下降,转化率低,反应很不完全,产品中含有大量原料。因此,此类催化剂最佳利用次数为两次,在第三次利用时,收率有所降低。

## 【参考文献】

[1] SMITH M B. Organic Synthesis,2nd edn[M]. Singapore:McGrawHill,2002.

[2] CAINELLI G,CARDILLO G. Chromium Oxidations in Organic Chemistry[M]. Berlin:Springer-Verlag,1984.

[3] 邢春勇,李记太,王焕新. 微波辐射下蒙脱土 K10 固载氯化铁氧化二芳基乙醇酮[J]. 有机化学,2005,25(1):113-115.

[4] 丁成,倪金平,唐荣,等. 安息香的绿色催化氧化研究[J]. 浙江工业大学学报,2009,37(5):542-544.

[5] 蔡哲斌,石振贵. Fe$_2$O$_3$/Al$_2$O$_3$ 催化氧化苯偶姻制备苯偶酰[J]. 有机化学,2002,22(6):446-449.

[6] 李翠勤,孟祥荣,张鹏,等. 水杨醛缩胺类双席夫碱过渡金属配合物的合成与表征[J]. 化学与生物工程,2011,28(7):55-57.

# 实验六十六的参考方案

## 【实验简介】

过渡金属催化的偶联反应是构建碳—碳及碳—杂原子键的重要方法。在传统的偶联反应中,除了金属催化剂外,还常常需要额外加入含磷配体才能使偶联反应有效进行。一般地说,含磷配体有毒,一些高活性的含磷配体学不容易合成,导致此类化合物价格相对较高。另外,含磷配体的大量使用将会导致水体富营养化,导致严重的环境污染问题。这就促使化学工作者去寻找和开发有效的非膦类替代配体。

2,2′-二胺基-6,6′-二甲基联苯的分子式为 $C_{14}H_{16}N_2$,分子量为 212,在过渡金属催化的偶联反应中是一个良好的非膦类配体。而且 2,2′-二胺基-6,6′-二甲基联苯还可以用作氮杂环卡宾配体的前体,广泛地应用于氮杂环卡宾—金属络合物的合成中,并应用于催化反应。此外,2,2′-二胺基-6,6′-二甲基联苯从简单易得的原料 2-甲基苯胺出发,经过几步常规的合成步骤就可以高收率合成得到。因此,2,2′-二胺基-6,6′-二甲基联苯在有机合成将有比较广泛的应用前景。

## 【实验分析】

1. 芳香胺类化合物一般由芳香硝基化合物通过钯—炭催化氢化合成。
2. 2,2′-二硝基-6,6′-二甲基联苯可以通过铜催化的 Ullmann 偶联反应合成。
3. Ullmann 偶联反应的前体—芳基卤化物可以通过芳香胺重氮化—卤化合成。

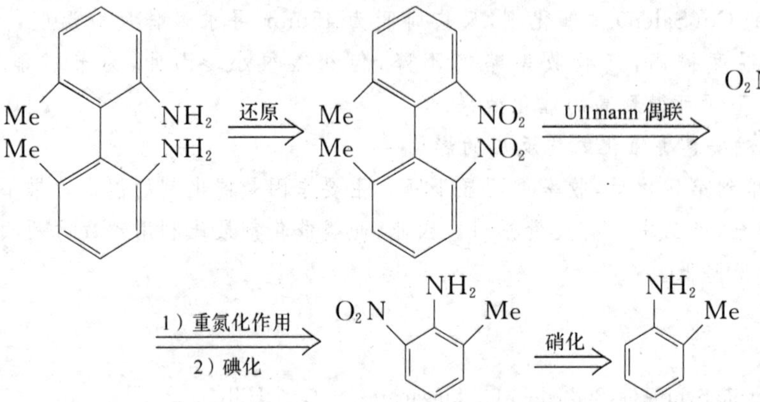

## 【实验具体方案】

本实验以 2-甲基苯胺 1 为起始原料,先用乙酰基保护胺基,再硝化,接着再脱除乙酰基保护基可以得到 2-甲基-6-硝基苯胺 2;接着 2-甲基-6-硝基苯胺 2 发生重氮化、碘化就可以得到 2-甲基-6-硝基碘苯 3;化合物 3 在铜粉催化下进行 Ullmann 偶联反应得到 2,2′-二硝基-6,6′-二甲基联苯 4。最后,化合物 4 经过过渡金属钯—炭催化氢化就可以得到目标产物 2,2′-二胺基-6,6′-二甲基联苯 5。具体反应过程如下:

【实验步骤】

1. 2-甲基-6-硝基苯胺 2 的合成

向 250mL 三口烧瓶中加入乙酸酐（65mL，0.7mol），再缓慢滴加入 2-甲基苯胺（10.7mL，0.1mol）。TLC 跟踪反应进程，直到完全转化为酰胺。然后控制内温小于 15℃，滴加入 65% 硝酸（9mL，0.126mol）。滴加完硝酸后继续反应约 1 小时。反应结束后，将反应混合液倒入装有 400mL 冰水的烧杯中，残留液洗涤合并，搅拌。溶液分成上层黄色絮状下层紫红色澄清液体。抽滤，用冰水洗涤直至固体产物中无醋酸气味。把抽滤所得固体产物加入烧瓶中并加入 30mL 浓盐酸，油浴加热至完全溶解并继续回流 1 小时。回流结束后自然冷却至室温，把溶液倒入 250mL 烧杯中，搅拌下不断加入冷水，直至无明显固体析出为止。抽滤，用冰水洗涤，固体晾干备用，收率约 60%[1]。$^1$H NMR（CDCl$_3$，300MHz，TMS）：2.25（s，3H，CH$_3$），6.17（br，2H，NH$_2$），6.63（t，$J=7.2$Hz，1H，Ar），7.29（d，$J=6.9$Hz，1H，Ar），8.03（d，$J=9.0$Hz，1H，Ar）。

2. 2-甲基-6-硝基碘苯 3 的合成

向 250mL 三口烧瓶中加入 2-甲基-6-硝基苯胺 2（6.08g，0.04mol）和醋酸（55mL），搅拌使其溶解[2]，溶解后再用冰水浴冷却至约 15℃。控制内温在 25℃ 以内，再加入预先在冰箱中冷却备用的亚硝酸钠（4.83g，0.07mol）的硫酸（20mL，0.42mol）溶液[3,4]。加完后继续搅拌 30min。再 75℃ 加热搅拌 1 小时。冷却至室温，将反应混合物倒入烧杯中，并加冰水至约 250mL。搅拌下缓慢加入 4g 尿素[5]，再加入 KI 水溶液（25mL，KI 为 12g），加完后再缓慢加入 NaHSO$_3$ 固体直至体系颜色发生明显变化。抽滤，固体用冰水洗涤后真空干燥备用[6]，收率约 80%。$^1$H NMR（CDCl$_3$，300MHz，TMS）：2.58（s，3H，CH$_3$），7.35～7.45（m，3H，Ar）。

3. 2,2'-二硝基-6,6'-二甲基联苯 4 的合成

（1）活化铜粉

取铜粉 10g（0.16mol），加入 3mL 浓盐酸和 50mL 水，室温搅拌过夜。抽滤，依次用水、乙醇和丙酮洗涤，再将铜粉油浴 110℃ 真空干燥约半小时。

（2）Ullmann 偶联

氮气保护下向 100mL 三颈瓶中加入 2-甲基-6-硝基碘苯胺 3（5.26g，0.02mol）和无水

$N,N$-二甲基甲酰胺（60mL），油浴 100℃ 加热约 15min。再分批加入活化铜粉（7.68g，0.12mol）。加完后升温至回流反应 15h[7]。反应结束后冷至室温，抽滤除去固体杂质，滤液用乙酸乙酯稀释，先水洗（60mLX2），再用饱和食盐水洗（60m LX2）。有机相用无水硫酸钠干燥，过滤后快速柱层析得纯净的 2,2′-二硝基-6,6′-二甲基联苯固体备用，收率约 80%。$^1$H NMR（CDCl$_3$，300MHz，TMS）：1.99（s，6H，2CH$_3$），7.48（t，J＝7.8Hz，2H，Ar），7.58（d，J＝7.8Hz，2H，Ar），8.00（d，J＝8.1Hz，2H，Ar）。

4. 2,2′-二胺基-6,6′-二甲基联苯 5 的合成

将 2,2′-二硝基-6,6′-二甲基联苯（2.72g，0.01mol）溶于甲醇（30mL）中，并加入钯/炭（1mol%）作为催化剂，氢气（50 atm）下室温搅拌 6h。过滤（滤纸上垫 300～400 目硅胶），除去催化剂，固体用少量二氯甲烷洗涤，一并滤入。浓缩得 2,2′-二胺基-6,6′-二甲基联苯，收率基本定量。$^1$H NMR（CDCl$_3$，300MHz，TMS）：1.97（s，6H，2CH$_3$），3.46（br，4H，2NH$_2$），6.66（d，$J$＝7.8Hz，2H，Ar），6.73（d，$J$＝7.8Hz，2H，Ar），7.09（t，$J$＝7.8Hz，2H，Ar）。

## 【实验指导】

1. 此产物不需要作进一步纯化处理即可用于下一步反应。若需要更高纯度的产物，可以用乙醇作重结晶处理。

2. 必要时可以采用电吹风加热使 2-甲基-6-硝基苯胺溶解。

3. 制备亚硝酸钠的硫酸溶液时，必须先使硫酸在冰箱中尽量冷却，并在通风柜中缓慢分批加入亚硝酸钠。

4. 此步操作放热比较明显，操作过程中必须确保内温在 25℃ 以内，内温宜低不宜高。

5. 此操作中放出大量气体，须小心控制加入尿素的速度。

6. 此产物必须作干燥处理，否则直接影响下一步反应的收率。

7. 整个反应过程都在氮气保护下进行。

## 【思考题】

1. 第一步反应中为什么必须使胺完全转化为酰胺后才能滴加硝酸？为什么滴加硝酸的过程中必须控制内温？

2. 第二步反应中加入尿素的目的是什么？

3. 活化铜粉的目的是什么？

4. Ullmann 偶联反应结束后，先水洗再用饱和食盐水洗涤反应液，为什么需要这样操作？

## 【参考文献】

[1]LU J M, MA H, LI S S, et al. 2, 2′-Diamino-6, 6′-dimethylbiphenyl as an efficient ligand in the palladium-catalyzed Suzuki-Miyaura and Mizoroki-Heck reactions [J]. Tetrahedron, 2010, 66 (27)：5185-5189.

[2]ASHBURN B O, CARTER R G. Diels-Alder Approach to Polysubstituted Biaryls：Rapid Entry to Tri- and Tetra- ortho- substituted Phosphorus-Containing Biaryls[J]. Angew Chem Int Ed, 2006, 45(40)：6737-6741.

[3]GUTHIKONDA K，DU B J. A unique and highly efficient method for catalytic olefin aziridination[J]. J Am Chem So. ，2002，124(46)：13672-13673.

# 实验六十七的参考方案

## 【实验简介】

6-甲氧基-3-甲基-吲哚-2-甲酸乙酯的分子量为 233.26，分子简式为 $C_{13}H_{15}NO_3$。它是制备许多具有吲哚结构生物碱的重要合成原料，例如在 alstophylline、macralstonine、aspidospermine 等的合成中都需要从 4-甲氧基-3-甲基-吲哚-2-甲酸乙酯出发。这些生物碱与具有生物活性的色氨酸及其代谢产物如血清素等在化学结构上有十分密切的关系，而色氨酸与血清素等是神经传导的媒介与载体。

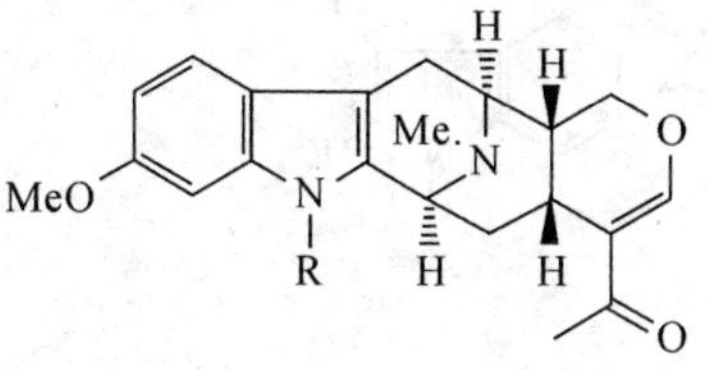

(单萜吲哚生物碱) 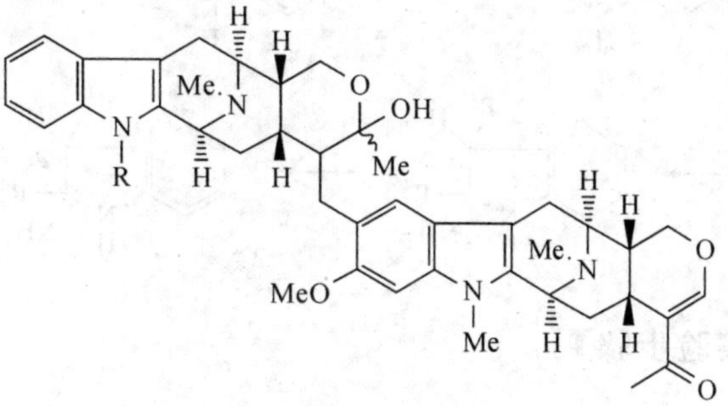　　(丙坚木碱)

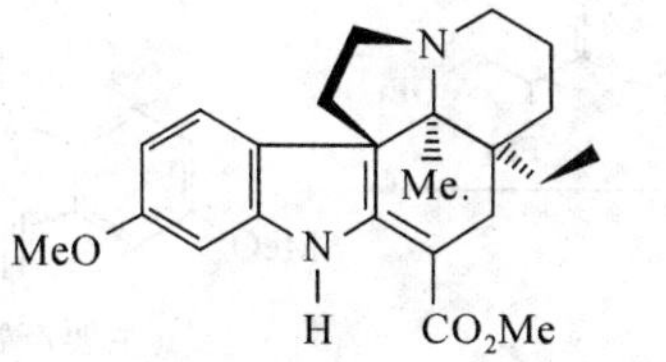

(O-甲基大叶糖胶树碱)

## 【实验分析】

1. Fischer 吲哚合成法是合成吲哚环系最直接和最重要的方法，是由芳香肼与醛或酮在酸性条件下发生脱氨闭环反应而得的，其中生成烯腙化中间体是关键步骤。

2. 烯腙化中间体可由来源更丰富的芳胺与醛或酮在重氮化条件下发生 Japp-Klingmann 反应获得。

3. 当使用 β-酮酯时，Japp-Klingmann 反应优先发生在 α-活泼亚甲基上，反应式如下：

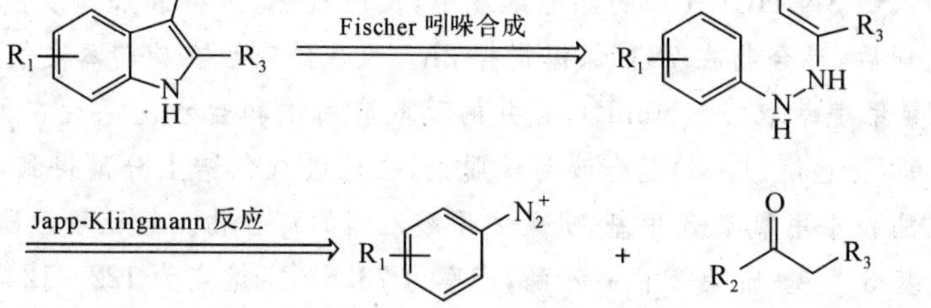

## 【实验具体方案】

Japp-Klingmann 反应和 Fischer 吲哚合成反应都是普适性较好的反应,底物上的各种官能团基本都能耐受它们的反应条件。当芳胺化合物在酸性条件下用亚硝酸盐处理后可以得到相应的重氮盐,后者在酸性条件下转变为芳肼,随之与具有 α-活泼亚甲基的 β-酮酯上的酮羰基发生缩合生成相应的芳腙。该芳腙经历烯腙化、质子化、[3,3]-σ 重排、脱氨环合等步骤最终生成吲哚化合物。反应步骤如下:

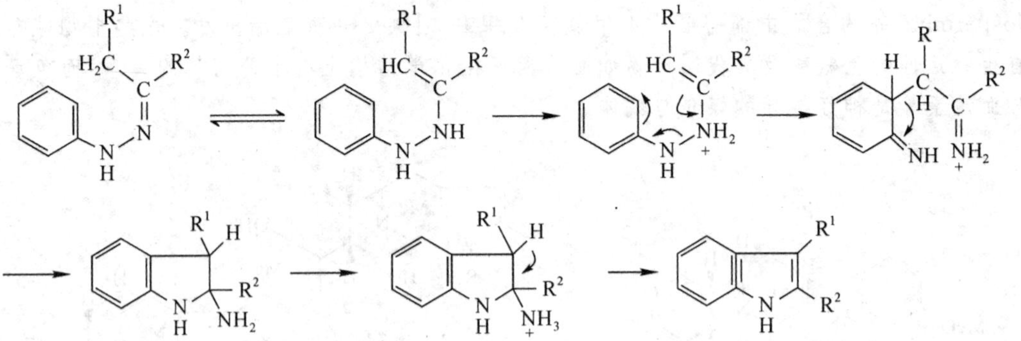

## 【实验步骤】

反应式如下:

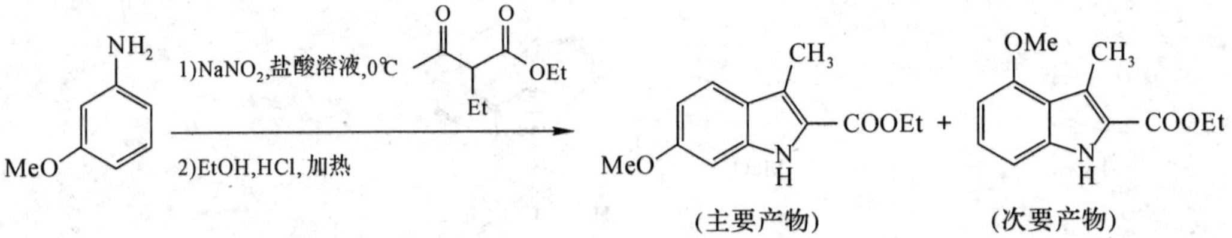

MeO-取代苯胺 + β-酮酯 → 6-甲氧基-3-甲基吲哚-2-甲酸乙酯(主要产物) + 4-甲氧基-3-甲基吲哚-2-甲酸乙酯(次要产物)

**步骤一**:在-5℃下,将 NaNO₂(7.6g,0.11mol)的水溶液(10mL)逐滴加入到间甲氧基苯胺(12.3g,0.1mol)、浓盐酸(25mL)和水(40mL)的混合物中,随后保温搅拌 15min,继而加入 NaOAc(8.3g,0.1mol)调节 pH 值至 3~4。在另一只烧瓶中将 α-乙基乙酰乙酸乙酯(15.8g,0.1mol)的 KOH(0.1mol)碱水溶液(10mL)冷却至 0℃备用。将上述制备好的重氮盐快速加入到 α-乙基乙酰乙酸乙酯的碱水溶液中,并将 pH 值调节至 5~6,所得的混合物在 0℃保温反应 4h 后继续在 4℃保温反应 12h。反应完毕后用乙酸乙酯萃取(4×100mL),合并的萃取液用饱和盐水洗涤,用无水 MgSO₄ 干燥。

**步骤二**:在旋转蒸发仪上将上述干燥后的萃取液除去大部分溶剂,得到的液体残余物在 70℃下逐滴加入到 3N HCl 气体的乙醇溶液中,反应放热,维持滴加速度使反应温度保持在 70℃。滴加完毕后,混合物在 78℃保温搅拌 2h。反应结束后在旋转蒸发仪上除去溶剂,残余物加水后用二氯甲烷萃取(3×50mL),合并的萃取液用饱和盐水洗涤后在无水 Na₂SO₄ 上干燥。用乙酸乙酯:正己烷(1:3)混合液为洗脱剂,在硅胶柱色谱上分离得到 6-甲氧基-3-甲基-吲哚-2-甲酸乙酯和 4-甲氧基-3-甲基-吲哚-2-甲酸乙酯的混合物。经乙酸乙酯重结晶后可得到单一的 6-甲氧基-3-甲基-吲哚-2-甲酸乙酯,产率为 73.5%。熔点为 122~124℃。

## 【实验指导】

1. 步骤一中新鲜制备的重氮盐应现制现用，不可保存太长时间。

2. 步骤二中应使用氯化氢的无水乙醇溶液，而不能直接使用盐酸水溶液。可将氯化氢气体通过浓硫酸洗气塔脱水干燥后通入到无水乙醇中。可将普通乙醇在氧化钙存在下回流数小时后常压蒸馏制备无水乙醇。

3. 步骤二中应小心控制滴加速度以维持瓶内反应液的放热温度，同时应适当加快搅拌速度，否则局部过高温度会产生副产物。

4. 步骤二中两种区域异构产物的含量比可通过 $^1$H-NMR 谱图中甲氧基在两处不同化学位移处的信号积分比进行求算。

## 【参考文献】

[1] 蒋金芝,王艳. Fischer 吲哚合成法的研究进展[J]. 有机化学,2006,26:1025-1030.

[2] HE W,ZHANG B L,LI Zh J,et al. PTC-Promoted Japp-Klingmann Reaction for the Synthesis of Indole Derivatives[J]. Synth Commun,2005,35(10):1359-1368.

[3] GAN T,LIU R,YU P,et al. Enantiospecific Synthesis of Optically Active 6-Methoxytryptophan Derivatives and Total Synthesis of Tryprostatin A [J]. J Org Chem,1997,62(26):9298-9304.

[4] MADDIRALA S J,GOKAK V S,RAJUR S B,et al. Fischer Indolisation of 2,6-dialkyl and 2,4,6-trialkylphenylhydrazones of Diketones and Ketoesters[J]. Tetrahedron Lett,2003,44(30):5665-5668.

[5] AFFAUF R F. A Handbook of Alkaloids and Alkaloid-Containing Plants[M]. New York:Wiley-Interscience,1970.

# 附　图

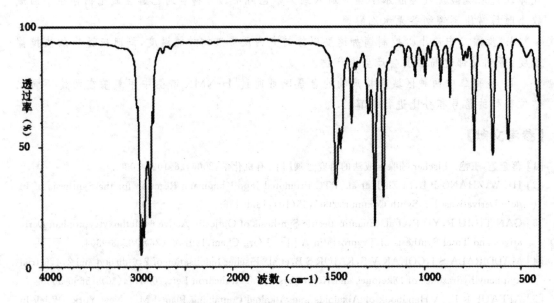

附图 1　正溴丁烷的红外光谱图（实验一）

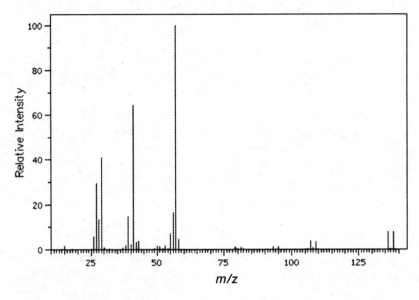

Source Temperature: 230 °C
Sample Temperature:  80 °C
RESERVOIR, 75 eV

附图 2　正溴丁烷的质谱图（实验一）

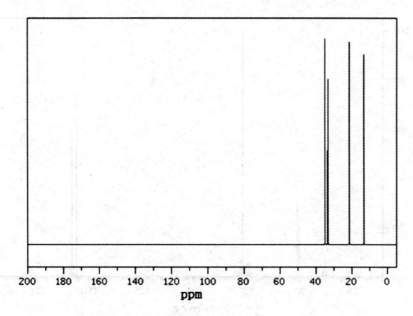

附图 3　正溴丁烷的$^{13}$C 磁共振谱图（实验一）

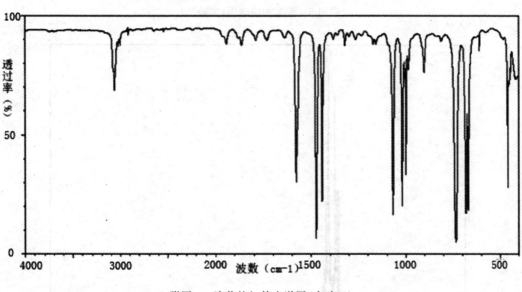

附图 4　溴苯的红外光谱图（实验二）

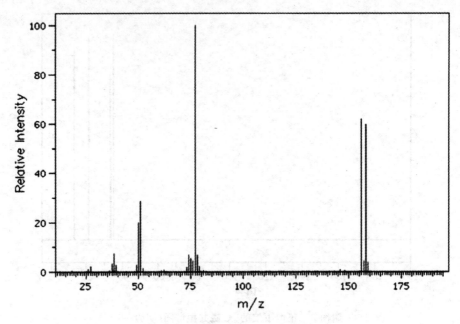

源温度 240℃,样品温度 170℃,电子能量 75 eV

附图 5　溴苯的质谱图(实验二)

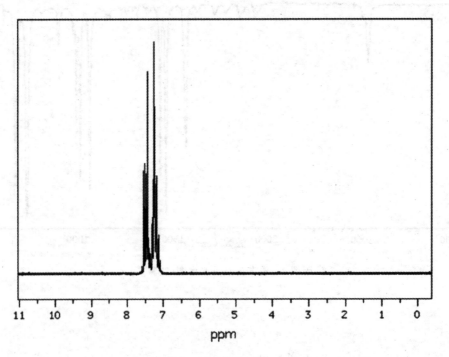

0.04mL∶0.5mLCDCl₃

附图 6　溴苯的¹HNMR 图(实验二)

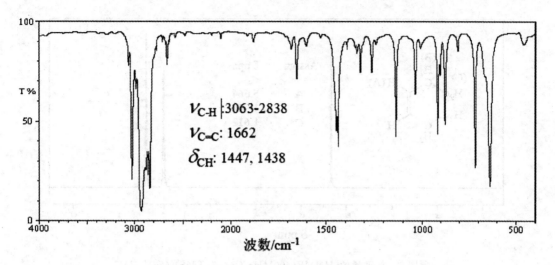

附图 7　环己烯的红外光谱图(液膜)(实验三)

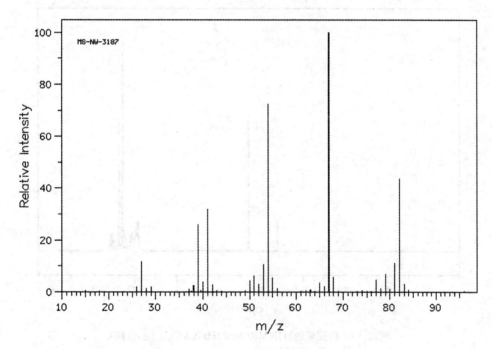

附图 8　环己烯的质谱图(实验三)

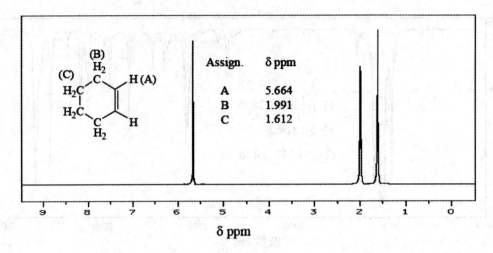

| Assign. | δ ppm |
| --- | --- |
| A | 5.664 |
| B | 1.991 |
| C | 1.612 |

附图 9　环己烯的 $^1$HNMR（400MHz，CDCl3，TMS）（实验三）

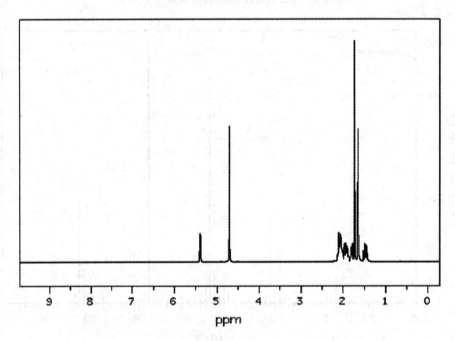

附图 10　柠檬烯的 $^1$HNMR（400MHz，CDCl$_3$）（实验四）

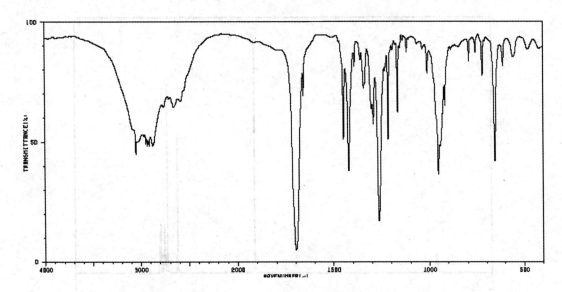

附图 11　顺-4-环己烯-1,2-二羧酸的红外谱图（KBr）（实验五）

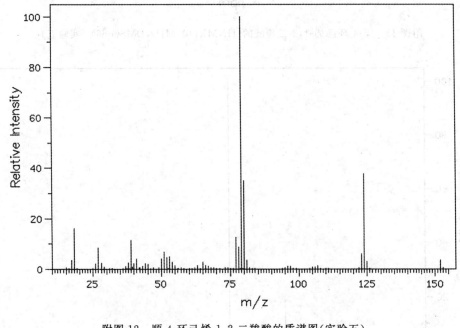

附图 12　顺-4-环己烯-1,2-二羧酸的质谱图（实验五）

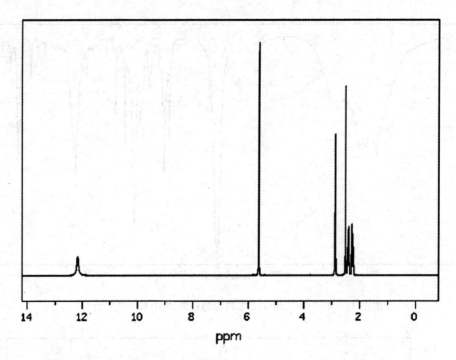

附图 13　顺-4-环己烯-1,2-二羧酸的$^1$HNMR(400MHz,DMSO-d6)（实验五）

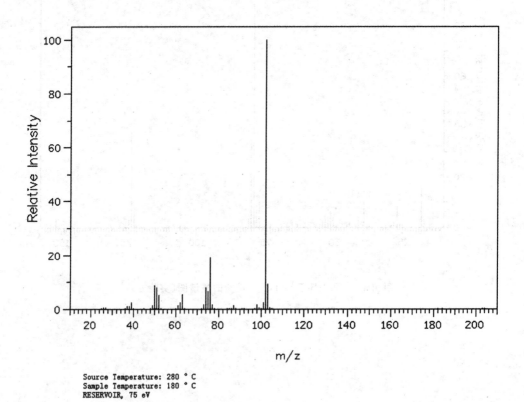

Source Temperature: 280 ° C
Sample Temperature: 180 ° C
RESERVOIR, 75 eV

附图 14　苯乙炔的质谱图（实验六）

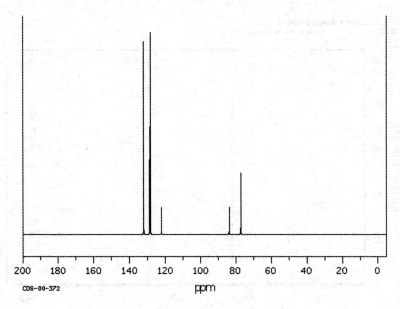

CDS-00-372

附图 15 苯乙炔的 $^{13}$CNMR(实验六)

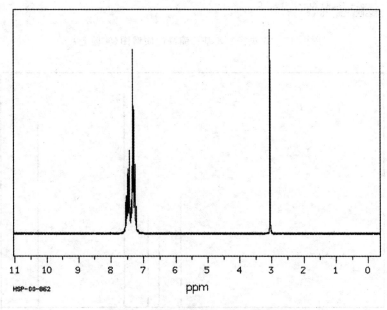

HSP-00-862

附图 16 苯乙炔的 $^1$HNMR(实验六)

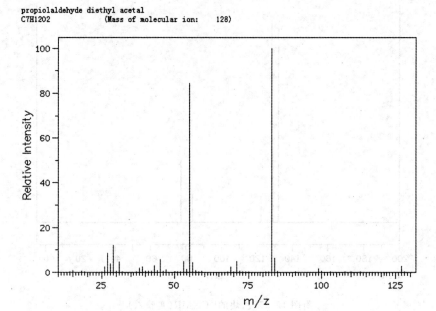

附图 17　丙炔醛二乙基乙缩醛的质谱图（实验七）

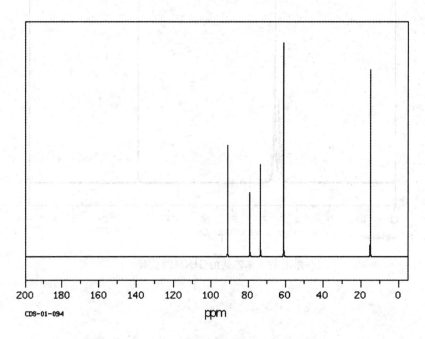

附图 18　丙炔醛二乙基乙缩醛的$^{13}$CNMR（实验七）

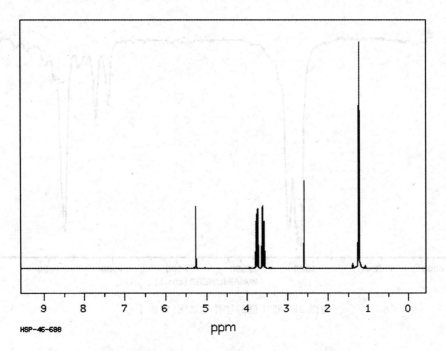

HSP-45-688

附图 19　丙炔醛二乙基乙缩醛的 [1]HNMR（实验七）

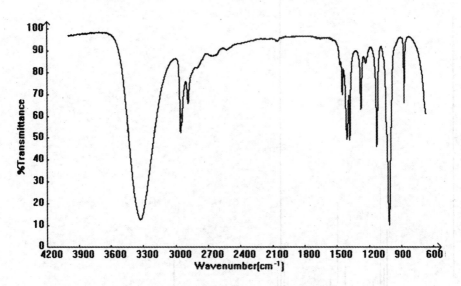

附图 20　季戊四醇的红外光谱图（实验九）

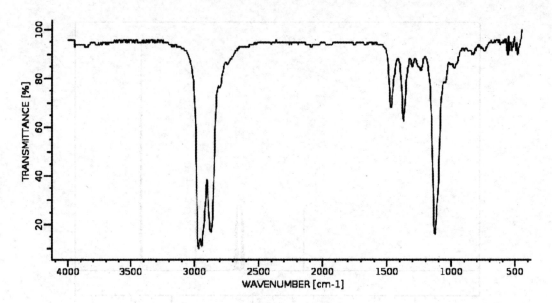

附图 21　正丁醚的红外光谱图（实验十一）

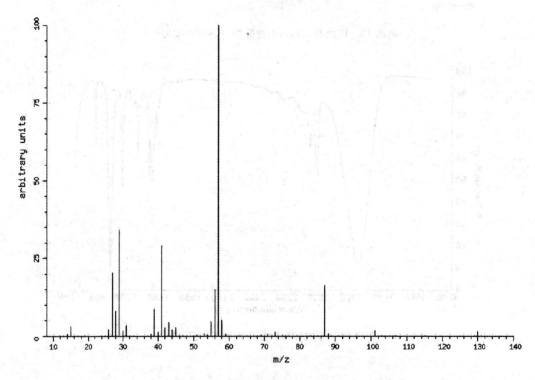

附图 22　正丁醚的质谱图（实验十一）

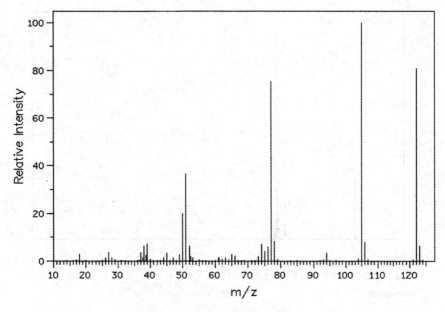

附图 23　苯甲酸的质谱图（实验十五）

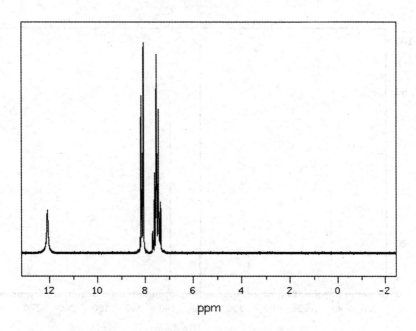

附图 24　苯甲酸的 [1] HNMR 图（实验十五）

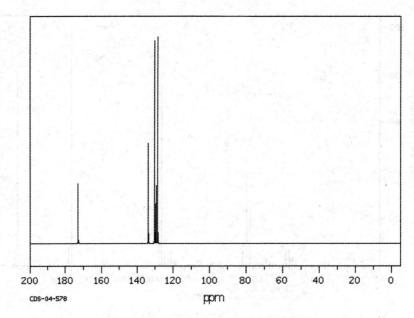

CDS-04-578

附图 25  苯甲酸的$^{13}$CNMR 图(实验十五)

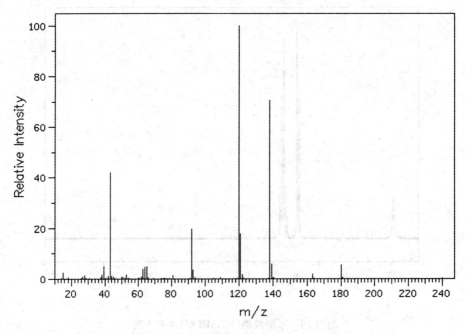

附图 26  阿司匹林的质谱图(实验十六)

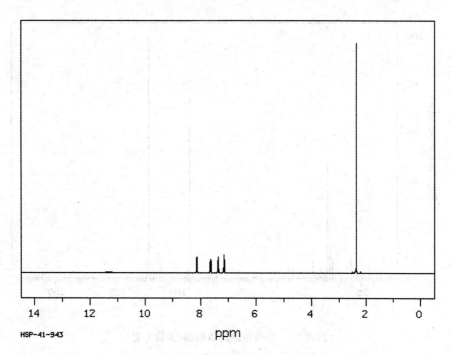

HSP-41-943

附图 27　阿司匹林的[1] HNMR 图（实验十六）

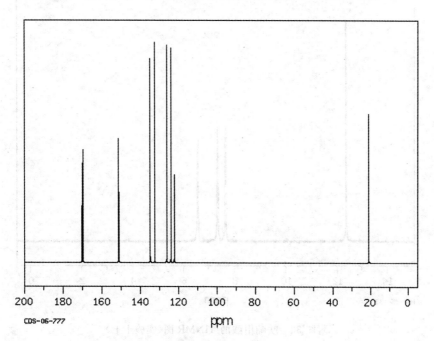

CDS-06-777

附图 28　阿司匹林的[13] CNMR（实验十六）

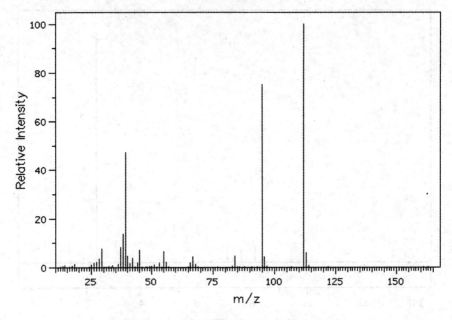

附图 29　呋喃甲酸的质谱图（实验十七）

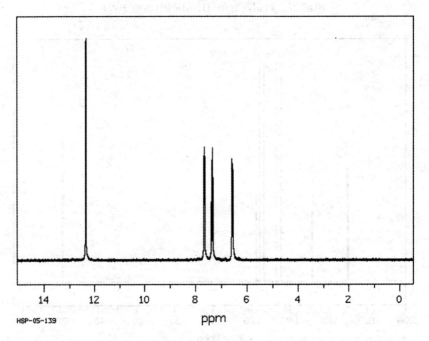

HSP-05-139

附图 30　呋喃甲酸的 $^1$HNMR 图（实验十七）

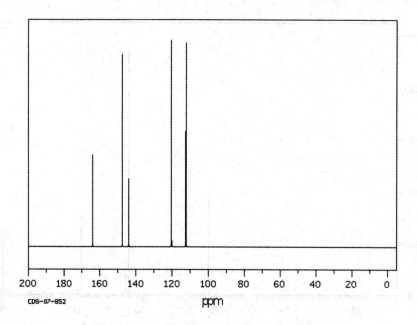

附图 31　呋喃甲酸的$^{13}$CNMR 图(实验十七)

**薄膜法**

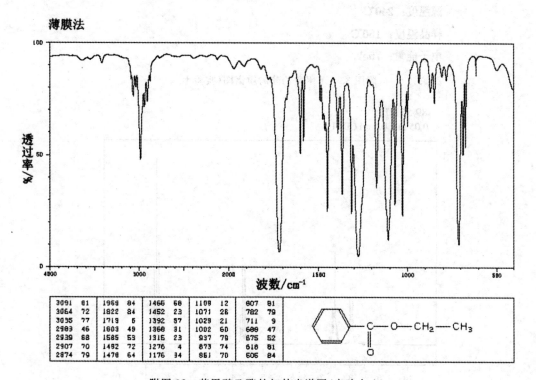

| | | | | | | | | | |
|---|---|---|---|---|---|---|---|---|---|
| 3091 | 81 | 1969 | 84 | 1466 | 68 | 1109 | 12 | 807 | 81 |
| 3064 | 72 | 1822 | 84 | 1452 | 23 | 1071 | 26 | 782 | 79 |
| 3035 | 77 | 1719 | 5 | 1392 | 57 | 1029 | 21 | 711 | 9 |
| 2983 | 46 | 1603 | 49 | 1368 | 31 | 1002 | 60 | 688 | 47 |
| 2939 | 68 | 1585 | 53 | 1315 | 23 | 937 | 79 | 675 | 52 |
| 2907 | 70 | 1492 | 72 | 1276 | 4 | 873 | 74 | 618 | 81 |
| 2874 | 79 | 1478 | 64 | 1176 | 34 | 851 | 70 | 606 | 84 |

附图 32　苯甲酸乙酯的红外光谱图(实验十八)

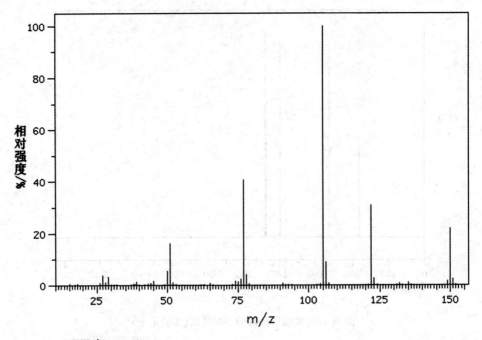

源温度：240℃

样品温度：150℃

电子能量：75eV

附图 33　苯甲酸乙酯的质谱图（实验十八）

89.56 MHz
0.05 ml : 0.5 ml CDCl₃

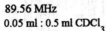

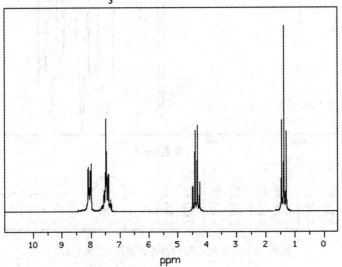

附图 34　苯甲酸乙酯的 ¹HNMR 图（实验十八）

薄膜法

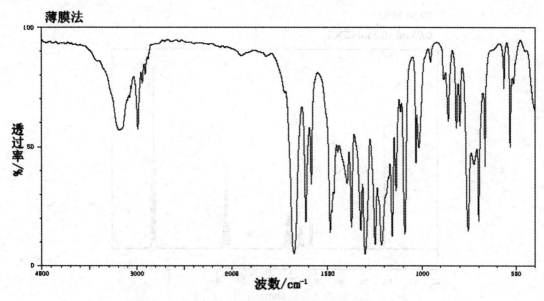

附图 35　水杨酸乙酯的红外光谱图（薄膜法）（实验十九）

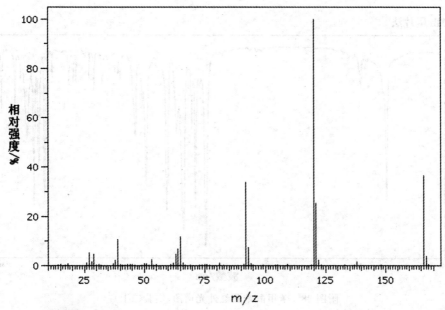

源温度：260℃

样品温度：180℃

电子能量：75eV

附图 36　水杨酸乙酯的质谱图（实验十九）

89.56 MHz
0.05 ml : 0.5 ml CDCl$_3$

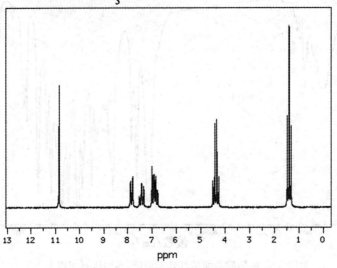

附图 37　水杨酸乙酯的$^1$HNMR 图（实验十九）

**KBr压片法**

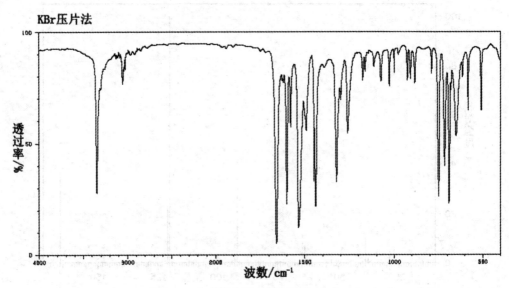

附图 38　苯甲酰苯胺红外光谱图（实验二十）

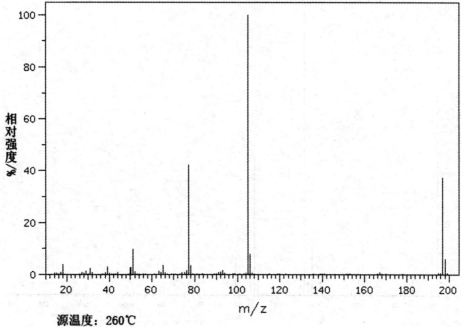

源温度：260℃

样品温度：190℃

电子能量：75eV

附图 39　苯甲酰苯胺质谱图（实验二十）

399.65 MHz
0.040 g : 0.5 ml DMSO-d$_6$

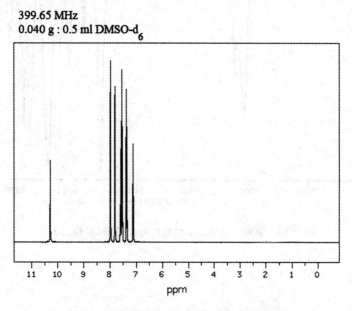

附图 40　苯甲酰苯胺 [1] HNMR 图（实验二十）

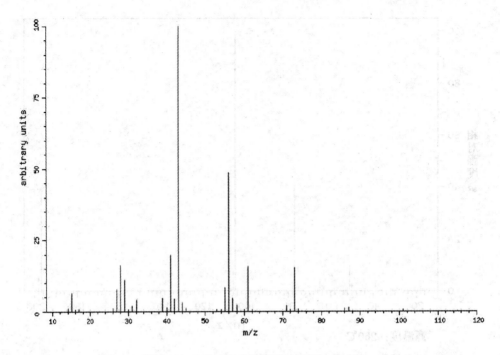

附图 41　乙酸正丁酯的质谱图（实验二十一）

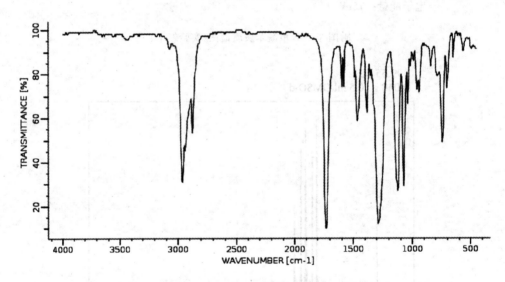

附图 42　邻苯二甲酸二丁酯的红外光谱图（实验二十二）

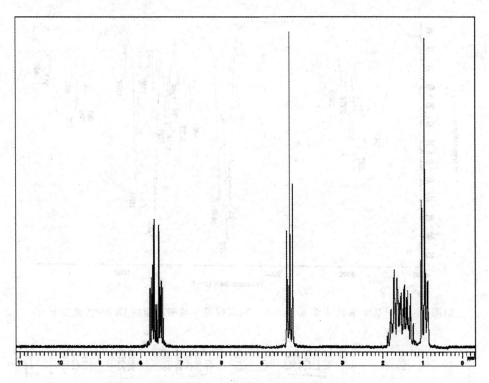

附图 43　邻苯二甲酸二丁酯的[1]HNMR 图（实验二十二）

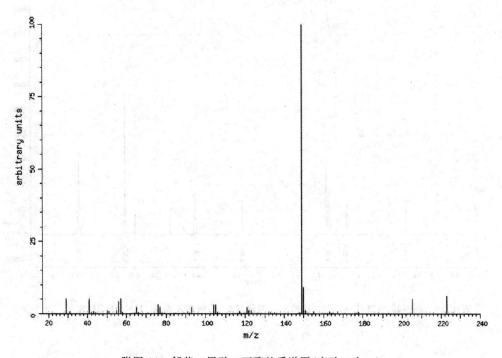

附图 44　邻苯二甲酸二丁酯的质谱图（实验二十二）

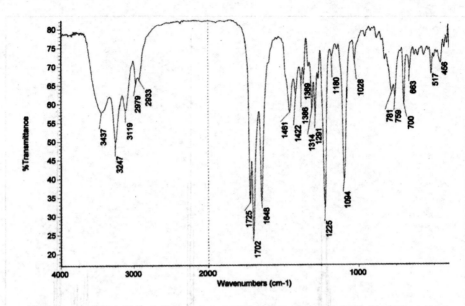

附图 45　6-甲基-2-氧代-4-苯基-1,2,3,4-四氢嘧啶-5-羧酸乙酯的 IR 图(实验二十六)

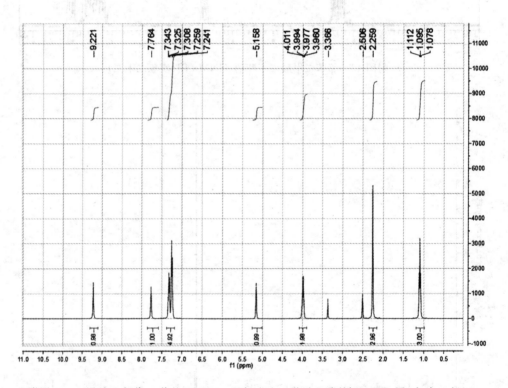

附图 46　6-甲基-2-氧代-4-苯基-1,2,3,4-四氢嘧啶-5-羧酸乙酯的¹HNMR 图(实验二十六)

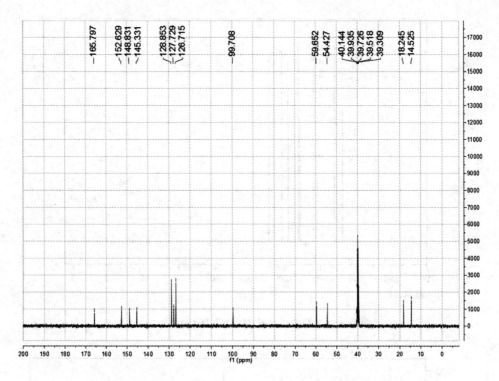

附图 47　6-甲基-2-氧代-4-苯基-1,2,3,4-四氢嘧啶-5-羧酸乙酯酮的$^{13}$CNMR 图（实验二十六）

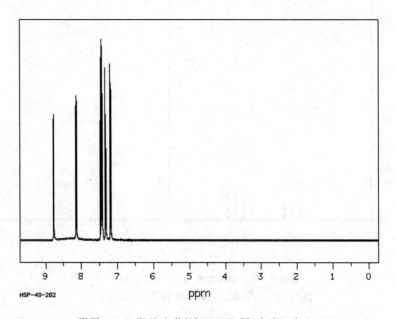

HSP-40-282

附图 48　8-羟基喹啉的$^1$HNMR 图（实验二十七）

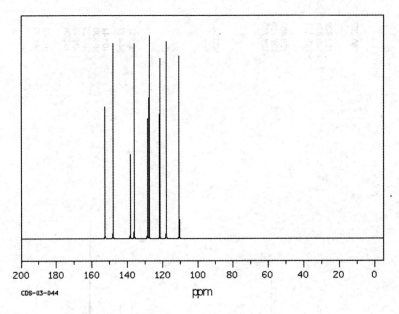

CDS-03-044
ppm

附图 49　8-羟基喹啉的 $^{13}$ CNMR 图（实验二十七）

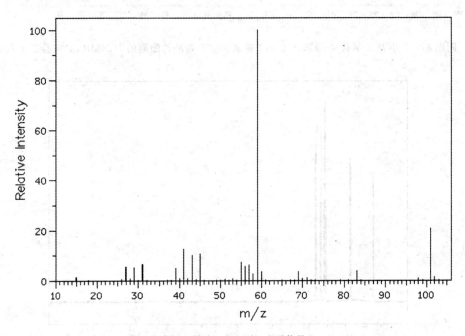

源温度 280℃，样品温度 180℃，电子能量 75 eV

附图 50　2-甲基-2-己醇的质谱图（实验二十八）

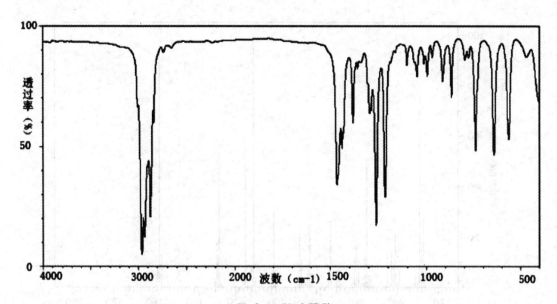

0.25mL∶0.75mLCDCl₃

附图 51　2-甲基-2-己醇的¹³CNMR 图（实验二十八）

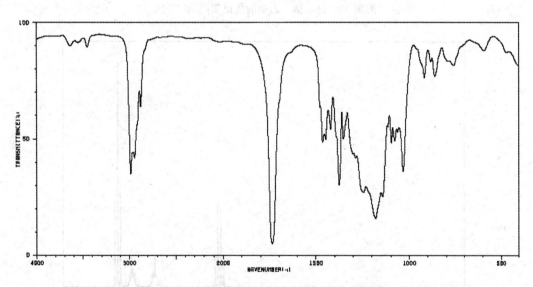

附图 52　己二酸二乙酯的红外光谱图（液膜）（实验三十）

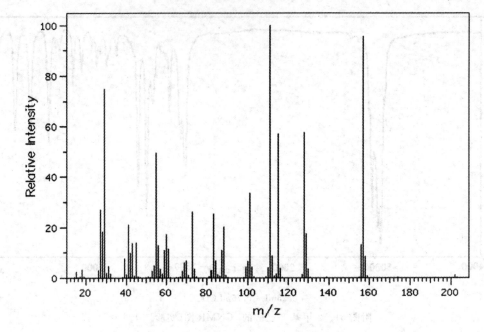

附图 53　己二酸二乙酯的质谱图（实验三十）

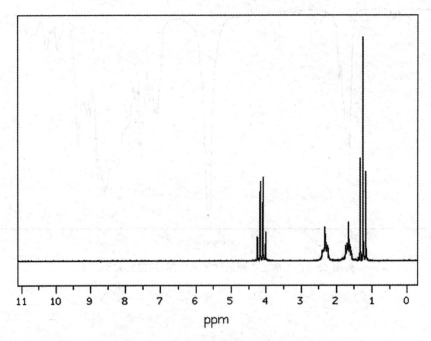

附图 54　己二酸二乙酯的 $^1$HNMR（90MHz，CDCl$_3$）（实验三十）

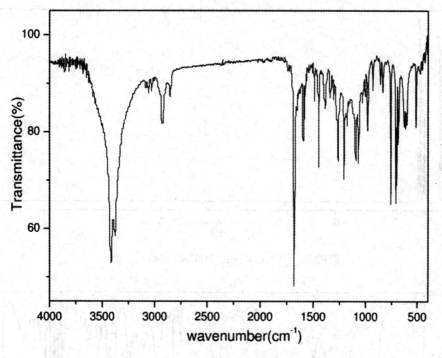

附图 55　安息香的红外光谱图（实验三十三）

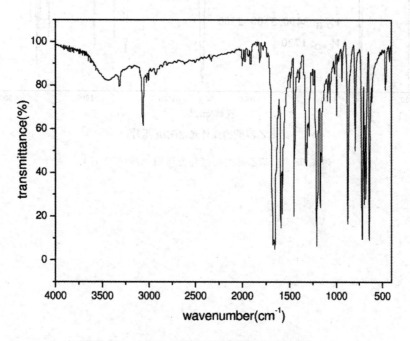

附图 56　二苯乙二酮的红外光谱图（实验三十三）

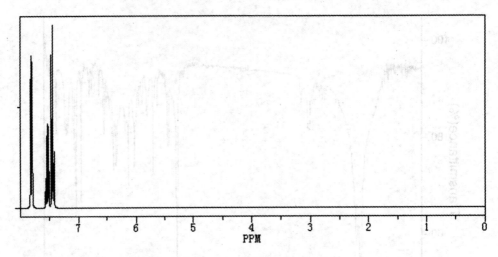

附图 57　二苯乙二酮的¹HNMR（实验三十三）

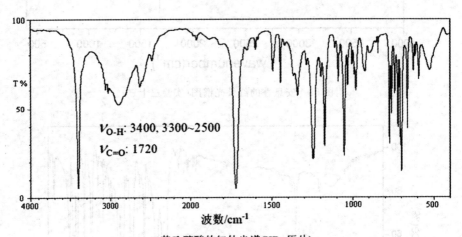

$\nu_{O-H}$: 3400, 3300~2500
$\nu_{C=O}$: 1720

波数/cm⁻¹

二苯乙醇酸的红外光谱(KBr 压片)

附图 58　二苯乙醇酸的红外光谱图（实验三十三）

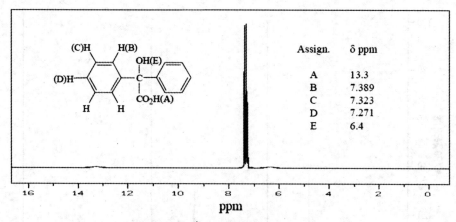

| Assign. | δ ppm |
|---------|-------|
| A | 13.3 |
| B | 7.389 |
| C | 7.323 |
| D | 7.271 |
| E | 6.4 |

二苯乙醇酸的[1]HNMR(400MHz, DMSO-d$_6$)

附图 59　二苯乙醇酸的[1]HNMR(实验三十三)

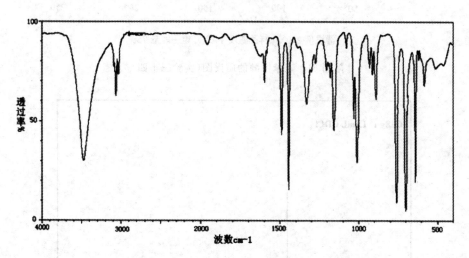

附图 60　三苯甲醇的红外光谱图(实验三十四)

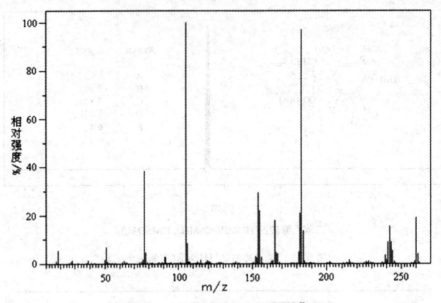

源温度 210℃  样品温度 140℃  电子能量 75ev

附图 61  三苯甲醇的质谱图（实验三十四）

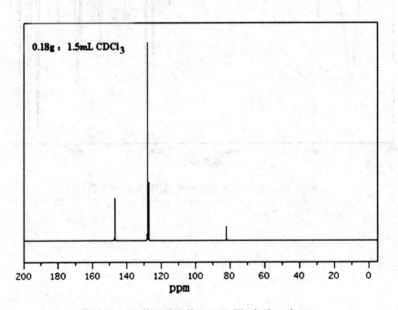

附图 62  三苯甲醇的 $^{13}$CNMR 图（实验三十四）

25.16 MHz
0.5 ml : 1.5 ml CDCl₃

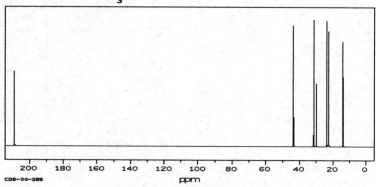

CDS-00-28S

附图 63　2-庚酮的核磁共振图（实验三十六）

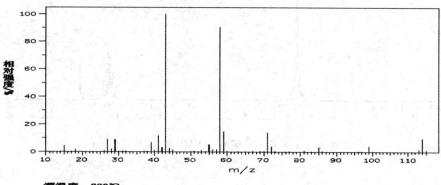

源温度：230℃
样品温度：55℃
电子能量：75eV

附图 64　2-庚酮的质谱图（实验三十六）

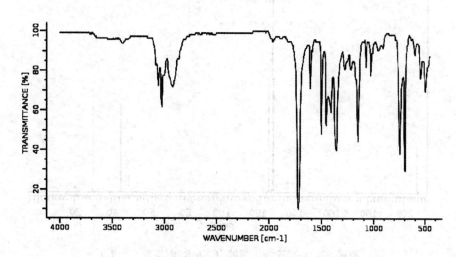

附图 65　4-苯基-2-丁酮的红外光谱图（实验三十七）

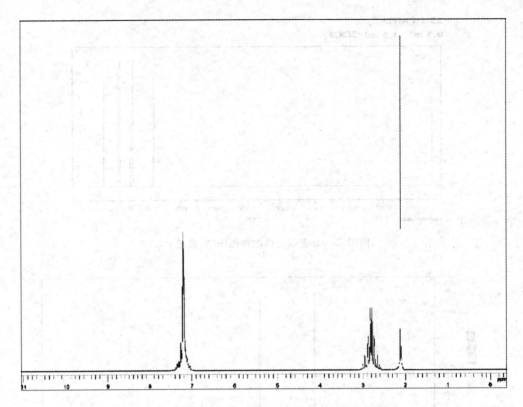

附图 66　4-苯基-2-丁酮的$^1$HNMR 图（实验三十七）

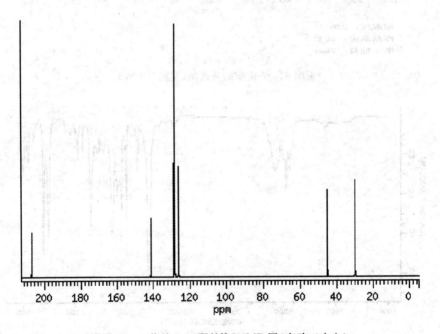

附图 67　4-苯基-2-丁酮的$^{13}$CNMR 图（实验三十七）

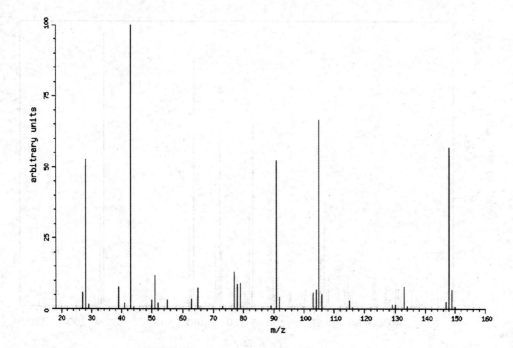

附图 68　4-苯基-2-丁酮的质谱图（实验三十七）

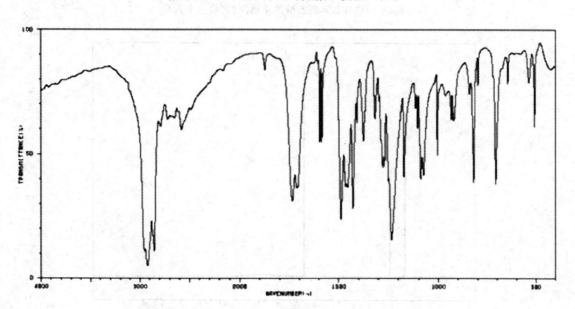

附图 69　对氯苯氧乙酸的红外光谱图（实验三十八）

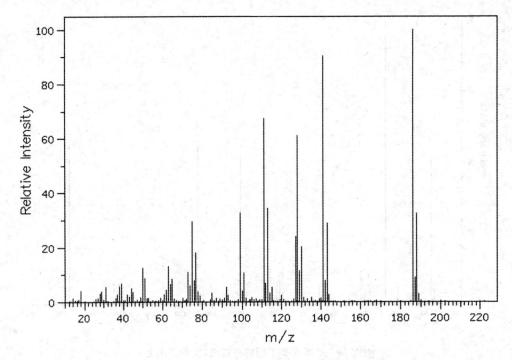

附图 70　对氯苯氧乙酸的质谱图（实验三十八）

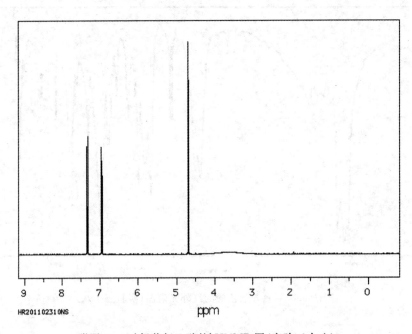

HR201102310NS

附图 71　对氯苯氧乙酸的 $^1$HNMR 图（实验三十八）

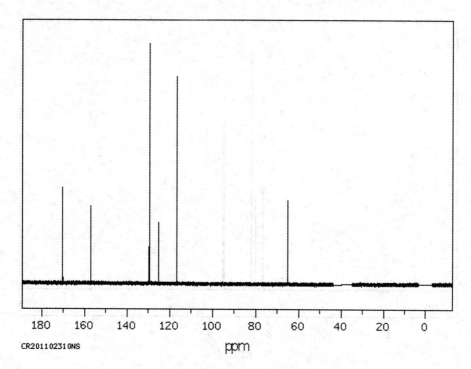

CR201102310NS

附图 72　对氯苯氧乙酸的$^{13}$CNMR 图（实验三十八）

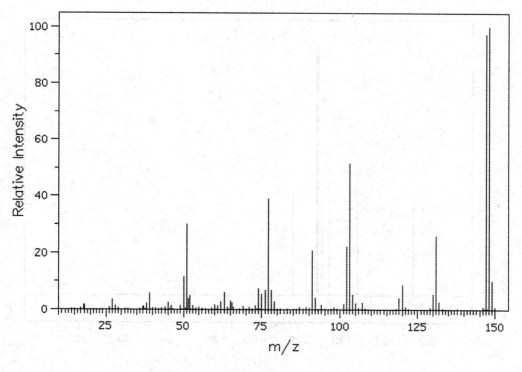

附图 73　肉桂酸的质谱图（实验三十九）

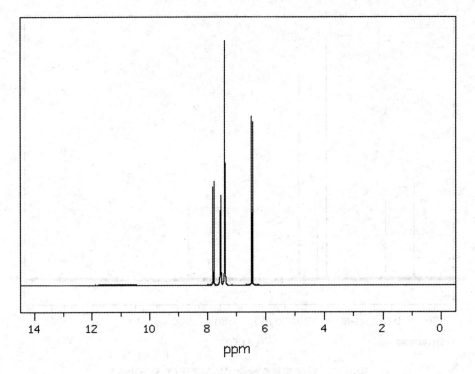

附图 74　肉桂酸的<sup>1</sup>HNMR 图（实验三十九）

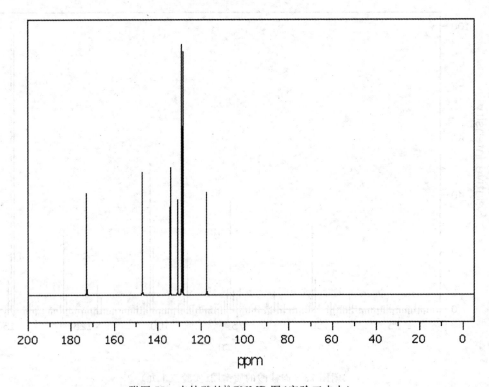

附图 75　肉桂酸的<sup>13</sup>CNMR 图（实验三十九）

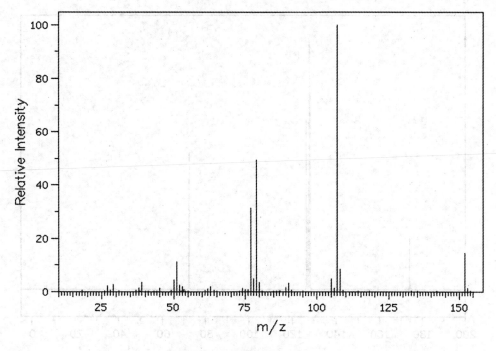

附图 76　扁桃酸的质谱图（实验四十）

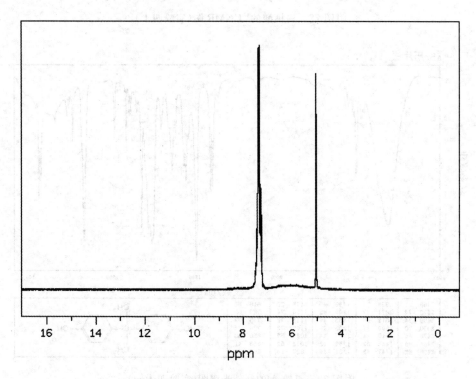

附图 77　扁桃酸的[1]HNMR 图（实验四十）

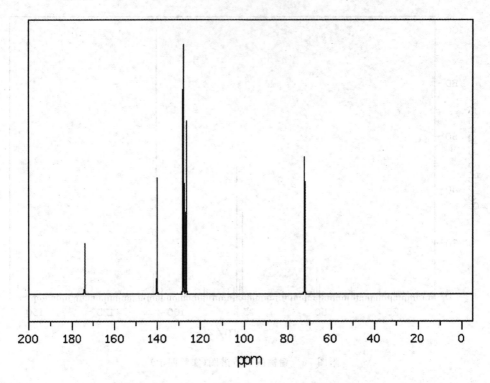

附图 78　扁桃酸的$^{13}$CNMR 图（实验四十）

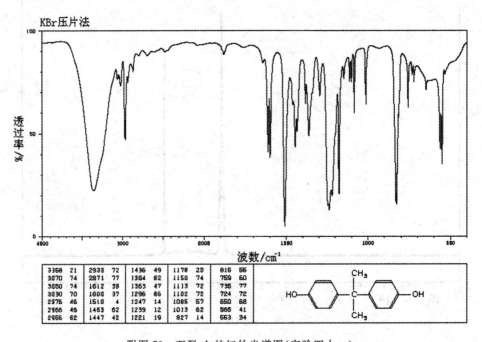

附图 79　双酚 A 的红外光谱图（实验四十一）

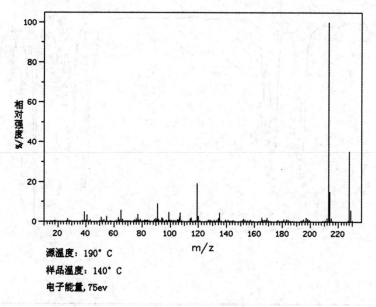

源温度：190° C

样品温度：140° C

电子能量，75ev

附图 80　双酚 A 的质谱图（实验四十一）

**399.65 MHz**
**0.025 g : 0.5 ml DMSO-d₆**

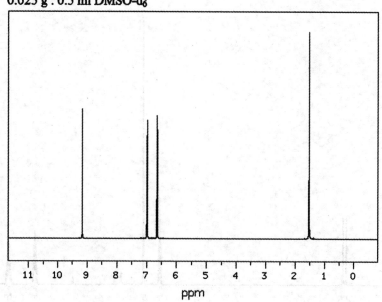

附图 81　双酚 A 的$^1$HNMR 图（实验四十一）

有机化学实验

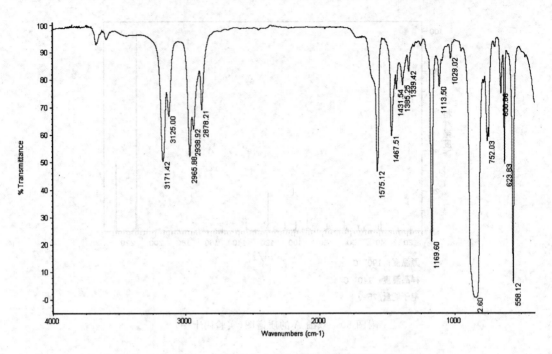

附图 82　1-甲基-3-正丁基咪唑溴化物的红外谱图（实验四十七）

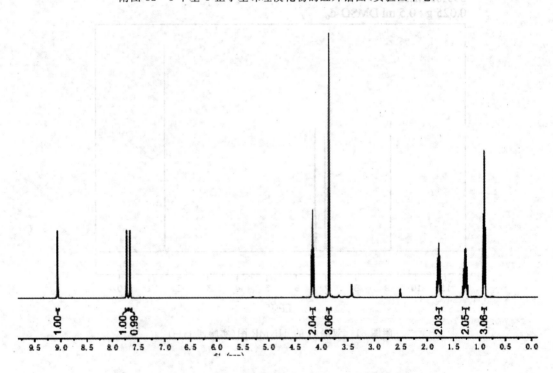

附图 83　1-甲基-3-正丁基咪唑溴化物的[1]HNMR 谱图（实验四十七）

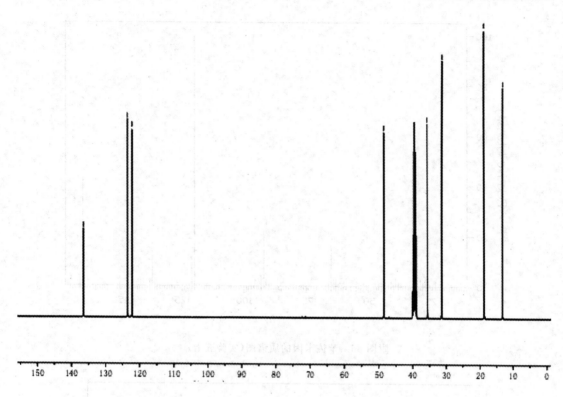

附图 84　1-甲基-3-正丁基咪唑溴化物的${}^{13}$CNMR 谱图（实验四十七）

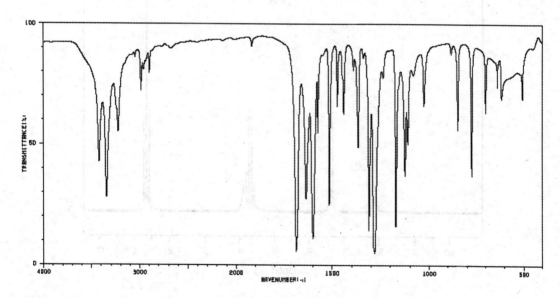

附图 85　苯佐卡因的红外谱图（KBr）（实验五十）

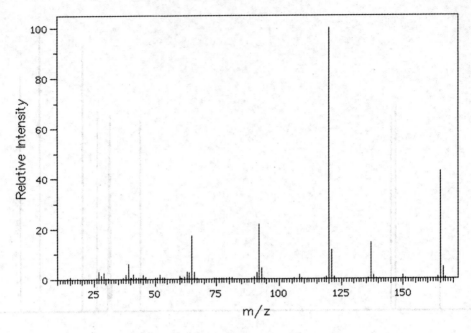

附图 86 苯佐卡因的质谱图（实验五十）

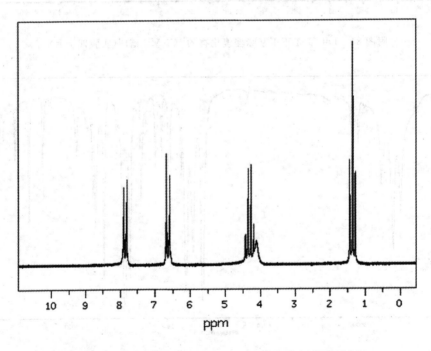

附图 87 苯佐卡因的 $^1$HNMR（90MHz，CDCl$_3$）（实验五十）

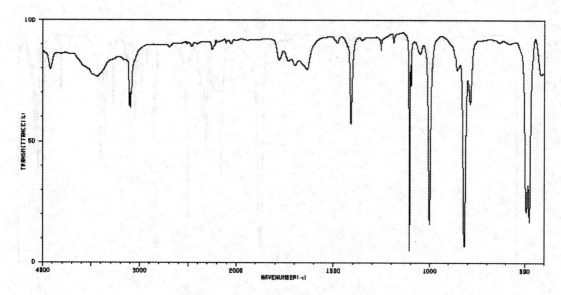

附图 88　二茂铁的红外谱图（KBr）（实验六十）

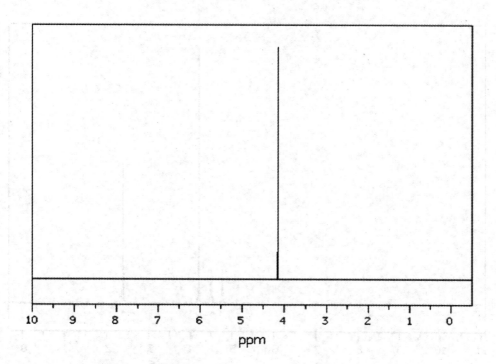

ppm

附图 89　二茂铁的[1]HNMR（parameter in CDCl$_3$）（实验六十）

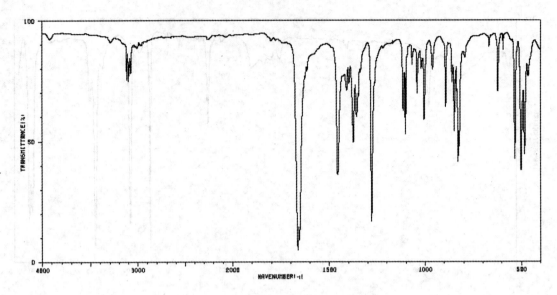

附图 90　乙酰二茂铁的红外谱图(KBr)(实验六十)

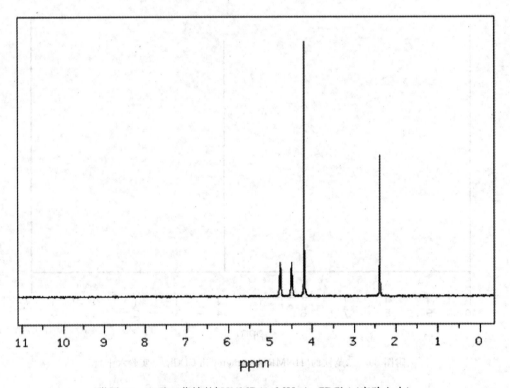

附图 91　乙酰二茂铁的 ¹HNMR(90MHz in CDCl₃)(实验六十)

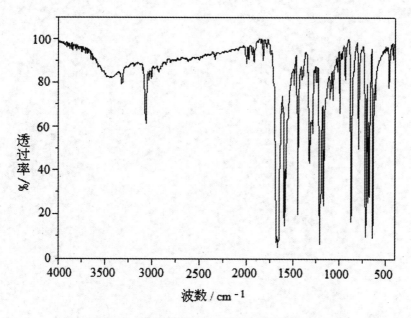

附图 92　苯偶酰的红外光谱图（实验六十五）